传统文化语境下

风景园林建筑设计的传承与创新

黄维 著

NORTHEAST NORMAL UNIVERSITY PRESS
WWW.NENUP.COM

东北师范大学出版社

图书在版编目（CIP）数据

传统文化语境下风景园林建筑设计的传承与创新 /
黄维著． -- 长春：东北师范大学出版社， 2019.2
ISBN 978-7-5681-5529-8

Ⅰ．①传… Ⅱ．①黄… Ⅲ．①园林建筑－园林设计－
研究 Ⅳ．① TU986.4

中国版本图书馆 CIP 数据核字 (2019) 第 039892 号

□策划编辑: 王春彦

□责任编辑: 卢永康   □封面设计: 优盛文化

□责任校对: 肖茜茜   □责任印制: 张允豪

东北师范大学出版社出版发行
长春市净月经济开发区金宝街 118 号 (邮政编码: 130117)
销售热线: 0431-84568036
传真: 0431-84568036
网址: http://www.nenup.com
电子函件: sdcbs@mail.jl.cn
定州启航印刷有限公司印装
2019 年 3 月第 1 版   2019 年 3 月第 1 次印刷
幅画尺寸: 185mm×260mm   印张: 13   字数: 338 千

定价: 59.00 元

中国传统文化一直受到人们的关注，其包括诸多领域和学科，其中就有园林景观设计。如今，仿古艺术品、各种仿古建筑、新中式园林景观层出不穷，但大部分只是限于简单的复制与模仿，形式大于内涵。如何将传统与现代真正融合，不只是停留在表面做文章，而应从深层的社会、历史、文化背景出发，挖掘精神内涵和理念，提炼其中的艺术观念和发展策略，将其融入现代园林景观空间中。这是值得我们不断探寻与研究的问题，也应是我们共同肩负的责任。

随着对中国传统文化精神内涵的反思，景观设计研究面临新的挑战。追逐现代物质与精神文明是时代发展的必然和人心所向，单纯弘扬传统的怀古和单纯回归传统的复旧都与此相悖，这就迫使我们面对未来，去寻求现代与传统的结合，理直气壮地走入文化更新的行列中。寻求方法的本身也是艰苦的"拓荒"，瞻前要向外来的现代化索取经验，顾后要从传统精华中吸收营养。中国的辽阔疆土上荟萃了光彩夺目而又可资借鉴的传统文化，寻求"结合点"，我们要追本溯源，不断发掘、剖析和研究，吸取和综合各领域的传统文化，使之得以更新和前进。研究中国传统文化的目的在于充实，在于补缺，在于更新，在于创造。尤其是从宏观上学习与研究中国传统文化及相关内容，对提高设计作品质量和精神内涵有很大的帮助与指导。

风景园林设计作品的内核始终包含着文化的继承和超越，本质是创造。文化的回归就是为了有目的地创造和前进。随着世界性文化融合与全球一体化进程的发展，当代设计作品的内容与形式趋同。对传统的解读和地域文化的表达成为当今风景园林设计探讨的重要内容。凝结着丰富传统文化信息的传统图示与符号是文化传承的重要载体，也是地域文化表达的重要元素。

目录
CONTENTS

第一章　中国传统文化与古典园林

第一节　中国古典园林形成的文化基础

中国传统文化的形成是中国传统思维方式作用的结果，其阐释着中国文化的意识形态。思维方式可分为直觉思维和理性思维两种，在直觉思维和理性思维分别作用下形成了中国传统文化的审美心理与哲学思想。长期的历史积淀成就了中国得天独厚的文化底蕴。从文化体系角度分析，中国传统文化是指中华民族共有的以儒家思想和道家思想文化为主体，包括其他各种不同思想文化内容的多元文化构成体系。中国传统文化是针对中国文化的传承而言的，其强调的是中国文化的渊源和传承下来的客观存在的文化遗产。

心理感受和联想是中国人直觉思维的思考方式，这种思维有两个特点：①决定了中国文化的开阔视野。中国人善于从总体上把握事物，其认识过程并非从局部着手，而是通过整体形象把握其内在规律；②决定了传统文化的模糊特征。这种意象化思维方式是通过形象特有的象征阐释事物内涵的一种手段。这种方式包含形象思维的一般特性，其目的是立象尽意。审美创作就是通过这一手段和目的的统一，以自然为艺术主题，托物抒情，寓情于景，用不同的艺术形态来表达深刻的思想内涵。就如中国象形文字是以自然物为摹本，具象地把握世界，易产生对自然的联想；字母文字是与之迥异的思维方式，西方人正因为这种理性而概括的思维方式走上了科学道路，层次严密、发达的各种科学（如逻辑学、几何学、透视学）因此而发展起来。这种思维方式是中西方艺术形态表现迥异的思想根源之一。

直觉思维在发展中占据中国传统文化思维方式的主导地位，这种思维所形成的审美心理深刻影响着园林、书法、绘画、文学等中国传统文化的表达，最终文化会与具有普遍性的最高层次学科——哲学相关联。作为人类理性思维的最高形式，中国传统哲学思想对人们的生活方式、审美意识、价值取向、思维方式以及艺术表现等产生了深刻的影响。中国传统哲学思想以儒、道、释为主流，并在相互补充、相互消长中发展着。

一、审美心理

（一）中和雅正之美

雅正在审美领域可以用中和之美来表示。古人看到相反相成、相克相生的阴阳、金木水火土等自然现象和谐自然地构成大千世界，从而悟出中和之美。"中和"一词可分开解释："中"为适中、无过、不前不后、不上不下之意，适得事之宜；"和"有匀称、平和、和谐、融合等意思。

在审美心理上，"中和"表达出一种温润和煦、平缓宜人的心态。"雅"与"中和"合称为"和雅"，神情愉悦，气韵和畅，恬静自然，这是古人神往的艺术境界。

中和雅正还体现了艺术辩证法的一些原则——把握各种元素之间的关系，相互协调，相反相成，重点体现在"度"字上。比如虚实、浓淡、深浅、常变、隐显，疏密、详略、刚柔、阴阳、动静、奇正、曲直、朴华、离合、巧拙等对立统一的关系。创作者只有把握这一审美心理，对各种艺术符号间的辩证关系进行妥善处理，才能达到较高的艺术境界。

（二）意境美

意境作为美学范畴内容，在中国古典美学体系中占有中心位置。从意境生成角度看，先是情景交融而生意象，即意象为意境构成的第一要素；然后，按艺术法则对一系列意象进行营构，从而创造出特定的艺术空间，即空间为意境构成的第二要素；特定的艺术空间及充盈于此空间中的一系列意象虚实相生地盈溢着美的氛围与情调，即氛围为意境构成的第三要素。

综上所述，意象、空间和氛围的有机统一构成了一个生命般的整体——意境，亦可将其定义为"意象情绪场"。如此说，意境作为一种美感效应，是场所与接受者共同创建的。

站在哲学的角度分析，意与象之间是基于意之所求而相生相融、浑然一体的关系。从显现形态上看，意象为实，意境为虚。司空图提出了"景外之景""象外之象"：前一个"景""象"为实，是具体化的艺术符号，即意象；后一个"景""象"为虚，是在前一个"景""象"符号的刺激下，运神思而得之，即意境。

意境包含两个方面：一为生活形象的客观反映；二为艺术家情感理想的主观创造。这也是受到中国儒家天人合一思想影响所致，对自然美的追求及含蓄内敛的东方个性在艺术思维上得到充分体现。"境由心造"就表达出艺术家在绘画、诗歌、园林、建筑等各个领域创作过程中对意境美和心理上和谐美的追求。

（三）神与物的统一

天人合一的哲学思想对中国传统审美的另一影响即"神与物游"，这种审美情趣强调人的精神与审美事物的和谐统一。

儒、道、释三派思想对神与物的统一这一美学思想持有一致的认同度。老子所说的"致虚极，守静笃，万物并作，吾以观复"和庄子学说的主题"乘物以游心"就表达了这一思想。儒家代表人物孔子曰："知者乐水，仁者乐山。"智者如水流而不知己，乐运其才智以治世，仁者如山之安同，乐自然不动而万物生。孔子追求的就是自我精神世界与外在相应事物的精神交汇。清净本源被认为是源自自然的最能表现佛学内涵的禅学精髓，如果真正对此有所感悟和领会，就可以使灵魂脱离尘世而进入全新的彼岸世界，他们的悟道正是神与物游的审美极致。

中国传统美学认为，人与物的精神交流依托万物有神之论，才会形成神与物游的审美方式。

二、哲学思想

（一）儒家思想

作为中国传统文化主导思想，以孔子为代表的儒家学说是政治伦理学的美学观，重视自然万物的象征意义，并且以比德的方式去观照，这种思想转化是传统园林的主要审美方式之一。儒家讲求礼数法度的思想也表现在艺术审美中，是入世的，体现为一种强调直观和综合整体式的思维方式。儒家思想提出的三个观点对中国艺术文化有着重要的指导作用：①素以为绚——对中国传统艺术审美的特点形成有重要影响，如朴素、严谨、含蓄、稳重等；②善与美——在中国文化的基本特征和艺术思维所遵循的准则中都有体现；③阴阳谐调、天人合一——从自然风貌和人性之美的重视到对人与自然冥和的追求。

（二）道家思想

以老子和庄子为代表的道家哲学是自然哲学的美学观。道家思想和谐中有隐退之心，比起追求礼教秩序的儒家思想，是出世的。道家哲学的核心（对世界观基本问题的看法）为"道法自然"，它包含两层含意：①"道"与自然美——"人法地，地法天，天法道，道法自然"，就是主张热爱自然，尊重自然，提倡自然之美、朴素之美；②"自然"与"境界"——天道自然观、不争无为，就是以在自然中得到自我心灵的抒发和满足作为艺术的最高目标，重视人的情感和智慧在万物中的交融，以"清水出芙蓉"的姿态追求精神世界的宁静。

（三）佛教思想

佛教思想由唐代高僧从印度带入中国，经过多辈人的揣摩试析后本土化，形成一种中国独特的美学观。佛教思想深刻地把握审美行为的心理特征，把审美作为一种多项与直觉相关联的感受共同参与的活动，这些直觉包括感知、理解、情感、联想等因素。出自中国哲学的"禅意"又结合佛教的特质把这种以"意"为美的审美体系发展到了极致，其境界就在于以自身幽静无为为道，而陶醉于此禅意，在自然中领悟并获得心灵上的平静。古代文人借此审美价值延伸至中国传统艺术，由传神到写意的质变因此发生。

三、文人思想

中国传统文化在历史的积淀中深深影响着风景园林设计的发展，这种主观写意式的文化是感性的、随性而发的，中国人对事物典型化、抽象化的表达完全有别于西方理性而逻辑的审美价值倾向。绘画、文学、诗词歌赋等传统艺术与中国园林艺术产生了紧密联系。在中国古代特定的历史环境下，园林的设计与建造往往由文人和画家直接参与完成，文人墨客将其意愿带入园林，诗情画意般浓厚的感情色彩从此成为中国园林的特征之一。绘画和诗词作为文人墨客借以抒怀的手段在园林中被广泛应用，因此有"以画入园，因画成景"之说。中国园林将山水画中写意手法之抽象、概括的特点运用其中，如以最简约的笔触反映时空。"外师造化，内发心源"即为传统园林设计内涵。除了绘画、画论对中国传统园林产生影响外，诗词也对中国园林有着重要影响，如将诗文中的某些境界连同文学艺术中的层次、结构应用于景观设计之中，抑或将出现在文学作品中的景名、匾额和楹联等直接用作园景点题。这种感性兼具抽象化的思维形式以及诗情画意式的表达充分体现出了极具直觉性的中国园林哲学思想和文化内涵。下面就中国风景园林与传统文化关联的历史渊源进行概述。

（一）"文以载道"思想的重要影响

中国古人将"形而上"之"道"与"形而下"之"器"归属于世间万物，而中国文人的社会职责即"文以载道"。文人雅士参与园林的规划和设计，而后对造园理论、审美情趣进行文学化记载。传统园林在历史上取得了文人的关注、评论、褒贬，园林丰富了文学创作，而文人作品对造园又起到了指导作用。

（二）园林创作的重要特点——文人造园

中国古代早已有"没有建筑师的建筑"这一观点，许多文人因此成为造园者。作为社会财富和精神财富的拥有者，他们直接或间接地参与到造园活动中。这些文人大多集多方面才华于一身，如诗文、书画等，往往具有较高的文学素养和成就，而这些均成为园林造景艺术水平、审美鉴赏能力得到普遍提高的重要因素。不仅如此，他们还将自己独特的思想、见解融入园林设计中，如人生观、宇宙观、审美观和社会理想等，同时在长期的造园实践中总结出很多可操作性的、精辟的方法与理论。这些方法、理论的不断集成与发展在某种程度上促进了中国古代园林审美语言的扩展。最终，园林在与书法、绘画和文学相互影响的同时，获得了新的发展。

（三）园林作为文学艺术创作的场所

受中国传统文化中隐逸、中庸等思想的影响，园林在某种程度上成了中国文人逃离现实、思索人生、创作的场所。他们一方面从大自然、园林上寻求精神寄托和慰藉；另一方面，大自然、园林为其提供创作的素材、灵感。比如，杜甫草堂、庐山草堂、艮岳等建成后成为文人骚客创作的重要元素。

第二节　中国古典园林景观的发展与文化变革

分析中国古典园林的发展历程，有利于促进人们更好地理解园林景观艺术本身，更好地理解园林与中国传统文化之间的联系。从整个发展历程可以看出，园林与中国传统文化在每个历史阶段都是相辅相成、紧密联系和水乳交融的，我们应该从宏观、辩证的角度去理解和领悟其中的文化思想内涵，这有利于我们今后从中提炼内容与精华，真正做到创新与发展，进而实现传统与现代实际意义上的结合。

一、上古园林雏形与原始崇拜

如果将中国古典园林的历史推到三皇五帝的时代，那时的形貌、功用、风格等是什么样子，我们如今只能从当时人们特有的生活和观念中窥见一斑。灵台、灵沼、灵囿、苑林是上古园林中的各种景观形态，山川林野养育了原始部落的居民，他们从开始的渔猎到后来兼以稼穑为生，使他们对自然景物和自然现象怀着敬畏之心，并自觉地将这些与心目中神的意志联系起来。因此，人们选择地貌最优越、自然山水和植物最丰富的地方进行集会、祭祀、歌舞，是因为其最富有神性，而不是单纯地因为其风景的优美。在建筑艺术上，尤其是筑土技术的发展，由于对神灵的崇拜，灵沼是对湖泽的模仿，体量庞大、高耸入云的灵台是在沼中池畔对山岳的模仿。随着社会的演进和国家的出现，灵台、灵沼的规模变大，人们的活动也增加了一些新的因素和含义，但是其形式和性质经历了漫长的历史时期尚未改变。尽管上古园林的遗迹已不见踪影，但其意义和影响深远，最明显的特征就是构建框架以山体和水体的配置为主体，这是以后历代古典园林的基本形式，其雏形就是灵台与灵沼的组合。

人们渴望认识现实能力以外的世界时，才会发明宗教，只有感觉出自己认识和理解之外还有着不可思议的力量时，才会激起对宗教的崇拜与痴迷。比如，埃及的金字塔、希腊雅典的卫城、意大利罗马的万神庙、中国的云冈石窟，这些令人瞠目的杰作都是宗教所凝集和激发出来的想象力和创造力。具体到中国古典园林的历史发展过程，人们只有在原始宗教的灵雾中才能发现那些体量巨大的单体建筑，它们是后世的建筑所不能及的。木结构建筑在中国古代建筑中占据了主导地位，其追求的是日趋柔美的曲线和日趋精巧的框架，由此可看出，人情意味及理性精神代替筑土建筑及其团块造型、简单强烈的线条和山岳般的体量所表现出的巨大，但又有原始的力量感，这种扬弃是社会发展和儒家文化影响下的结果。

上古园林对后世的影响不仅限于园林的形式、技法等各种形而下的范围，还说明人在宇宙中的位置、宇宙特征、如何处理人和宇宙的和谐关系等一系列问题在"上古园林"就表现出来了。后来的说法是"天子灵台，以考观天人之际"，这与后人所提倡的"天人合一"的思想及人与自然的和谐发展有着相似之处。

二、两周园林——山水与人格之美

商代中期开始，建筑艺术和建筑规划明显进步，如湖北盘龙城商代宫殿建筑群遗址中的三座建筑坐落在一条南北轴线上，其前后平行，方向同城垣一致，可看出是统一规划的结果，宫殿也已具备"前堂后室"的格局和"四阿重顶"的屋顶形式。

艺术是生活和观念的反映。在殷周时期，人们对鬼神的态度发生了变化。从西周后期的青铜制品可以看出端倪，商器中的饕餮纹、夔纹逐渐被淘汰，取而代之的是曲纹、瓦纹、环带纹等几何纹样。由此也可看出，园林的性质由娱神逐渐转变为娱人。

人的宇宙观、审美观的变化在艺术中总要通过具体的形式才能表现出来，园林这种空间的艺术对物质手段的要求则更为具体。不同时代园林中的建筑风格在很大程度上反映着当时人们的宇宙观、审美观的趋向，也能看出民族形式和民族精神的发展过程。例如，西周时期，山西岐山凤雏宫室宗庙建筑遗址的平面布局就与商代有了不同，最突出的特点是整座建筑群表现出一种严密复杂又井然有序的群体组合关系。这种关系变化在建筑群各个组成部分的形态、体量、相互配置、节奏变化等方面都表现得很明显，其中主殿的统摄核心地位在这种群体组合结构关系中显现了出来。

群体布局的发展可以看出人们的审美目的是为了充分地展现出"泱泱乎，堂堂乎"的大地，把思想寄托在自己脚下的尘世而非苍穹。园林建筑亦是如此。颜师古注《汉书·高后纪》中看到"赵王宫丛台灾"曰："连丛非一，故名丛台，盖本六国时赵王故台也。"直到唐后期，此台仍然可登览，其最主要特点已不是单体建筑的孤立高耸，而是群体建筑之间"连丛非一"的组合关系。这个时期，大型宫苑建筑群已经注意到自然山水地貌的利用、山水景观与建筑景观的配合，群体组合中多座单体建筑的布局，它们相应的位置、高度对比等方面表现了当时人们的艺术追求。随着人们逐步提高对山、水、建筑及其他众多自然景观的审美能力，最终它们将融合与升华。

三、秦汉园林——席卷宇内的气魄和力量

秦始皇灭六国统一天下，国家形态的转变对中国文化、园林景观艺术具有深远的影响。

延续以往的宇宙观，作为大帝国的象征，秦汉宫苑始终以广阔的天地宇宙作为模仿对象。使用庞大而统一的完整建筑格局作为国家象征是秦汉时期这种新要求的反映，也是这一时期政治观、宇宙观的直接表现。

受到昆仑、蓬莱神话的影响，在建筑、山体和水体这三个基本景观要素中，水体在园林景观中的地位提高了，也使各要素之间的关系更加复杂和紧密。这时期的园林景观不只以山或高台建筑为主体，还添加了水体这一元素，在丰富园林艺术设计手法的同时，起到了纽带的作用，形成了新的格局。穿插、映衬、渗透等繁复组合关系在山体、水体、建筑和植物之间出现，促进了园林艺术的发展，为中国古典园林富于自然韵致的设计手法奠定了基础。

另外，园林景观常用的造园手法是用阁楼、塔等高挺的形体来描绘和突出整个园林的天际线。例如，颐和园的主景（佛香阁），以及拙政园的借景（北寺塔）都是以阁楼、塔楼作为园林远景或主景，与近景形成层次对比。这些都与汉代时期"仙人好楼居"和由台向楼阁的转变有关。各种挺拔的"梁架式"多层阁楼从汉墓明器和画像砖中可以看到，洗练、厚大的斗拱用在各层间，它们之上有舒展、质朴的平座和出檐，使楼身立面尺度富有变化和节奏感，勾画出了既亲切自然又具有韵律感的建筑形体，而且艺术造型极为丰富。此类建筑艺术形式在西汉兴起、东汉风靡，楼的流行反映了人们有别于以前的审美观念、生活情趣与内容，也体现出了建筑技术在当时的进步与发展。

四、魏晋南北朝园林——士大夫文化的勃兴

魏晋南北朝时期政治关系和社会生活剧烈动荡，文化领域也异常活跃，士人园林的兴起是这一时期园林艺术最为突出的特点。士人园林的风貌与这一时期士人文化（如士人阶层的社会地位、隐逸之风的形成与发展以及政治、哲学、艺术活动等）有着直接的关系。

随着士人社会地位的变化，以他们为主体的山水审美观和园林艺术在这一时期得到了发展。正因为士人在其生活和人格价值中对山水、园林赋予了新的意义，士人园林的发展才具有

了比园林技艺更广泛和深刻的内涵。无论是避免政治伤害，抑或豪奢逸乐，园林对士人的生活非常重要，是他们生活中不可缺少的一部分。魏晋时期，玄学代替经学而流行于世，对中国古典园林和文化有更深层次的意义。玄学以崇尚"自然"为宗旨，对以山水为主要艺术手段的园林具有直接的影响。从大量的典籍中可以看出，当时大部分士人经营着自己或大或小的园林，除了优越的地理条件外，更重要的原因在于士大夫在哲学与现实生活之间找到了平衡点。中国士大夫文化体系在东晋初步确立，成就在于园林数量的增加和造园艺术手段的不断提高，但人们只能从中国传统文化及士大夫文化体系中看到它的全部内涵。"常愿幽居筑宇，绝弃人事，苑以丹林，池以绿水，左倚郊甸，右带瀛泽。青春爱谢，则接武平皋，素秋澄景，则独酌虚室"（《魏书·逸士传》），这类士大夫的诗文随处可见。

魏晋南北朝时期，士人园林作为一种新的艺术形式，无论风格还是方法都以其突出的特点而与传统的宫苑园林不同。在漫长的发展过程中，士人园林的艺术方法不断完善，但最基本的原则都是在魏晋南北朝时期奠定的，其中包括构建园林景观体系以山水、植物等自然形态为主导，"纡余委曲"的空间造型园林艺术与诗歌、绘画等士人艺术的融合。与此同时，随着佛教的传入和寺院的兴建，出现了寺院园林形式，形成了皇家园林、寺院园林、士人园林三大类型共同发展的格局，其中士人园林对当时的皇家园林、寺院园林、官僚宅第都产生了一定的影响。

五、隋、初唐园林——经纬天地的心怀与内涵

隋王国结束了南北长期分裂的局面，为封建文化的全面繁荣和成熟准备了条件。作为中央集权制度的象征，隋唐都城的格局建制在中国古代建筑史和城市建设史上有突出的地位。其中，值得一提的是隋西苑的艺术手法，它的布局是舒展、富于自然规律和节奏变化的"点、线结合布局"方式。这一转变使园林艺术的向背、开阖、对比、映衬、穿插、隐显、因借等手法得到了较好的发展。这样的成就是在秦汉宫的基础上吸取士人园林的艺术情趣和艺术手法的结果。

唐代宫苑是中国封建文化巍峨的纪念碑，其规模宏大是后代宫苑园林所不能比拟的。用主、附建筑体量上的悬殊差别来突出主体建筑的宏大，与水体交织在一起，雄阔的平面空间与壮丽立面空间完美统一，这种风格在唐以后的宫廷建筑中再也没出现过。士人园林在此时更加成熟，把园林意趣变得更为清晰，艺术原则和模式在美学方法上也更为明确。叠山、理水等创作方法的运用变得纯熟、广泛和综合，整体设计和组织能力已有相当不错的水平。在此基础上，园林成为富于诗情画意的艺术整体。同时，隐逸文化和士人园林仍是士人保持自己相对独立和避世而采取的手段，我们从陈子昂的《晦日晏高氏林亭序》就可以看出这一点。

六、中唐至两宋园林——"壶中天地"景观形态

"壶中天地"是中国古典园林在中唐以后的基本原则，这时园林中的淡泊与人们的寒寂是同一格调，凫雁争江湖之春、桃柳醉山林之色已不会激起人们豪畅高朗的心怀，人们对园林空间的要求也发生了变化。"带竹新泉冷，穿花片月深""扫径兰芽出，添池山影深""树深烟不

散，溪静鹭忘飞"，❶……从钱起的这些诗句中不难看出其心境。

中唐时期以后，在较短时间内，"壶中天地"的境界成为士人园林最基本和普遍的艺术追求。从白居易的诗篇可以很清楚地看出当时园林空间的原则："帘下开小池，盈盈水方积。中底铺白沙，四隅瓮青石。勿言不深广，但取幽人适……岂无大江水？波浪连天白！未如席床前，万丈深盈尺。"❷

"壶中"境界使中唐时期园林艺术技巧全面发展，更加丰富和完整的园林景观体系建立起来，构景日趋工致，其中以置石、叠山、理水、植物等方面最为突出。

此时期，园林发展的意义是在提出中国古典园林后期基本空间原则的同时，以丰富的艺术手段将其运用于具体创作中，这种结合为宋代在"壶中"构建更加精美的园林景观体系奠定了基础，也使园林艺术在宋代以后日渐衰颓成为必然。

宋代哲学在对宇宙时空的认识上较前代哲学有了全面和重大的发展，并且对园林艺术的面貌和空间原则都产生了极为显著和深远的影响。此时，"壶中天地"格局不断强化，艺术手段不断完善，在自然景观的构建、建筑造型及内外檐装修、园林小品、文学意趣等方面都得到了深化，富于变化且达到了精美的程度。

北宋皇家园林在继承传统的同时，表现出了与秦汉、盛唐时期不一样的空间原则，与秦汉宫苑气吞山海的空间气势相比有了天壤之别，但此时的皇家内廷宫苑与士人园林的格局已经差异不大。

七、明清园林——"壶中天地"到"芥子纳须弥"

明清是中国古代社会的最后阶段，中国古典园林作为社会意识形态的艺术表现者，在此时也步入发展的末期。明清园林承袭"壶中天地"的同时有进一步的发展，使"天人之际"宇宙体系和因悠久历史而高度发达的传统文化体系得以归藏其间。此时，江南私家园林盛行，私家园林乡土化趋势明显，形成了北方、江南和岭南三个地方风格。

明清皇家园林中，圆明园是这一时期园林艺术的代表，它的主旨可以用乾隆所题"九州岛清晏"概括，也是园中的主要景区。无论明代士人在拙政园中以高仅盈尺的小土丘象征海中三山，还是清代皇家大规模的建园活动，都表现出了中国古典园林晚期的发展趋势。

从实际作品看，明清园林特别是清乾隆以后，园林的艺术手法有了最丰富和最直观的感受，其目的是如何在"芥子"中创造尽可能丰富和完整的"天人"体系。为此，明清园林艺术方法（包括写意方法和叠山、理水、建筑等技巧）较比前代特别是在宋代的基础上有了新的发展，也更清晰地显露出了中国古典园林体系的逻辑发展过程及其所产生的弊端。

❶ 彭定求.全唐诗：第三卷[M].郑州：中州古籍出版社，2008：1201.
❷ 彭定求.全唐诗：第四卷[M].郑州：中州古籍出版社，2008：2169.

表1-1　中国古典园林景观发展历程及时代特征

历史时期	建筑、景观形态	文化精神与艺术特征
上古时期	灵台、灵沼、灵囿、苑林	"天子灵台，以考观天人之际"，体现出了对"天"的崇拜及人与宇宙的关系
两周时期	从单体建筑到群体建筑的组合	逐步提高了山、水、建筑及其他众多自然景观的审美能力，体现出了"山水与人格之美"
秦汉时期	庞大而统一的完整建筑格局；建筑形态更加丰富	国家形态的转变表现出了此时期的政治观、宇宙观；水体景观要素地位大大提高，各要素间的关系更紧密、复杂
魏晋南北朝时期	构建园林景观体系以山水、植物等自然形态为主导；"纡余委曲"的空间造型	园林景观艺术与诗歌、绘画等士人艺术的融合，体现出了"士大夫文化"的勃兴
隋、初唐时期	园林布局舒展，富于自然规律和节奏变化的"点、线结合布局"方式；唐宫苑主、附体建筑体量悬殊	唐宫苑体现出了封建社会的巍峨；士人园林意趣更为清晰，富于诗情画意的艺术整体，体现出了独立、避世的手段
中唐至两宋时期	"壶中天地"景观形态；山水等自然景观的构建、建筑造型及内外檐装修、园林小品及文学意趣等方面都得到了深化	"壶中天地"的境界成为士人园林最基本和普遍的艺术追求；宫苑与士人园林差异缩小
明清时期	"芥子纳须弥"景观形态；在"芥子"中创造尽可能丰富及完整的"天人"体系	"天人之际"宇宙体系和因悠久历史而高度发达的传统文化体系得以归藏其间

八、中国古典园林建筑文化与美学分析

（一）妙造自然，有法无式

中国园林讲究"可赏、可游、可居"，大都以建筑为主。然而，建筑又是园林中人工色彩最浓的部分。因此，如何使其与山水花木相协调往往是造园高下的标尺。

建筑与自然的关系可分两类：一是建筑处于自然之中，如山庄、别墅、风景园林；二是自然融入建筑，如宅园、园中园等。前者重在选址，如背风向阳，依山傍水，易于泄洪等，应符合自然的基本逻辑；后者则"园基不拘方向，地势自有高低，涉门成趣，得景随形"，说明建筑要高下曲折、自然生动。园林建筑不像一般建筑，规划布局要依照自然法则，契合自然的精神，展现自然的美。乾隆对山颇有一番见地，他说："室之有高下，犹山之有曲折，水之有波澜。故水无波澜不致清，山无曲折不致灵，室无高下不致情。然室不能自为高下，故因山以构室者，其趣恒佳。"

园林之美源于自然，园林中的各种自然要素才是被欣赏的主体。因此，一切人为的秩序

都不能强加在自然之上，这是造园设计的一条基本原则。所以，园林建筑总是依托着自然环境而存在，其个体形象、群体的空间组合都要与自然互相配构。比如，高处建阁、峰回路转处筑亭、濒水为榭、僻静处设斋建馆等都是在追求建筑美与自然美的和谐。所以，假如山峦峡谷之中忽地露出红墙一角，不仅不会有损自然气氛，反而会使自然景物平添诗情画意。

（二）隐显得宜，曲漏为佳

人们漫步园林会被造型精妙的园林建筑所吸引。台阁亭榭，飞檐重楼，雕栏玉砌，若隐若现，或凭栏远眺，或亭中小歇，或登楼鸟瞰，或石屋探幽，建筑成为沟通人与自然的中介。在园林中，风景是第一位的，建筑要为创造风景服务，并通过自然的融入最终表达"虽由人作，宛自天开"的艺术效果。

园林建筑不仅要有中国传统建筑的结构形式与布局之美，还要为适应园林风景的特定环境改变或扬弃自身的某些特点，"隐显得宜"便是由此而产生的一种造园手法。显是指点景、主景建筑，如北海的白塔、颐和园的佛香阁都是一园构图中心和风景欣赏的主题，所以只有突显其造型工艺与建筑形象，才能起到统摄全园的作用。隐是指建筑的含蓄性，或掩于假山岩壁之后，或隐于浓树绿丛之中，为园林平添层次与韵趣。自然景物美在曲，山的跌宕、水的环绕都离不开曲线美。所以，以曲为特征的形象就成了自然美的象征。因此，所谓"曲漏为佳"，同样是指建筑与山水取得协调的一种方法。园林中曲的含义有二：一是形象应打破建筑的直线特征，以曲代直，以曲求谐，使其富于曲的情态；二是因地制宜，灵活布局。前者如亭，飞檐翘角，展现的是"飞动之美"；后者如廊，有盘岩缠谷的爬山廊、环厅绕堂的回廊、穿花渡壑的游廊、跨涧越溪的水廊等，时而随形而弯，时而依势而曲，表现的同样是曲折的动态美。

（三）虚实相生，精在体宜

区别于一般建筑，园林建筑具有观景和点景的作用，如园林中的亭台楼阁是为游人的"仰观俯察""凭栏远眺"而设，意在丰富游人对空间美的感受。所谓"楼观沧海日，门对浙江潮"（宋之问），讲的就是园林建筑的审美特征。另外，"听雨轩""待月楼""飞泉亭"等的作用也在于点染风光，并将风雨、泉月引至游人面前欣赏。

园林的建筑空间讲求虚实相生。沈复说："虚中有实者，或山穷水尽处，一折而豁然开朗；或轩阁设厨处，一开可通别院。实中有虚者，开门于不通之院，映以竹石，如有实无也；设矮栏于墙头，如上有月台，而实虚也。"● 或实中有虚，或虚中有实，都是为了激发人的想象，扩大人的审美空间。在景观构成中，园林建筑从不与自然争高低，更不会压掉风景，而是讲求"精在体宜"，即视环境的不同来决定其体量与造型。正如画论所云"丈山尺树寸马分人"，追求的是尺度美。比如，杭州西湖孤山高仅30米，华严经石塔也很小，远远望去，隐现于茂林秀竹之中；宝石山高200余米，山上的保俶塔高15米，修长玲珑，线条柔美，成了西湖的标识。当然，园林建筑不仅与自然环境有着融洽和美的关系，其自身也是赏之不尽的景色。比如，轩馆舫榭、殿堂斋阁，功能不同，形制不同，形象也各异，或独立成景，或以廊墙连成一

● 沈复.浮生六记：闲情记趣 [M].郑州：中州古籍出版社，2010：59.

体，构成的是不同境界的艺术空间。

园林建筑常因地理、文化环境不同，民俗风尚不同，其格调千差万别。江南的纤巧雅丽、北国的沉稳雄浑都给人留下了迥然不同的印象。昆明世博会上的各国各地园林也都是透过独特的建筑与花木来展示自身特色。

（四）亭台皆临水，屋宇不碍山

中国古建筑有两大特点：一是以木结构为主，木结构自由灵活，可依据功能与审美所需，塑造出各种建筑形体与空间；二是几个独立的单体建筑可以互相联系而组成具有内部空间的院落。因此，无论平面布局还是空间组合都更加灵活，既可构成轴线明确、对称严谨的宫苑建筑群，又可结构成布局活泼的私家宅园。正是这种古建筑特点的充分运用，才形成了我国独具一格的园林建筑景观。

除了原始的居住功能外，建筑作为园林艺术要素存在的时候，其作用有二：一是构成独立的景观；二是与其他景观相组合，构成完整的景观体系。因此，建筑的体量、形制、造型乃至门窗取向、彩绘式样等既受自身功能和审美要求的制约，又要考虑与其他景观要素的关系，要求能彻底地融入整个园林体系。比如，北海公园琼岛北坡空间狭小，要容纳尽可能完备的各式景物，造园家便在建筑形态的变换上煞费苦心，分别安排了圆亭、方亭、扇面亭以及各式廊道、楼台等，其体量十分小巧，从而取得了与周围景物的和谐。又如，苏州留园有座冠云楼，其门窗皆用深色，是为了与冠云峰的雅洁玲珑形成对比与映衬，这说明建筑与其他造园要素要协调。

园林建筑可单独构景，但更多的是组成各式庭院或建筑群，并以此为依托，与其他景物相贯通，其构景艺术精微，令人叹为观止。比如，颐和园中的谐趣园东西狭长，水景深远，重点建筑"涵远堂"面南而居，但其方位、高度难以统摄全园。为此，造园家于西端建一"就云楼"，楼依园外山麓，分两层：下层后墙隐于岩壁之下，立面展露于园内；上层柱脚与园外地面取平，同时门窗面外而开。这样，从园外看，它只是一间低平的普通单层堂室，不会与园外景物产生矛盾；从园内看，是一座俯瞰全园的高楼，起着制约、平衡园内各式景观的"中和"作用。又如，苏州拙政园的"见山楼"因位于池中，于是便尽量压低地面与层高，且偏居池之一隅，山池周围的桥廊轩榭及岸形都不用专长直体形，而是曲折起伏、化整为零，避免了与山水相争。还有颐和园万寿山前的众多景物凭借一道东西贯通的长廊构成一个有机整体。诸如此类，不论艺术手法如何变换，其基本目标只有一个，即建构景观丰富、和谐、完美的园林。

传统抑或现代并不是现代景观设计的决定性因素，本土化景观设计的基础是实际存在的客体，是在基于某种实际情况基础上进行合理设计的过程，最终的结果必然符合自然发展规律及现代需求与审美，并能促进人与自然和谐相处。在此过程中，本土化景观设计在不摒弃传统的同时进行创新，因为传统文化是千百年来积淀的成果，是人们可感知的物质形态和意识中的非物质形态，是对传统、历史、社会生活记忆的延续。但现代与传统从时间上讲本身就是不可分割的两个体系，本节从时空角度出发探寻传统文化的基源，从历史中寻找自然的演变规律和文化的交融生长，给予了我们更好的思考与启迪。

本土化景观不仅停留在对传统园林景观的总结上，还在于寻找传统园林和本土环境特征及历史发展的契合点。现代园林景观应该在本土的自然条件和传统文化背景下，通过创新延续本土景观的地域性特征，使其成为本土文化和自然环境的重要介质和传播者。

第三节　中国传统文化在古典园林中的体现

中华文明上下五千年，形成的源远流长的文化知识包罗广博的传统文化图示与符号。传统图示承载着厚重的传统文化与民族精神，是文化的一种载体、一种符号，是中华民族文化遗产的重要组成部分。由于地域辽阔，自然环境多样，加上生产方式的不同和审美情趣的差异，我国形成了丰富多彩而富有文化意蕴的传统图示，在长期约定俗成的生活方式和社会行为模式作用下，逐渐形成了具有文化特征的符号。

作为中国传统文化的深层积淀，戏曲脸谱、诗词、书法、绘画、文物、武术、气功、中医、象棋、篆刻、骈文、对联、珠算、道观、风水、律诗、曲艺、杂技及测字看相等都表达出了特定的文化内涵。青铜器的钟鼎壶尊、玉器的璧环瑷圭、自然界中的山水花卉、历史沉积的博古人物，种种传统符号的人格化意义在当今社会为设计者开启了一道大门。中国传统符号在发展、完善、生长、变化的过程中积淀着变幻无穷的文化意蕴，逐渐形成了一套非常规律的体系。

中国传统文化可视符号种类多样，以平面图形为例，既有以图形本身展示其含义和价值的，如文字、印章、标识，也有纯粹艺术欣赏的，如绘画、版画、石刻等，还有作为装饰的图案，如建筑彩绘等。在人们生活中的各个角落，中国传统文化符号随处可见，并随着历史的演变而不断发展变化。

中国传统文化可视符号造型丰富多变，大致可分为三类：其一，由中国特有文字形态直接表现的符号，如被世人所熟知的"万"字、"回"字、"寿"字等；其二，抽象符号，如祥云图案（图1-1）、太极八卦图案、方胜等的表达；其三，具象符号，如龙凤（图1-2）、如意、牡丹、四大神兽等，此类图形符号种类繁杂，其中多以圆、方、对称、二方和四方连续等造型为基础，自然表现出中国民族文化之平衡生动、圆满连绵的特征，借以满足大众对团圆、吉祥的追求。

图1-1　祥云图案

图 1-2 龙形图案

中国古典园林起源于诗、词、歌、赋等具有文人思想的中国传统艺术形式，艺术来源于生活，又高于生活，传统图示在生活中各个角落的展现都逐渐融入园林的造园艺术中，在传统审美心理与哲学思想的渗透下，变得更加丰富而极具内涵。

古典园林造园要素可分为山石、水体、花木、建筑和小品五大类别，每种类别包含大量古典园林元素，如假山、叠石、花台、石矶、水池、自然叠水、花鸟鱼虫、亭、廊、台、榭、轩、楼、阁、塔、石板桥、九曲桥、石舫、月洞门、牌坊、粉墙、云墙、漏窗、匾额楹联、篱垣、铺地、彩绘、雕刻等，这些元素都是中国传统文化在古典园林中的符号体现。从建筑的构建，建筑上的装饰图案、匾额题字，到亭台楼阁等单体建筑，再到地形、铺装、水池、山石配景和植物配植，都不难发现传统文化的印记。下面对中国传统文化可视符号在古典园林中的体现进行具体分析。

一、书法、绘画在古典园林中的符号体现

虽然中国古典园林历史先于中国山水画历史，但在其不断影响中国山水画的发展过程中，同样伴随着山水画对其发展的完善，它们的关系是相辅相成的。由上文对文人思想的分析可知，书法、绘画是文人思想的具象表达形式。作为中国传统文化符号，绘画的表现形式非常广泛，主要通过山石、水体、植物和建筑等元素表达。许多古典园林都有画家参与设计和建造的身影，如扬州以前的片石园和万石园相传为画家石涛所堆叠。文人画家把画中的山石水体布局形态引入造园中，力求营造出犹如画中的自然意境。比如，清代袁江的《梁园飞雪图》（图 1-3）描绘的是汉代梁孝王刘武所建的一处园圃——梁园，布局严谨的殿堂掩映于山石水体中，在大雪的覆盖下屋顶的瓦棱模糊地与细密的格窗、文饰等形成强烈对比。文人雅士经常通过对植物的描绘来表达自己高风亮节的品格和对世俗的追求，这一符号在园林中的应用也很广泛。例如，梅、兰、竹、菊都是坚韧品格和气节的象征；荷花出淤泥而不染，是高洁、纯真、正直的象征；牡丹雍容华贵，富丽堂皇、被视为富贵兴旺、繁荣昌盛的象征。明代卞文瑜所绘《一梧轩屋图》（图 1-4），画中有一座草堂，前有梧桐一株高仁，院落之中鲜花盛开，草堂四周湖石

环绕，左边木桥流水，水上荷萍点点。绘画形式还常常通过镶嵌在铺地上或绘制于建筑中来体现，如北京颐和园的长廊彩绘。书法形式（如寿、回、井等文字）则在漏窗、铺地纹样、空间布局等符号中都有体现。

图1-3　清代袁江的《梁园飞雪图》　　图1-4　明代卞文瑜的《一梧轩屋图》

二、诗词歌赋在古典园林中的符号体现

诗词歌赋与书法、绘画紧密相连，是文人思想的抽象表达形式，主要通过匾联和植物元素表达。

中国古典园林的一大特色就是通过诗词歌赋传统符号形式使人产生联想，从而表达意境。园名、匾额、对联等都蕴含着浓厚的文化意义，是表达设计者情感的重要符号。古典园林通常采用言简意丰的词语命名景园，或记事，或写景，或言志，或抒情，作为一种直接体现园林人文背景或园主情趣的符号。比如，"退思园"之名出自《左传》"林父之事君也，进思尽忠，退思补过"，园主人将"退思"二字作为符号，以古代圣人自比，借题寓意，寓情于物，匾额用于为某一建筑或景点提名。苏州拙政园"留听阁"坐落于荷塘边，"留听"两字作为符号不禁让人联想到李商隐的诗句"留得残荷听雨声"，这带给体会者一种寂静空灵的心理感受。此园有一座雅致的小筑在池水岸边，名为"与谁同坐轩"，此名取自苏东坡《点绛唇·闲倚胡床》词："闲倚胡床，庾公楼外峰千朵，与谁同坐？明月清风我。别乘一来，有唱应须和。还知么？自从添个，风月平分破。"通过匾联的应用，游人在明白这个小轩是用来闲坐赏月之用的同时，能感受到抬头明月、清风徐来、相共与语、怡然自得的雅兴。诗句楹联作为符号，更能引发游人对园林形体之外的无限遐想。西湖"三潭印月"景区有楹联"孤屿春回，许与梅花为伍；寒潭秋静，邀来月影成三。"这样的文字符号不仅让游人联想到了美景时节，更能体会到作者清高豁达的心境。

植物符号与某些古典诗文相结合，更能使人联想到某些独特的情境。诗词中经常提及的植物有松、竹、梅、枫、兰、荷、菊、桃花、睡莲、牡丹、芭蕉、芙蓉等，这些植物在绘画中同样频繁出现，充分体现出了其作为中国传统文化符号的典型性。比如，苏州拙政园窗前的几株芭蕉就让人联想到独自于小屋中聆听"雨打芭蕉"的宁静与淡定。以竹为例，元朝白朴在《朝中措》中写道："花松隐映竹交加，千树玉梨花。好个岁寒三友，更堪红白山茶。"郑燮一生爱竹，画以写竹，诗以咏竹。"咬定青山不放松，立根原在破岩中。千磨万击还坚劲，任尔东西南北风"这首诗是他的心灵写照。竹作为诗词歌赋的表现符号被广泛应用，沧浪亭的翠玲珑、个园的春山等都是栽竹的精彩案例。竹元素一般有三种表达形式：① 竹海——"莫干好，遍地是修篁。夹道万竿成绿海，风来凤尾罗拜忙，小窗排队长。"（陈毅）用形态奇特、色彩鲜艳的竹种以片植形式栽植，浩瀚的竹海大气磅礴却也不乏秀丽清雅之美。② 竹径——"竹径通幽处，禅房花木深。"（唐·常建）结合休闲漫步道，营造含蓄深邃的意境。③ 竹庭——"新笋已成堂下竹，落花都上燕巢泥。"（宋·周邦彦）有移竹当窗、粉墙竹影、竹石小品等形式，常结合廊和建筑围合成院落空间，塑造文静雅致、淳朴优美的庭园。不同植物与竹搭配，可以丰富竹环境的感官效果。竹与松："修竹万竿松影乱，山风吹作满窗云"（元·萨都拉）。竹与梅、桃："虚心竹有低头叶，傲骨梅无仰面花"（清·郑燮），"梅寒而秀，竹瘦而寿，石丑而文"（宋·苏轼）。竹与兰花、菊花、牡丹："余既滋兰之九畹兮，又树蕙之百亩"（战国·屈原），"采菊东篱下，悠然见南山"（东晋·陶渊明），"庭前芍药妖无格，池上芙蕖净少情。唯有牡丹真国色，花开时节动京城"（唐·刘禹锡）。竹与红枫、鸡爪槭："停车坐爱枫林晚，霜叶红于二月花"（唐·杜牧）。竹与芭蕉："芭蕉叶叶为多情，一叶才舒一叶生"（清·郑燮）。竹与荷花："荷风送香气，竹露滴清响"（唐·孟浩然），"接天莲叶无穷碧，映日荷花别样红"（宋·杨万里）。

三、哲学思想在古典园林中的符号体现

中国儒、释、道三大哲学思想融会贯通，对古典园林可视符号的影响体现在各个方面。天人合一作为中国哲学之精髓，强调崇尚自然、师法自然，在古典园林中通常以各构园元素所营造的意境体现，如山石与水体的环抱，植物配置，建筑隐匿其中，光影也作为一种要素融入其中，从而达到"虽由人作，宛自天开"的审美效果。追求自然、素以为绚的思想体现在假山、叠水、石矶、汀步、石桥、花台等可视符号之中。道家与禅学思想中的虚实结合、阴阳相济由漏窗、月洞门、透廊等可视符号表达。

佛学思想在古典园林中以具有其文化内涵的建筑（如塔、寺庙、钟亭）、植物（如菩提、琵琶、莲花）等古典园林符号体现。佛教建筑是典型的古典园林文化符号，杭州西湖的雷峰夕照、三潭印月和南屏晚钟三景都与佛教文化有关。"雷峰夕照"指雷峰塔夕照之风韵，其突出的园林符号有塔、石桥和湖水；"三潭印月"是苏东坡在西湖中建造的三个球形石塔，塔内点蜡烛，夜色下与倒映于湖中的明月交相辉映；"南屏晚钟"指西湖南面南屏山之北的净慈寺，因寺

内的南屏晚钟亭而得名。铜钟作为园林符号，也是佛教文化的象征。

禅宗追求一种"空"的境界，如画家马远的"一角"及"夏圭"的"半边"所蕴含的禅意。水上一介孤舟，顿时让人感到海的茫漠、广阔，使人产生了一种平和、满足的感觉，即"孤绝"的禅的感觉。在园林中，以植物、假山的孤置及匾联的点题等表达其意境。禅意对时间、空间的感悟深刻，在园林中通过对季相变化的追求表达其深刻内涵。例如，扬州个园的四季假山相传是石涛设计。在竹林之间，草地之上的春山以笋石点置而成，仿佛在春天里破土而出的竹笋。夏山在池水之中以玲珑剔透的湖石堆叠，秀木掩映，洞谷幽深，犹如苍翠清凉的夏日山林。用黄石叠成的秋山众峰呼应，与夏山相连，嶙峋峻峭的黄石与丛生的植物相配合，让游人犹如置身山林。冬山为了突出特点采用洁白如雪、形态圆浑的宣石，如同尚未融化的积雪，依壁前叠置，山石浑然一体。在山石中还有冰裂纹铺地及蜡梅等植物元素点缀映衬，冷趣十足。这些园林元素的应用，表达出了设计者不拘自我的精神，体现出了禅学思想对宇宙万物自然律动的和谐及生生不息而不刻意执着的精神追求。

四、民俗传说在古典园林中的符号体现

在农耕文明下的社会，为了满足当时人们对社会生活的物质和精神需求，中国传统文化符号逐渐发展成一种文化现象。这种文化符号来源于大众生活，人们为了得到精神的寄托和心情的愉悦，采取寓意、比喻、借喻、谐音、双关、暗示等方法，创造出许多图形图案。例如，"福禄寿喜"就是以蝙蝠、鹿、仙鹤、喜鹊的寓意来代替这四个字，通过谐音象征人间幸事；"麒麟送子"是通过瑞兽麒麟比喻富贵人家的父母，麒麟子比喻富贵人家的孩子；出于唐代人物的"和合二仙"通常以"荷、盒"寓意"和合"，运用谐音和形象寓意合家团圆、婚姻美满；《山海经》中掌管诸神之神——"神荼郁垒"后来演化为门神，借以镇宅辟邪。在对神灵崇拜的古代，人们对生命、财产、婚姻、子孙、仕途、运气、幸福等因素的祈福往往通过符号化图式（如八仙、寿星、观音、妈祖、摇钱树、五子登科、招财童子等形象）来实现，这些符号通过其象征寓意给人以心理上的安慰，这种具体、实际的需求是农耕封建社会文明下的产物，因此后来这些符号逐渐演变为信仰、民俗等。

源于民俗传说的中国古典园林可视符种类广泛繁杂，出于对自然的敬畏而产生的自然崇拜心理，出现了一系列传说，如神话的天宫、昆仑神山和蓬莱仙境的构想等，蓬莱三岛因此转换成古典园林中"一池三山"的经典符号形式。

中国古典园林里经常可以看到大量的装饰性吉祥符号，如图腾符号、动物符号、植物符号、故事性符号等。这些符号广泛应用于漏窗、铺装、建筑壁画等园林元素中。常用的动物图案有龙、凤、麒麟、鹿、蝙蝠、鱼、鹤等，还有梅、松、荷、梧桐、藤本等植物图案，这些符号往往是自然崇拜、图腾崇拜、祖先崇拜、神话意识和社会意识等的混合物。比如，西湖三潭印月有一隔墙"竹径通幽"，上有四幅漏窗以吉祥动植物构图，分别寓意"福、禄、寿、喜"，风格别致。

第二章 风景园林建筑设计的概述

第一节 风景园林建筑的发展

一、风景园林建筑的含义、特点、地位及作用

在人类发展的进程中，建筑与城市是最早出现的空间形态，而风景园林建筑的出现要晚得多，正如英国哲学家培根所言："文明人类，先建美宅，营园较迟，可见造园比建筑更高一筹。"由于风景园林建筑始终伴随着建筑与城市的发展而发展，因而早期并没有形成独立的学科体系，各国及各个时期的学科名称、概念、含义、研究范围也不完全统一，在我国直至今日其学科名称仍有争议。

（一）风景园林建筑的概念和含义

1. 概 念

在相关著述中曾出现众多与之相关的名词，如风景园林建筑、景园、景园学、景园建筑、景园建筑学、大地景观、景观、景观学、景观建筑学、风景、风景园林、造园、园林、园林学、园囿、苑、圃、庭及 land scape architecture、garden、land scape gardening、landscape、garden and park 等。这些名词的含义及内容是否相同，它们之间的区别是什么呢？对于一个学科来说，过多的称谓或名称并无益处，总结起来原因如下。

（1）各种概念的发展因年代的早晚而不同。

（2）风景师这个职业的内容也随时代的要求而变化，目前在我国由以建筑师为主体的多个相关行业的设计师来充当风景建筑师。

（3）architecture 这个词与 landscape 连用并不当建筑解，其意为营造或建造，不宜直译为"风景建筑"或"风景园林"。

目前，国际上通常以 land scape architecture 作为学科的名称，我国传统的称谓为园林或风景园林建筑，现在倾向景观学或景园学，与国际接轨，在建筑学专业目录下称为"景观建筑设

计"。2004 年 12 月 2 日，景观设计师被国家劳动和社会保障部正式认定为我国的新职业之一，目前学术界拟成立景观学专业指导委员会。可见，大多业界人士倾向以景观学作为该学科的新名称。

2. 含 义

就景观自身而言，北京大学俞孔坚教授认为应该从五个层面来理解。

第一层含义：景观是美，是理想。人们把自己所看到的最美景象通过艺术手法表现出来，这是景观最早的含义。在西方，景观画的含义最早源于荷兰的风景画，后来又传到英国。它是描绘景色的，是当一个人站在远处看景色时的感受，然后把这种感受画下来，所以画永远不是实景，是加上了人的审美态度之后再表现出来的。景观概念的最早来源是画，一幅风景画是有画框的，而画框是人限定的，是人通过审美趣味提炼出来的。景观一开始就是视觉审美的含义，但人的审美趣味是随着社会发展和经济地位变化而不断变化的，所以人所了解的景色也是不断变化的。

第二层含义：景观是栖息地，是居住和生活的地方。它是人内在生活的体验，是和人发生关系的地方，哪怕是一株草、一条河流或村庄旁的一棵大树。云南的民居充满诗情画意，非常漂亮，那是由于居住在那方土地上的人形成了人和人、人和自然的和谐关系。人要从自然和社会中获取资源，获取庇护、灵感以及生活所需要的一切东西，所以景观就是人和人、人和自然的关系在大地上的烙印。

第三层含义：景观是具有结构和功能的系统。在这个层次上，它与人的情感是没有关系的，而是外在于人情感的东西，其作为一个系统，要求人客观地站在一个与之完全没有关系的角度去研究它。一块土地，当你生活在其中时，那你的研究是客观的，但如果你居住在这片土地上，再去研究它，就不是客观的研究了，因为这块土地已经和你的切身利益发生关系了。一块土地有动物的栖息地，有动物的迁移通道，都需要用科学的方法去研究，用生态的、生物的方法来观察、模拟，来了解这个景观的系统。有一门学科叫"景观学"，实际上是用科学方法研究景观系统，是地理学的一个分支。

第四层含义：景观是"符号"。人们看到的所有东西都有其背后的含义。景观是关于自然与人类历史的书，皖南民居的路、亭子、河流和后面的牌坊群都在讲述着今天和昨天的故事。比如，亭子在当地叫作水口亭，在村庄的水口，这体现出了人们对待自然的态度，这个地方很关键，决定着当地人的生老病死和财富，所以亭子就告诉了人们这块地是神圣的。

在华北平原上，哪怕是一条浅沟、一个土堆，都在讲述着历史。城墙、烽火台曾经是金戈铁马，烽火燎原，这些现在看来不起眼的、留在土地上的痕迹都在讲述着非常生动壮阔的故事。景观是有含义的符号，需要人们去读。最早的文字也源于景观，如山的象形字直接源于山，水的象形字直接源于水。云南丽江纳西族文字中"水"的写法和汉族的是不一样的，汉字的"水"是在一条曲线两侧各有两点，纳西族文字中的"水"则是在这条曲线的端点还有一个圈。因为纳西族居住在云南高原上，那里水的形态同长江和黄河是不一样的，玉龙雪山融化后的雪水流下来，都渗到河滩底下了，然后在河滩几百米外的地方冒出来，这个水就叫潭，有黑龙潭或白龙潭，这些水是有源头的。而长江或黄河一带早期居民看到的水是没有源头的，虽然说源头在昆仑山，但当时谁也没到过昆仑山。这就是景观的不同导致描述的文字不一样。人类最伟大的景观创造莫过于城市。人们为了共同和不同的目的生活在一起，有时互助互爱，有时嫉妒、憎恨之极，有时为了交流，修池道，掘运河，有时却为了隔离，垒城墙，设陷阱。同样的爱和恨也表现在人类对自然及其他生命的态度上。恨之切切，人类把野兽、洪水视为共同的敌人，所以称之为洪水猛兽，因此筑高墙藩篱以拒之；爱之殷殷，人们不惜挖湖堆山，引草木、虎狼入城，如在城里建植物园、动物园，表现了人类对自然的爱。人类所有这些复杂的人性和需求被刻写在大地上，被刻写在某块被称为城市的地方，这就是城市景观。所以，景观需要人们去读、去品味、去体验，正如读一首诗，品味一幅画，体验过去和现在的生活。

　　第五层含义：景观是土地之"神"。神的概念本质上就是精神寄托，人对景观的寄托就使其有了神性。

　　景观需要人们去呵护、去关爱，就像关爱自己和爱人。景观也需要人们去设计、改造和管理，以实现人和自然的和谐。要理解景观、阅读景观，就要呵护它、关怀它、管理它，这就是景观设计学。所以，景观设计学就是土地的分析、规划、设计、改造、保护、管理的科学和艺术。它是科学，因为景观是一个系统，需要用科学的方法去理解和分析；它是艺术，因为它与人发生关系，需要创造。

　　可见，风景园林建筑作为一门重要的学科，其内容及含义相当广泛，是具有神圣环境使命的学科和工作，更是一门艺术，可定义为"风景园林建筑是一门含义非常广泛的综合性学科，它不单纯是'艺术'或'自我表现'，而是一种规划未来的科学；它是依据自然、生态、社会、技术、艺术、经济、行为等科学的原则，从事对土地及其上面的各种自然及人文要素的规划和设计，以使不同环境之间建立一种和谐、均衡关系的一门科学"。

（二）风景园林建筑的特点

1. 复合性

风景园林建筑的主要研究对象是土地及其上面的设施和环境，是依据自然、生态、社会、技术、艺术、经济、行为等原则进行规划和创作具有一定功能景观的学科，景观本身因人类不同历史时期的活动特点及需要而变化，因此景观也可以说是反映动态系统、自然系统和社会系统所衍生的产物，从这个角度讲，风景园林建筑具有明显的复合性。

2. 社会性

早期出现的风景园林建筑形态主要是为人的视觉及精神服务的，并为少数人所享有。随着社会的进步、发展及环境的变迁，风景园林建筑成为服务大众的重要场所，并具备了环保、生态等复杂的功能，其社会属性也日益明显。

3. 艺术性

风景园林建筑的主要功能之一是塑造具有观赏价值的景观，在于创造并保存人类生存的环境与扩展自然景观的美，同时借由大自然的美景与景观艺术为人提供丰富的精神生活空间，使人更加健康和舒适，因此艺术性是风景园林建筑的固有属性。

4.技术性

风景园林建筑的构成要素包括自然景观、人文景观和工程设施三个方面,在具体的组景过程中,都是结合自然景观要素、运用人工的手法进行自然美的再创造,如假山置石工程、水景工程、道路桥梁工程、建筑设施工程、绿化工程等,这些工程的实施均离不开一定结构、材料、施工、维护等技术手段,可以说园林建筑景观的发展始终伴随着技术的创新与发展。

5.经济性

任何风景园林建筑项目在实施过程中都会消耗一定的人力、机械、材料、能源等,占用一定的社会资源,并对环境造成一定的影响,因此如何提高风景园林建筑项目的经济效益,是目前我国提倡建设节约型社会的重要课题。

6.生态性

风景园林建筑是自然和城市的一个子系统,其中绿化工程是与自然生态系统结合最为紧密的部分。在早期,研究生物与环境之间的相互关系始终是生态学的核心思想之一,主要研究的中心是自然生态,后来逐渐转向以人类活动为中心,而且涉及的领域越来越广泛,随着生态学研究的深入,生态学的原理不断发展。例如,目前以生态学原理为基础或为启发建立的学科:以自然生态为分支学科的有森林生态学、草地生态学、湿地生态学、昆虫生态学等;交叉边缘学科有数学生态学、进化生态学、行为生态学、人类生态学、文化生态学、城市文化生态学、社会生态学、建筑生态学、城市生态学、景观生态学等。从这一角度讲,风景园林建筑的生态性也是其固有的特性。

(三) 风景园林建筑的地位、作用

1.风景园林建筑的地位及与其他学科的关系

风景园林建筑是建筑学、城市规划、环境艺术、园艺、林学、文学艺术等自然与人文科学高度融合的一门应用性学科,是现代景观学科的主体。作为研究环境、美化环境、治理环境的学科,景观学由来已久,概括地讲,它注重的是人类的生存空间,从局部到整体都是它研究的范围。但随着全球环境的日益恶化,人们越来越重视整体环境的研究,重视自然、科技、社会、人文总体系统的研究,因为环境的美化与优化仅靠局部的细节手法已不能从根本上解决问题。全面地研究和认识风景园林建筑,充分挖掘传统景观园林艺术精华,充分运用现代理论及技术手段,从实际出发,以人为本,树立大环境的观念,从宏观角度把握环境的美化与建设,是现代风景园林建筑的重要研究领域。

按学科门类划分,风景园林建筑属于建筑学一级学科下的三级学科,是与建筑学专业一脉相承的,但从风景园林建筑的形成、发展过程、设计手法、施工技术及艺术特点等方面来看,它与建筑设计和城市规划又有所不同。一方面,风景园林建筑离不开建筑及城市环境;另一方面,由于材料、工艺、技术及功能不同,风景园林建筑与建筑设计及城市规划之间也存在一定的差异。在很多人的观念中,风景园林建筑更像建筑及城市艺术中的艺术。

风景园林建筑与农学、林学及园艺学也有密切的关系。农学为研究农业发展改良的学科,农业是利用土地畜养、种植有益于人类的动物、植物以维持人类生存和发展的产业,风景园林

建筑也以土地为载体进行建造，是经营大地的艺术，注重空间的塑造和精神满足。农学和农业以生产物质资料为主、视觉上的精神享受为辅，农学和农业的发展促进了风景园林建筑的发展，风景园林建筑在某种程度上来说是农业和农学发展的结果。植物是风景园林的重要构成要素，因此林学对造园的重要性是不言而喻的。园艺学分为生产园艺和装饰园艺，前者以果树、蔬菜及观赏植物（花卉）等的栽培及果蔬的处理加工生产为主，后者包括室内花卉及室外土地装饰，以花卉装饰及盆栽植物利用为主，风景园林建筑则以利用园艺植物、美化土地为主，主要进行庭院、公园、公共绿地等规划设计。

2.风景园林建筑的重要性、作用与使命

概括来讲，风景园林设计是综合利用科学和艺术手段营造人类美好的室外生活环境的一个行业和一门学科。风景园林中均有建筑分布，有的数量较多、密度较大，有的数量较少、建筑布置疏朗。风景园林建筑比起山、水、植物，较少受到自然条件的制约，以人工为主，是传统造园中运用最为灵活也是最积极的因素。随着现代风景园林理论、建筑设施水平及工程技术的发展，风景园林建筑的形式和内容越来越复杂、多样和丰富，在造景中的地位也日益重要，它们担负着景观、服务、交通、空间限定、环保等诸多功能。

（1）风景园林建筑的重要性。以环境、社会、生态等为着眼点的风景园林建筑对社会、环境及人非常重要，具体表现在以下几个方面。

①风景园林建筑对环境安全的重要性。针对目前城市发展中存在的诸多问题，风景园林建筑及环境处理成为备受关注的话题。在传统的规划设计及建设管理过程中，某些环节已受到人们的质疑，特别是印度洋海啸事件之后，更多的人开始关注和讨论环境生态健康问题，如2005年1月29日在北京大学"景观设计"年度高峰论坛上，北京大学教授俞孔坚，中国城市生态协会副理事长、建设部原总规划师陈为邦，美国易道公司（EDAW）北京总设计师Michael Erickson，WSP建筑师事务所主设计师吴钢，法国AREP公司总裁Jean-marie Duthillenl等业内知名专家均对景观设计中的生态安全发表了看法，认为在城市景观规划建设中既要尊重人的独特性，又要承认人是自然界中不可分割的一部分，将人的价值、个性和对自然的尊重相结合。俞孔坚说："景观设计不是为了消遣，而是为了解决人类的生存问题。景观设计的起源和目的是人类自身的安全，其次才提供人休闲娱乐。印度洋海啸就是最惨痛的警示之一。灾难是可以避免的，地球给了人类足够的空间生活，但是我们造错了地方。印度洋海啸最根本的问题是我们选错了地方盖宾馆、建城市。如何面对自然界的力量建设一个安全的景观格局是根本的解决之道。"

城市景观本身是一个复杂的系统，包含生态的、知觉的、文化的、社会的各个方面，人们普遍认为城市景观存在某种潜在的空间格局，被称为生态安全格局（security patterns,SP），它们由景观中某些关键性的局部、位置和空间联系所构成。在城市景观规划建设、管理、维护和运行过程中，保障景观自身的安全、景观对人的安全及对整个城市环境的安全是城市景观安全的主要内容。具体而言，主要研究城市面临的景观环境问题与原因，分析景观各个层面对社会经济、城市形态、生态安全、人体健康及社会可持续发展的影响，对景观生态安全格局进行修复、重建和再生，保护人文景观、景观文化及生物物种的多样性，提高城市景观系统的稳定性和生态修复能力。

城市景观安全是城市生态安全的重要环节，是指导城市景观规划建设的重要理论，深入研究城市景观安全问题，有利于保障城市良性发展，保障景观设计向科学化、可持续的方向发展。

景观系统是城市"全生态体"中的一个子系统，是城市环境的有机组成部分，也是与人密切相关的外部环境要素。因此，景观安全体系除具备系统共有的特征外，还具备"三位一体"的特征。具体而言，景观安全包含自身安全、环境安全和人类安全三个部分，三者相互关联、相互影响、不可分割，这种相互关联的结构使景观安全具备"三位一体"的特征。

景观安全是涉及城市生态的复杂体系，影响景观安全的环境因素很多，安全的景观格局担负着维护生态安全的重要责任，有其完善的技术、设计及管理策略。

构成景观的要素主要有三大部分：自然景观要素、历史人文景观要素和景观工程要素。前两者是构成景观的重要组成部分，后者是形成现代景观及改造、修复、重建景观的主体，对景观的影响最大。因此，影响景观安全的因素主要体现在以下三个方面：

a.城市物理环境。城市物理环境中对景观安全影响较大的因素有水系、声、光、热环境、大气、绿地系统等。

水是构成景观的主要要素，因此保证城市水环境的安全是景观安全的重要方面。城市水土流失、雨水和中水的综合利用、水污染等均会影响景观系统的安全。在城市总体规划中，城市水系的合理布局也是构建景观安全格局的重要方面。

城市声、光、热环境中的噪声污染、光污染及城市热岛等对城市景观中的绿化系统、人的视觉感受、人的行为及心理均会造成冲击，从而威胁景观及城市生态系统的安全。大气中的各种污染物（如有害气体、可吸入颗粒物等）对植物、硬质景观均有较大影响，也是危害城市景观生态安全的因素之一。

城市绿地系统和水系统一样，是城市的"肺"，是构成景观生态系统的主体，能否合理布局和规划，是关系景观生态乃至整个城市生态安全的最重要因素。

b.文化因素。景观设计在不同的时代体现出不同的文化交流与融合特征，进入21世纪，随着信息化时代的到来，景观文化的交流与融合达到了前所未有的高度。艺术、科技、技术等多个领域的地域文化均在全球范围内广泛传播，文化的交流与发展开创了世界各地景观大发展的局面，但也有一些负面影响，对当地景观文化系统的独特性及原有生态平衡造成了巨大冲击。比如，景观文化地缘的消失、景观模式的大量雷同、外来物种的引入均在不断地威胁地域景观系统的完整性、稳定性与安全性，已引起世界的广泛关注。

c.城市化及城市更新发展对景观生态安全的影响。改革开放以来，我国城市建设取得了巨大成就，城市化进程突飞猛进，成片的老城区被更新，城市面貌日新月异。但是，城市化进程对城市景观生态安全带来的冲击及影响也是巨大的，主要体现在以下几方面：大拆大建各类保护建筑及历史人文景观遭到破坏；历史文化城市的特有风貌在消失；城市文脉被切断；城市风貌正走向雷同；等等。这些问题的产生已对城市景观系统的安全造成了巨大的威胁。究其原因，主要是人们对城市景观安全问题不够重视，理论研究滞后，观念和方法原始，注重形象工程，急功近利，从而造成了许多景观的丧失。鉴于此，规划理论决策方法的更新是十分必要的，俞孔坚就提出了"反规划"理论来规划景观和城市。这方面的例证有很多，如中华人民共和国成立后北京的规划，按梁思成的意见，应保留北京老城区的建筑格局，保留古城墙，将老区和新区分开，以使北京的古都风貌完整地保留下来，这对中华民族乃至世界建筑文化都是一件幸事，但由于决策失误，导致更新与保护两者间产生了不可调和的矛盾和冲突，造成的破坏及损失已不可挽回。另外，在同济大学阮仪三教授为代表的众多专家的努力下才保住了丽江古城、平遥古城等古城市景观遗产。

风景园林中的城市绿化是城市景观系统的主体，绿化景观安全包括三层含义：一是绿色植物的生长安全；二是绿化系统对城市环境生态系统的安全；三是绿化景观及设施对人的安全。不同历史时期，绿化景观安全观念的范畴有所不同。在我国的计划经济时期，对城市绿化未给予充分的重视，也没有重视绿化景观安全的问题。近年来，随着城市化的快速发展，城市绿化也进入了高速发展期，如大树进城、城市生态环境建设与保护等成为人们关注的重点。城市绿化景观与生态也受到了前所未有的重视，相关绿化景观安全的问题也日益显现。

建立高效、稳定和经济的绿地群落，是构建安全的绿化景观的基础。关于目前我国城市景观绿化系统存在的主要问题，同济大学的刘滨谊教授曾总结如下六条：求"量"不求"质"；城市绿化"孤立化"；绿化规划布局模式僵化；城市绿地系统规划理论滞后；建筑优先，绿地填空；绿地规划设计缺乏内涵。此外，在急功近利的"快餐文化"背景下，城市绿化景观追求"一次成型"的模式，绿化的园艺技术和工程技术被极度重视和过度放大，贪快求简，植物越种越密，树木径级越选越大，人工雕琢越来越细，"物理"的、"视觉"的实效被片面追逐，生态的过程被忽视，绿地成本及后期维护费用提高，生物群落退化加快，导致其更新加快，其后果是直接威胁到了城市景观系统中绿化的生态安全，尤其是植物自身生长的安全。与绿色植物相关的生物群落生存亦遭到破坏，从而危及城市环境的生态安全。

众所周知，绿色植物是维持地球生态系统的基础生产者，每个区域均有特定的植物群落特征及与之相应的生态系统，而城市化的后果是自然绿地系统大多被人工植被取代或重建，实质上是破坏了整个片区原有生态系统的基础，其危害性不言而喻。

安全、合理、可持续的城市景观系统涉及的几个重要概念分别是景观环境的生态承载力、景观生态安全度、景观生态能量级。

生态承载力亦称"承载能力"，起源于生态学，用以衡量特定区域在某一环境条件下可持续某一物种个体的最大能量。世界自然保护同盟（IUCN）、联合国环境规划署（UNEP）及世界野生生物基金会（WWF）在《保护地球》一书中为生态承载力下了如下定义：一个生态系统所能支持的健康有机体及维持它的生产力、适应能力和再生能力的容量。引申该概念之后，可用来衡量一个景观生态系统的生态安全度。

景观生态安全度是维持城市景观生态安全所需要的最低生态阈值，是城市景观生态安全程度或等级的反映。比如，城市中植物绿化的数量，即绿量值，在某个特定区域若达不到一定的植物绿量，将使环境中诸如空气质量、噪声、温湿度等各物理因素达不到有效的调控。欲提高城市景观的生态安全度，涉及城市人口密度、土地开发强度、建筑密度、绿地系统格局、景观环境容量、环境生态伦理等多个方面。

景观生态能量级是能量生态学的概念，主要研究生态系统中的能量流动与转化。认识生态系统形成、发育、发展与再生过程中各生态因子之间的物理关系，对揭示生态系统本质有重要作用，是研究和鉴定生态系统是否安全和健康的有效理论方法，是制定生态调控法则的重要基础依据。引入景观生态系统，可以用以调控城市景观系统的无度、无序建设，是评价和保护城市景观系统的重要指标。

根据目前涉及城市环境、城市生态安全评价的各种指标体系特点，城市景观生态系统的评价模式总结起来主要有以下几类：以迈斯·瓦克内格尔等（1996）提出的"生态足迹"概念及其计算模型为代表的具体的生物物理衡量的指标体系，经合组织的 PSR 模式，生态系统健康评价指标。景观生态系统健康与否是一个相对的概念，系统健康的状况通过等级划分，通过多因素和多指标的综合评价得出结论。城市景观系统具有开放性，对城市及自然生态系统有很强的依赖性。不健康的人类行为，如景观污染及其他生态系统的不健康因素均会迅速传输到景观生态系统。相反，景观生态系统的健康与否也直接影响城市生态系统的安全与健康。

城市景观系统的安全与健康是相互的，安全的必定是健康的，健康的也必定是安全的，笔者根据刘振乾在《城市生态系统健康综合评价指标体系》一文中的表述，对城市景观系统安全与健康综合指标的内容及评价指标体系发展进行了总结（表 2-1、表 2-2）。

表 2-1　城市景观生态系统安全综合指标的内容及评价

概念内容	含　义	评　价
稳态	系统中的各项指标应在正常范围内，若发生变化，则表明系统的安全与健康受到损害	适用于有机体如哺乳动物，不适于经济系统等非自动平衡系统
景观污染	威胁景观系统安全与健康的诸要素的综合，具体表现为景观缺陷或斑块受损	定义不够明确，外界对系统的压力具有不确定性
多样件和复杂性	物种的丰富度、连接性、相互作用强度、分布的均一性、多样性指数和优势度	目前缺乏深入分析
稳定性和弹性	系统对压力和干扰的恢复能力，这种能力越强，系统就越安全、健康	未提及系统操作水平和组织程度（如死亡的系统很稳定，但不健康）
生长活力和生长幅	系统对压力的反应能力及各级水平上的活性和组织水平	测量难度大
系统组分间的能量平衡	保持系统各要素间能量循环的适度平衡	只能做一般的分析和解释，未用于预测和诊断

概念内容	含　义	评　价
全生态体	"全环境"的概念，是自然因子、空间因子、文化因子、人四方面因素综合而成的超级复杂的千变万化的动态体系，"生态链"是其根本构成模式，由环境圈内不同层次的多级生态链相互交织作用而构成	概念范围很大，只有简单表述，缺乏深入分析
整合、重构和再生	在特定地理条件下，系统可通过内部整合达到最佳发育状态；当受到外部干扰且干扰程度在其生态承载能力范围内时，系统可进行重构和再生	依赖历史数据做参照，整合性被赋予原始系统水平下的物种组成，生物及景观的多样性和复杂性、功能组织的重构和再生缺乏可操作性
生态承载力	衡量特定区域在某一环境条件下可持续某一物种个体的最大能量，用来衡量一个景观生态系统的生态安全度	通常用于生物种群的生态系统，延伸发展后多用于说明生态系统、环境系统、资源系统，承受发展和特定活动能力的限度即安全度，在景观系统中应用较多
景观生态安全度	维持城市景观生态安全需要的最低生态阈值，是城市景观生态安全程度或等级的反映	生态阈值较难确定，尤其在用于人文景观系统时难以操作
景观生态能量级	系统中能量流动与转化符合自然生态系统的规律，制定生态调控法则的基础依据，评价和保护城市景观系统的重要指标	只有简单表述，缺乏深入分析

表 2-2　城市景观生态系统安全综合评价指标体系框架

目标层	准则层	指标层	指标的属性和参数
城市景观生态系统安全度A	景观生态系统协调度（B1）	人口指数（C1）	人口数量、人口密度、文盲率、受高等教育人口比率、年龄结构、流动人口比重
		地景资源丰富性指数（C2）	土地生产力、人均风景旅游区面积、各级景区数量、景点数量
		水景资源丰富性指数（C3）	人均水量、水质
		景观用材丰富性指数（C4）	景观用材供需比
		绿化指数（C5）	人均绿地面积、植物绿量、环境净化能力
		水域指数（C6）	人均水域面积、利用方式、环境调节能力
		景观多样性指数（C7）	优势度、均匀度、廊道指数、美观性
		物种多样性指数（C8）	生物种类、数量结构
		通达性指数（C9）	人均道路面积、通达范围、运输能力
		布局合理性指数（C10）	区域结构、功能分区、均衡程度、结合度、隔离带

目标层	准则层	指标层	指标的属性和参数
城市景观生态系统安全度A	城市环境协调度（B2）	水环境协调系数（C11）	污水处理率、雨水、中水循环利用率、污水排放量
		大气环境协调系数（C12）	空气温、湿度变化、可吸入颗粒物含量、废气排放量、净化率
		固废环境协调系数（C13）	固废排放量、占地面积、净化率、二次污染率
		噪声环境协调系数（C14）	噪声强度、影响范围、受害人数
		光环境协调系数（C15）	光污染指数、光照强度、影响范围、受害人数
		物质文明指数（C16）	人均收入、人均消费、人均住房、人均公共设施、就业率、社会保障能力
		精神文明指数（C17）	教育、卫生、文化、体育、社会活动参与、犯罪率、减灾防灾能力、法律保障
	景观健康可持续度（B3）	人口增长指数（C18）	人口增长率、人口结构
		空间扩展指数（C19）	建成区面积增长率、建筑高度增长率
		污染控制指数（C20）	"三废"排放量和净化处理率变化系数、噪声减弱率、绿地和水域
			面积增长率、环保投资增长率
		经济增长指数（C21）	GDP增长率、资源利用增长率、建筑面积、绿地面积、道路面积
		城市建设指数（C22）	供水量、机动车增长率、供热、供气增长率
		社会政治稳定指数（C23）	治安好转率、政策稳定性、法律健全程度
		公众生态伦理教育指数（C24）	具备环保意识人口比率、生态伦理教育普及率

城市景观生态系统的复杂性决定了其评价的复合性和动态性具有动力学的效应及机制，管理调控应根据系统运行的特征制定相应的调控原则及措施。因此，城市景观生态的安全与健康应与城市生态系统的安全体系研究同步进行。

关于景观生态安全与健康问题的研究目前还处于初期阶段，有许多细节问题尚待深入研究，由于其涉及自然、人文及人类生存的诸多方面，其复杂性远非三言两语能论述透彻。但随着研究的不断深入，许多切实可行的理论方法及措施将应用到景观设计实践中来，将会对目前景观规划设计中存在的许多问题提供更有效的解决方法，将在改善城市生活环境，保障城市生态系统安全、健康的运行，保障城市整体可持续发展等方面发挥应有的作用。

②风景园林建筑对环境健康的重要性。在城市景观系统中，景观健康与景观安全是两个并列的概念，两者既相互联系又各自独立，有独立的内涵和外延。景观健康问题的提出是基于系

统的概念提出的，保持整个景观系统的健康发展，也就保证了城市环境的健康及人的健康。

城市景观系统是整个生态有机体的一个组成部分，有其自身的发展规律。在研究景观系统的生存、发展及更新的过程中，及时"诊断"景观系统存在的病症并采取相应的修复措施是景观健康的主要任务。景观健康研究的主要内容包括研究城市景观系统中存在的主要"病症"及原因，分析景观各因子的运行状况及相互作用，对景观规划、设计、建设、修复、重建、再生的各个过程进行监控，预测可能存在或出现的缺陷，保持人文及自然景观的多样性，提高景观系统的自我修复能力。

为进一步解析景观健康问题，引入了"景观污染"的新概念，景观污染是对景观系统健康造成威胁的诸多要素的综合，包括设计过程、建设过程、维护过程中的各种对景观自身及人类自身健康有损害的人类行为。不可否认的是，目前城市景观体系中存在许多缺陷，这种缺陷或受损的景观斑块，实质上就是景观污染的具体体现之一。因此，景观污染的形成主要是人为因素，自然因素较少。这一概念的提出，有利于发现和解析人类景观建设行为过程中的各种有害做法，以便采取事前措施予以避免，也有利于对形成的"景观污染"进行治理，对构建健全可持续的景观体系有十分积极的理论意义和实践指导作用。

景观系统的健康对人类自身的健康发展具有十分重要的现实意义，可为公众提供安全、舒适、健康的生存空间，益于人的身心健康。因此，目前城市绿地规划中提出了"城市森林"的概念，并促进了保健型景观园林的发展，如比较流行的"森林浴"旅游、保健生态社区的建设及利用植物气味辅助康疗的"香花医院"等，这方面的深入研究也为不同地域的城市环境、城市中各类室内外空间的景观设计，尤其是植物景观的设计及植物配置提供了依据。

a. 森林浴。随着人们对植物保健作用的普遍认可，目前世界各国都在森林旅游中引入"森林浴"的概念，我国许多森林旅游区也纷纷开设"森林浴疗养池""森林医院"等设施。

森林浴就是到森林中沐浴那里特有的气息。据了解，每公顷柏树林每月可吸收 54 kg 的二氧化硫，每千克梧桐叶可吸收空气中 304 mg 的含铅物质，每平方米的松柏一昼夜可散发 300 g 杀菌素，杨树、桦树、樟树的挥发物质可杀灭结核、霍乱、赤痢、伤寒、白喉等病原体。森林中每立方米空气的细菌量在 50 个左右，而市区街道每立方米空气中含菌量为 3 万至 4 万个，而在百货公司每立方米空气的细菌量竟高达 400 多万个。

森林中含有大量对人体有利的良性物质，包括氧气、负氧离子、抗生素、维生素、微量元素、水蒸气等。植物通过光合作用可产生大量氧气，这些新鲜空气能清肺强身，使人们心旷神怡。植物能产生大量负氧离子，抑制病菌生长，密集的负氧离子对高血压、神经衰弱、心脏病等具有辅助治疗的作用。植物产生的抗生素、挥发性物质能杀灭病毒、细菌。除此之外，植物还能产生人体需要的大量维生素、微量元素和水蒸气，从而滋润干燥的空气，达到人体适宜的湿度，消除静电。而且，森林中小溪的流水声、触摸树皮产生的感觉也会让人心旷神怡。因此，"森林浴"受到众多旅游者的喜爱，而"森林浴疗养池""森林医院"也帮助许多疾病患者恢复了健康。

b. 保健生态社区。植物能散发很多种含有杀菌素、抗生素等化学物质的气体，这些物质通过肺部及皮肤进入人体，能够抑制和杀死原生病毒和细菌，起到防病强身的作用。例如，喜树、水杉、长春花等植物散发的气体可抑制癌细胞的生长，松柏科植物枝叶散发的气体对结核病等有防治作用，樟树散发芳香性挥发油，能帮助人们祛风湿、止痛。植物学家通过对不同植物的长期测试和研究，目前已发现几百种植物对人类具有保健功效。

在社区景观设计中，运用生态位和植物他感原理把具有保健功能的植物合理配置成群落，即可形成具有祛病强身功能的保健生态社区。保健生态社区的绿地率和绿视率很高，以具有保健作用的植物为基调树，总体空间布局按中医五行学说设计。由于它符合崇尚自然、追求健康的时尚潮流，因此备受房地产开发商和广大城市居民的喜爱。

c.净化空气的植物配置。对大气污染吸收净化能力强的绿化树种和花草有很多种，在植物配植中应该掌握因地制宜、因景制宜和生物多样性的原则。鲁敏、刘艳菊、薛皎亮等人对植物对大气污染吸收的净化能力的研究结果如下。

对二氧化硫的吸收量高的树种有加杨、花曲柳、臭椿、刺槐、卫矛、丁香、旱柳、枣树、玫瑰、水曲柳、新疆杨、水榆，吸收量中等的树种有沙松、赤杨、白桦、枫杨、暴马丁香、连翘。在二氧化硫严重污染的地带试图达到绿化降硫的目的时，应依次考虑的植物类型有红柳、茜草、榆树、构树、黄护、槐、白莲蒿、油松、洋槐、臭椿、荆条、多花胡枝子、侧柏、狗尾草、酸枣、孩儿拳头、毛胡枝子。

吸氯量高的树种有京桃、山杏、糖槭、家榆、紫锻、暴马丁香、山梨、水榆、山楂、白桦，吸氯量中等的树种有花曲柳、糖椴、桂香柳、皂角、枣树、枫杨、文冠果、落叶松（针叶树中落叶松为吸氯量高的树种）。吸氟量高的树种有枣树、榆树、桑树、山杏，吸氟量中等树种有臭椿、旱柳、茶条槭、桧柏、侧柏、白皮松、沙松、毛樱桃、落叶松。

植物叶片通过气孔呼吸可将大气中的铅吸滞降解，从而起到净化大气的作用。吸铅量高的树种有桑树、黄金树、榆树、旱树、锌树。室内最适宜养的一些花草，如龟背竹，夜间能大量吸收二氧化碳。另外，仙人掌、仙人球、令箭、昙花等仙人掌科植物，兰科的各种兰花，石蒜科的君子兰、水仙，景天科的紫荆花都有这种功能。美人蕉对二氧化硫有很强的吸收性能；室内摆一两盆石榴能降低空气中铅的含量，还能吸收 S、HF、HS 等；石竹能吸收二氧化硫和氯化物；月季、蔷薇能较多地吸收 HS、HF、苯酚、乙醚等有害气体；吊兰、芦荟可消除甲醛的污染；紫薇、茉莉、柠檬等植物可以杀死原生菌，如白喉菌、痢疾菌等；茉莉、石竹、铃兰、紫罗兰、玫瑰、桂花等植物散发的香味对结核杆菌、葡萄球菌的生长繁殖具有明显的抑制作用；虎皮兰、虎尾兰、龙舌竺、褐毛掌、栽培凤梨等能在夜间净化空气；兰花、桂花、红背桂是天然的除尘器，其纤毛能截留并吸滞空气中飘浮的微粒及烟尘。

一般来说，营造两种以上树种的混栽林，可改善土壤条件，提高防护效果。但是，如果混栽不当，不但树种间会相互抑制生长，而且病虫害严重，给生产造成不应有的损失，下面就举出几种不宜混栽的组合。

苦楝与桑树混栽。苦楝树体内普遍存在一种叫楝素的有毒物质，它对昆虫有较大的拒食内吸、抑制发育和杀灭的作用，它的花毒性更大，如果落于桑园内，有毒物质挥发熏蒸后，采叶饲蚕即会发生急性中毒的情况。

橘树与桑树混栽。橘叶的汁液是多种成分组成的混合物，主要有芳香油、单宁及多种有机酸等物质，对蚕起过敏反应的物质主要是芳香油类，且芳香油能引起蚕忌避拒食和产生胃毒作用，对养蚕极为不利。

桧柏与苹果、梨树、海棠混栽。桧柏与苹果、梨树、海棠混栽或在果园附近栽植桧柏，容易发生苹桧锈病。苹桧锈病主要危害苹果、梨、海棠的叶片、新梢和果实，而桧柏就是病菌的转主和寄主。这种病菌在危害苹果、梨树、海棠后，转移到桧柏树上越冬，危害桧柏的嫩枝，次年继续危害苹果、梨、海棠，因此它们不能混种在一起。

云杉与李混栽。云杉与李混栽后容易发生云杉球果镑病，染病的球果会提早枯裂，使种子产量和质量降低，严重影响云杉的天然更新和采种工作。

柑橘、葡萄与榆树混栽。榆树是柑橘星天牛、褐天牛喜食的树木，若在柑橘、葡萄园栽植榆树，则会诱来天牛大量取食和繁衍，进而严重危害柑橘，还易造成葡萄减产。另外，果园附近也不宜栽植泡桐。果树的根部常发生紫纹羽病，轻者树势衰弱，叶黄早落，重者枝叶枯干，甚至会全株死亡，而泡桐是紫纹羽病的重要寄主，因而会加重果园紫纹羽病的发生。

毛白杨与桑科树混栽。毛白杨与桑、枸、柘等桑科树种混栽，毛白杨受桑天牛的危害严重。这是因为桑天牛成虫只有啃食桑科树种嫩皮补充营养才能产卵孵化为幼虫，然后危害毛白杨，没有桑科树种，桑天牛就不能产卵，从而无法存活。

云棚与落叶松混栽。这两个树种混栽易发生落叶松球蚜，蚜虫先在云杉上不断进行有性繁殖，不但给落叶松造成严重危害，而且被姆虫刺激过的落叶松组织易感染癌肿真菌孢子。

云杉与稠李混栽。这两个树种混栽易发生云杉球果锈病，染病球果提早枯裂，使种子产量和质量降低，严重影响云杉的天然更新和采种工作。

油松与黄波罗混栽。这两个树种混栽，易发生松针锈病，感染严重，且迎风面重于背风面。

苹果与梨混栽。苹果和梨混栽，共患锈果病害，但梨树只带病毒不表现症状，而苹果感病后，产量减少，品质下降，不能食用，甚至毁树绝产。

绿色植物不但可以缓解人们心理和生理上的压力，而且植物释放的负离子及抗生素能提高人们对疾病的免疫力。据测试，在绿色植物环境中，人的皮肤温度可降低 $1 \sim 2 ℃$，脉搏每分钟可减少 $4 \sim 8$ 次，呼吸慢而均匀，心脏负担减轻。另外，森林中每立方米空气中细菌的含量也远远低于市区街道、超市、百货公司。因此，植物配置中的生态观还应落实到人，为人类创造一个健康、清新的保健型生态绿色空间。生态保健型植物群落有许多类型，如体疗型植物群落、芳香型植物群落、触摸型植物群落、听觉型（松涛阵阵、杨树沙沙、雨打芭蕉等）植物群落等。设计师应在了解植物生理、生态习性的基础上，熟悉各种植物的保健功效，将乔木、灌木、草本、藤本等植物科学搭配，构建一个和谐、有序、稳定的立体植物群落。

松柏型体疗群落或银杏丛林体疗群落属于体疗型植物群落。在公园和开放绿地中，中老年人在进行体育锻炼时可以选择到这些群落中去。银杏的果、叶都有良好的药用价值和挥发油成分，在银杏树林中，会感到阵阵清香，有益心敛肺、化湿止泻的作用，长期在银杏林中锻炼，对缓解胸闷心痛、心悸怔忡、痰喘咳嗽均有益处。在松树林呼吸锻炼，有祛风燥湿、舒筋通络的作用，对关节痛、转筋痉挛、脚气痿软等病有一定助益。

构建芳香型生态群落，如香樟、广玉兰、白玉兰、桂花、蜡梅、丁香、含笑、栀子、紫藤、木香等都可以作为嗅觉类芳香保健群落的可选树种。在居住区的小型活动场所周围最适宜设置芳香类植物群落，可采用单一品种片植或几种植物成丛种植的方式，丛植上层可选香樟、白玉兰、广玉兰、天竺桂等高大健壮的植物，也是丛植的主景树；中木可选桂花、柑橘、蜡梅、丁香、月桂等，也可以作为上层植物；下面配置小型灌木，如含笑、栀子、月季、山茶等；酢浆草、薄荷、迷迭香、月见草、香叶天竺、活血丹等可以配在最下层或林缘，同时地被开花植物是公园绿地和居住区花坛、花境的良好配置材料。其他如视觉型、触摸型生态群落，也是园林各种绿地植物配置的模式。

③风景园林建筑在空间上的重要性。风景园林中的建筑是人进行活动的重要场所，如休息、会客、学习、娱乐等，是人欣赏、享受自然的载体，人们可以在风景园林建筑营造的优美空间中尽情地倾听悦耳的鸟鸣、潺潺的水声、飒飒的风声，呼吸清新的空气和感受花木的芳香等。

风景园林建筑营造的室外绿化空间是人们重要的户外活动场所。植物绿化可以净化空气、调节微气候、减少噪声污染，人们在游乐、休闲的同时可以开展户外体育运动，锻炼身体。由此可见，风景园林建筑为人们提供了丰富的活动空间和场所。

风景园林建筑是为公众服务的，它之所以被认为具有风景旅游价值，是因为它可以不同程度地满足人们对美的追求，符合形式美的原则，能在时空上引起审美主体的共鸣。审美主体是审美活动的核心，审美潜意识水平是美感质量的基础，自然属性和社会属性的特征直接决定审美效应的大小。因此，可以对审美主体的美感层次进行划分（这种划分与景点级别划分具有本质区别），并采取相应的设计对策。

风景园林建筑在视觉及审美上的重要性体现在多个方面，其中风景园林中兴奋点（或敏感点）的设计是满足人各种感官审美需求的重要环节。应该从两个层次认识风景园林中的兴奋点（或敏感点）。

安全感是公众审美的基本要求，是产生美感的基本保障，它是构成美感的基本层次。这种要求反映在游人对整个审美过程中经历环境的总体了解，以及不同视点位置上空间平立面的可视性状况和变化频率等各个方面。例如，一个在森林中迷路的人很难有心情欣赏四周美丽的风景；路途崎岖、沟壑难料的环境会使游人望而生畏。因此，起码的安全感对于公众来说是必要的。当然，适当的冒险也会刺激游人的审美欲望，这在一定程度上起到兴奋点的作用。但对于工作生活节奏快、社会压力大的现代人来说，环境中过多的冒险是不适合的。安全感是一个基本要素，这是产生美感的必要前提。

自然风景使人心旷神怡的根本原因在于它能适应人的审美要求，满足人们回归自然的欲望，这在美感层次上表现为一系列的美感平台，即各种相互融合的风景信息可以提供一个使人心旷神怡的环境，给人以持久的舒适感。随着风景场所的转换，不断有新的风景信息强化对游人的刺激，使美感平台缓慢波动。但总的来看，在一定时间内，平台"高度"会逐渐上升，达到一个最高点后再缓慢下降。这时若没有新的较强烈的风景信息进一步强化刺激，游人的美感平台"高度"将继续下降，直到恢复原来的状态。当处于平台区的审美主体受到强烈的风景信息刺激时，美感层次会在前一个平台的基础上急剧上升，使审美主体获得极大的审美享受，而后再缓慢下降进入下一个平台区。新的平台"高度"会因兴奋点的特征及审美主体的审美潜意识而比前一个平台有不同程度的提高，并对整个审美过程产生深远的影响。一次审美活动的美感的强弱在很大程度上取决于兴奋点的数量和质量。只有在安全感的基础上，平台区与激变区不断反复促进，才能使审美主体的审美感受一层层递进，获得较好的审美效应，若审美主体的美感只局限于一两个平台区内，就很难达到理想的审美效果。

从以上分析可以看出，兴奋点在美感的形成过程中起着非常重要的作用。因此，风景园林的设计人员在景观设计中应突出兴奋点设计这根主线，在合理安排景观生态和观赏效果的同时，因地制宜，巧妙设计兴奋点，充分发挥风景园林在视觉及审美方面的作用。

事实上，我国传统造园理论非常重视意境创造，"一峰则太华千寻，一勺则江河万里"，方寸之间，意境无穷，这实际上是兴奋点创造的一种形式。例如，欲扬先抑是中国古典园林的典型对比手法，为了表现空间的开阔，先营造一个压抑的预备空间，使游人在充分压抑之后豁然开朗。这种对比的强化，实际上就是一种兴奋点设计。如果没有预先的压抑，让游人直接进入开朗空间，虽然也会给人以开阔、舒畅之感，但是不会使游人产生兴奋感，美感层次处于一个平台上，而增加了一个预备空间，能使游人的美感层次经过兴奋点进入一个更高的平台，从而达到强化审美的效果。

国家的进步、社会的发展离不开对文化的保护与发展，风景园林建筑是继承和发展民族及地域文化的重要载体，人居环境的建设与风景园林建筑的发展息息相关，自有人类便有人居环境。人类经历了巢居、穴居、山居和屋宇居等阶段，直到目前仍然在探索适宜的人居环境。现代的趋势不仅在于居住建筑本身，还着眼于环境的利用与塑造。从居住小区到别墅豪宅无不追求山水地形的变化，形成现代建筑与山水融为一体之势。20世纪末，国际建筑师协会在北京宣告的《北京宣言》中指出，新世纪"要把城市和建筑建设在绿色中"，足见风景园林在人居环境中不可代替的重要性。

人居环境宏观可至太空，中观为城市及农村，微观可至居住小区乃至住宅，无不与环境有着密切的关系。中国人居环境的理念是"天人合一"，强调人与天地共荣，其中也包含"人杰地灵""景因人成""景随文传"等人对自然的主观能动性。既是创造艺术美，也是"人与天调，然后天地之美生"（《管子·五行》）。因此，中国古代有"天下为庐"之说，主要是体现用地之地宜，兼具顺从与局部改造的双重内容。风景园林建筑不是自有人类就有的，人类初始，居于自然之中而并未脱离自然。随着社会进步，人因兴建城镇与建筑而脱离了自然，在又需求自然的时候逐渐产生了风景园林。古写的"艺"字是人跪地举苗植树的象形反映。人不满足于自然恩赐的树木，而要在需要的土地上人工植树，这是恩格斯"第二自然"的雏形和划时代的标志。在园圃等形式的基础上发展出囿、苑和园，在西晋就出现了"园林"的专用名词。现代中国风景园林建筑的概念是要满足人类对自然环境在物质和精神方面的综合要求，将生态、景观、休闲游览和文化内涵融为一体，为人民长远的、根本的利益谋福利。风景园林从城市园林扩展到园林城市、风景名胜区和大地园林景观，是最佳的人居环境。风景园林要为人居环境创造自然的条件和气氛，其中也渗透以文化、传统和历史，使人们不仅能从自然环境中得到物质享受，还能从寓教于景的环境中陶冶情操，延续和传承历史文化，体现时代、民族和国家的文化。

风景园林建筑在文化方面的重要性还体现在人居环境建设的其他方面，是社会及国家物质文明与精神文明的体现，反映了人类对风景园林建筑文化艺术的需求，且与其他文化艺术形态相辅相成。中国传统风景园林艺术从历史上讲，是从诗、画发展而来的。苏东坡评价王维的诗画强调："观摩诘之画，画中有诗，味摩诘之诗，诗中有画。"明代计成在总结中国风景园林的境界和评价标准时提到"虽由人作，宛自天开"八个字。中国现代美学家李泽厚认为中国风景园林是"人的自然化和自然的人化。"以上论述都与"天人合一"的宇宙观一脉相承。其中"天开"和"人的自然化"反映了科学性，属物质文明建设；而"宛自天开"和"自然的人化"反映了艺术性，属精神文明建设。中国文学讲究"物我交融"，绘画追求"似与不似之间"，风景园林"虽由人作，宛自天开"，充分说明风景园林是文理交融的综合学科，如文学之"诗言志"、风景园林之"寓教于景"等。中国人对风景园林景观的欣赏不单纯从视觉考虑，还要求"赏心悦目"，要求"园林意味深长"。

风景园林建筑是城市及大地环境的美化和装饰，可反映一个国家及地区物质生活、环境质量、政治文明的水平，可见风景园林对陶冶情操、提高人文素质、营造人居环境、构建和谐社会有非常重要的作用。风景园林建筑不但为人们提供室内的活动空间和场所、提供联系室内、室外的过渡，而且对风景园林中景观的创造起到了积极的作用。

在农业时代（小农经济时代），风景园林的创造者最终是主人而不是专业设计师，因而有"七分主人，三分匠"之说。风景园林师仅仅是艺匠而已，并无独立的人格，即使是雷诺或计成，也只是听唤于皇帝贵族的高级匠人而已。由于地球上景观的空间差异和农业活动对自然的适应结果，出现了以再现自然美为宗旨的风景园林风格的空间分异和不同的审美标准，包括西方造园的形式美和中国造园的诗情画意。但不论差异如何，都是以唯美为特征的，几乎在同一时代出现的圆明园和凡尔赛宫便是典型。

大工业时代（社会化大生产时代），风景园林的作用是为人类创造一个身心再生的环境，创作对象是公园和休闲绿地，为美而创造，更重要的是为城市居民的身心再生而创造。工业时代的一个重要突破是职业设计师的出现，其代表人物是美国现代景观园林之父奥姆斯特德（Olmsted）。从此，真正出现了为社会服务的具有独立人格的为生活和事业而创作的职业设计师队伍，风景园林学真正成为一门学科，登上世界最高学府的大雅之堂，并成为美国城市规划设计的母体和摇篮。自从1900年在哈佛开创景观规划设计课程之后，到1909年才出现城市规划课程，1923年城市规划正式从景观规划设计中分离而独立成一个新的专业。

根据对公园绿地与城市居民身心健康及再生关系的认识，城市绿化面积和人均绿地面积等指标往往被用来衡量城市环境质量。但如果片面追求这些指标而忘却其背后的功能含义，风景园林专业便会失去其发展方向。

后工业时代（信息与生物、生物技术革命、国际化时代），风景园林的任务是维系整体人类生态系统的持续。风景园林专业的服务对象不再限于某一群人的身心健康，而是人类作为一个物种的生存和延续，而这又依赖于其他物种的生存和延续以及多种文化基因的保存。这一时代，风景园林规划的作用是协调者和指挥家，它服务的对象是人类和其他物种，其研究和创作的对象是环境综合体，其指导理论是人类发展与环境的可持续论和整体人类生态系统科学，包括人类生态学和景观生态学，其评价标准包括环境景观生态过程和格局的连续性、完整性，生物多样性和文化多样性。

（2）风景园林建筑在园林景观组织方面的作用。

①点景、构景与风格风景园林建筑有四个主要构成要素，即山、水、植物、建筑。在许多情况下，建筑往往是风景园林中的画面中心，是构图的主体，没有建筑就难以成景，难有园林之美。点景要与自然风景相结合，控制全园布局，风景园林建筑在园林景观构图中常有画龙点睛的作用。重要的建筑物常常作为风景园林一定范围内甚至是整个园林的构景中心。

②赏景。赏景即观赏风景，作为观赏园内、园外景物的场所，一栋建筑常成为画面的关键，而一组建筑物与游廊相连常成为洞观全景的观赏线。因此，建筑的位置、朝向、开敞或封闭、门窗形式及大小均要考虑赏景的要求，使观赏者能够在视野范围内摄取最佳的景观效果。风景园林中的许多组景手法如主景与次（配）景、抑景与扬景、对景与障景、夹景与框景、俯景与仰景、实景与虚景等均与建筑有关。

③组织游览路线。风景园林建筑常具有起承转合的作用，当人们的视线触及某处优美的园林建筑时，游览路线就会自然而然的延伸，建筑常成为视线引导的主要目标。风景园林对于游人来说是一个流动空间，一方面表现为自然风景的时空转换；另一方面表现在游人步移景异的过程中。不同的空间类型组成有机整体，并对游人构成丰富的连续景观，就是风景园林景观的动态序列。风景序列的构成，可以是地形起伏、水系环绕，也可以是植物群落或建筑空间，无论单一的还是复合的，总应有头有尾、有放有收，这也是创造风景序列常用的手法。风景园林建筑在风景园林中有时只占有 1% ~ 2% 的面积，基于使用功能和建筑艺术的需要，对建筑群体组合的本身以及对整个园林中的建筑布置，均应有动态序列的安排。对于一个建筑群组而言，应该有入口、门厅、过道、次要建筑、主体建筑的序列安排。对于整个风景园林而言，从大门入口区到次要景区，最后到主景区，都有必要将不同功能的景区有计划地排列在景区序列轴线上，形成一个既有统一展示层次，又有多样变化的组合形式，以达到应用与造景之间的完美统一。

④组织园林空间。在风景园林设计中，空间组合和布局是重要的内容，风景园林常以一系列的空间变化和巧妙安排给人以艺术享受，以建筑构成的各种形式的庭院、游廊、花墙、圆洞门等恰是组织空间、划分空间的最好手段。分隔空间力求从视觉上突破园林实体的有限空间的局限性，使之融于自然、表现自然。因此，只有处理好形与神、景与情、意与境、虚与实、动与静、因与借、真与假、有限与无限、有法与无法等种种关系，才能把园内空间与自然空间融合和扩展开来。比如，漏窗的运用使空间流通、视觉流畅，因而隔而不绝，在空间上起互相渗透的作用。在漏窗内看，玲珑剔透的花饰、丰富多彩的图案有浓厚的民族风味和美学价值；透

过漏窗，竹树迷离摇曳，亭台楼阁时隐时现，远空蓝天白云飞游，营造了幽深宽广的空间境界和意趣。再如，中国传统风景园林中院落组合的手法是功能和艺术的高度结合，以院为单元可创造出多空间并且封闭幽静的环境，结合院落空间可以布置成序列的景物。其中，四周以廊围起的空间组合方式——廊院，其结构布局属内外空透，通过相互穿插增加景物的深度和层次的变化。这种空间可以水面为主题，也可以花木假山为主题景物进行组景。成功的实例有很多，如苏州沧浪亭的复廊院空间效果，北京的静心斋廊院、谐趣园，西安的九龙汤，等等。

因各地的气候、生活习惯不同，庭院空间的布局也多种多样。民居类型分为前庭、中庭、侧庭（又称跨院）、后庭等。民居庭院组景多与居住功能、建筑节能相结合，如"春华夏荫覆"（唐长安韩愈宅中庭）。北京四合院不主张植高树，因北方喜阳，不需过多遮阳，庭内多植海棠、木瓜、枣树、石榴、丁香之类的灌木，也有将花池、花台与铺面结合组景的。北方庭内少用水池，因冰冻季节长且易损坏。近现代庭园宜继承古代的优良传统，如节能、节地（指咫尺园景处理手法）等优秀的组景技艺，摒弃不必要的亭阁建筑、假山，而代之以简洁明朗的铺面、草坪，花、色、香、姿的灌木，间少数布石、水池的处理方式，可得到较好的效果。

此外，风景园林建筑中数量和种类庞大的建筑小品在风景园林空间的组织中发挥着巨大的作用，如廊、桥、墙垣、花格架等是组织和限定空间的良好手段，较高大的楼、阁、亭、台、塔等建筑在组织和划分景区中也起着很好的引导作用。

（3）风景园林建筑的使命。传统意义的风景园林起源很早，无论东方还是西方，均可追溯至公元前16世纪至公元前11世纪，在这一漫长的发展历程中，学科涉及的内容、含义、功能、作用和使命等也发生了很大变化。随着社会的发展、环境的变迁、技术的进步以及现代人需求和理念的诸多变化，风景园林的发展进入了一个全新的时代，这门具有悠久历史传统的造园、造景学科正在扩大其研究领域，向着更综合的方向发展，在协调人与自然、人与社会、人与环境、人与建筑等方面担负着重要的责任。现代风景园林发展应担负的使命和努力的目标特征有以下几点：

①作为一门学科和专业，在传承历史的基础上进一步与国际及现代景观设计理念接轨，逐步完善学科体系及学科教育体系，消除学科概念及含义的争议。

②敦促政府实施风景园林师或景观设计师的职业化，提升风景园林规划设计的水准，维护执业师的地位。

③在相关行业中普及风景园林建筑的知识，有利于提高人居环境的质量。2006年建设部选定《景观园林规划与设计》作为全国注册建筑师继续教育的指定用书，说明国家已充分关注这一问题。

④在重视风景园林艺术性的同时，更加重视风景园林的社会效益、环境效益和经济效益。

⑤保证人与大自然的健康，提高和改善自然的自净能力。

⑥运用现代生态学原理及多种环境评价体系，通过园林对环境进行针对性的量化控制。重视园林绿化，避免因绿化材料等运用不当对不同人群带来的身体过敏性刺激和伤害。

⑦在总体规划上，树立大环境的意识，把全球或区域作为一个全生态体来对待，重视多种生态位的研究，运用风景园林进行调节。

全球风景园林向自然复归、向历史复归、向人性复归，在风格上进一步向多元化发展。在与建筑、环境的结合上，风景园林的局部界限进一步弱化，形成建筑中有园林、园林中有建筑的格局，城市向山水园林化的方向发展，但应注重保护和突出地方特色。

二、风景园林建筑与可持续发展

（一）关于可持续发展

20世纪60年代末至20世纪70年代初，几乎所有著名的西方学者都谈论过一些尖锐的重大问题，如核战争、粮食奇缺、生物圈质量恶化、物资福利分配不均、能源和原料短缺等。1972年，西方一些科学家组成了"罗马俱乐部"，并提出了关于人类处境的报告——《增长的极限》，这个报告为沉醉于20世纪60年代经济和技术增长的巨大成就的西方世界敲响了警钟，即地球容纳量是有限的，经济增长不可能长期持续下去，如果人口和资本"按照现在的方式继续增长，最终的结果只能是灾难性的崩溃。《增长的极限》的问世，震动了世界，有力地唤起了世界的普遍觉醒，促进了绿色文化的形成和绿色运动的兴起。人们重新审视"经济增长"的概念，使这个概念开始具有了"净化的增长""质量增长"或"适度增长"的新含义，从而为可持续发展观的提出做了理论准备。20世纪70年代以来，发达国家先后成立了"地球之友""绿色和平组织"和以保护生态环境为宗旨的政党——绿党。世界各国也建立了生态和环境保护机构，出现了生态哲学、生态伦理学等新学科，绿色理论不断深化。有学者把绿色理论分为'浅绿色理论"和"深绿色理论"两大流派。

"浅绿色理论"认为，人类面临的生态危机并不可怕，只要政府"推行一些必要的环境政策和相应的科学技术手段"，便可以解决生态恶化的问题。

"深绿色理论"认为，不从根本上改变现存的价值观念和生产消费模式，人类的危机是无法解决的。为此，持这种思想的人用新的生态理论向人类主宰世界的"中心论"提出了挑战。他们提出要用"绿色"文明取代工业主义的"灰色"文明，用"节俭社会"代替"富裕社会"，用满足必要生活资料的"适度消费"代替"满足无限制的欲望"的"高度消费"。深绿色理论已经达到了"可持续发展"的思想高度。

1980年，世界自然保护联盟（IUCN）在《世界保护策略》中首次使用了"可持续发展"的概念，并呼吁全世界"必须研究自然的、社会的、生态的、经济的以及利用自然资源过程中的基本关系，确保全球的"可持续发展"。1987年，以挪威首相布伦特兰夫人为主席的世界环境与发展委员会（WCED）公布了里程碑式的报告——《我们共同的未来》，向全世界正式提出了可持续发展战略，并得到了国际社会的广泛接受和认可。

1992年6月，在巴西里约热内卢召开了联合国环境与发展的会议，因有102位国家元首和政府首脑参加，所以又称之为全球首脑会议。这次会议通过了《里约环境与发展宣言》和《21世纪议程》两个纲领性文件及《关于森林问题的原则声明》，签署了《气候变化框架公约》和《生物多样性公约》。这次大会的召开及其通过的纲领性文件，标志着可持续发展已经从少数学者的理论探讨开始转变为人类的共同行动纲领。

据我国理论工作者统计，截至 1996 年 2 月，有关可持续发展的定义多达 98 种，其中最有代表性的定义有以下几种：

（1）从自然属性定义可持续发展，如 1991 年国际生态学联合会（INTECOL）和国际生物科学联合会（IUBS）联合召开的可持续发展问题专题研讨会，这次会议将可持续发展定义为"保护和加强环境系统的生产和更新能力"，即可持续发展是不超越环境系统再生能力的发展。

（2）从社会属性定义可持续发展，如 1991 年世界自然保护同盟（IUCN）、联合国环境规划署（UNEP）和世界野生生物基金会（WWF）共同发表的《保护地球：可持续生存战略》，将可持续发展定义为"在生存于不超出维持生态系统承载能力之情况下，改善人类的生活品质"。

（3）从经济属性定义可持续发展，如经济学家皮尔斯在 1990 年把可持续发展理解为"当发展能够保证当代人的福利增加时，也不会使后代的福利减少"。

（4）从科技属性定义可持续发展，有学者认为："可持续发展就是转向更清洁、更有效的技术，尽可能接近'零排放'或'密闭式'工艺方法，以此减少能源和其他自然资源的消耗"。这个视角的定义对研究绿色建筑体系有较大的参考价值。

在众多的定义中，布伦特兰夫人主持的《我们共同的未来》报告中所下的定义被学术界看作对可持续发展做出的一个经典性的解说。这个定义是持续发展是既满足当代人的需要，又不对后代人满足其需要的能力构成危害的发展。它包括两个重要的概念："需要"的概念，尤其是世界上贫困人民的基本需要，应将此放在特别优先的地位考虑；"限制"的概念，用技术状况和社会组织对环境满足眼前和将来需要的能力施加限制。

当代人类和未来人类基本需要的满足是可持续发展的主要目标，离开了这个目标的"持续性"是没有意义的。社会经济发展必须限制在"生态可能的范围内"，即地球资源与环境的承载能力之内，超越生态环境"限制"就不可能持续发展。可持续发展是一个追求经济、社会和环境协调共进的过程。因此，从广义上说，可持续发展战略旨在促进人类之间以及人类与自然之间的和谐。

中华人民共和国国务院环境保护委员会主任宋健在为《我们共同的未来》中文版撰写的"序言"中指出：这个研究报告把环境和发展这两个紧密相关的问题作为一个整体加以考虑，强调人类社会的发展必须以生态环境和自然资源的持久、稳定的支持能力为基础，而且环境问题只有在社会和经济持续发展中才能得到解决。因此，只有正确处理眼前利益与长远利益、局部利益与整体利益的关系，掌握经济发展与环境保护的关系，才能使这一涉及国计民生和社会长远发展的重大问题得到圆满的解决。这一席话，抓住了经济发展与环境保护这两个可持续发展的关键问题，深刻阐述了可持续发展的精神实质。

（二）可持续发展的风景园林建筑

进入 21 世纪的今天，信息化时代的状况与工业革命初期相比较，人类已经向前迈出了巨大的一步。人类拥有的物质基础、改变世界的能力、面临的问题与困难以及人类的思维方式都发生了根本性的改变。通过考察工业革命之后的城市、城市发展的过程不难理解，城市已经突破了具体的物质环境营造的概念，演化为一个极为复杂的社会系统工程。相伴相随的城市规划及景观园林环境理论几乎涉及了人类文明的所有领域，各学科的交叉、介入促进了城市规划理论的完善与发展。风景园林建筑的可持续发展在城市规划的层面上也表现出新的特点，要求我们探索新的发展模式。

1.城市规划层面风景园林建筑的发展模式

（1）保留一系列的自然原生的风景景观要素。布伦特兰委员会提出的"可持续发展"的思想已经成为世界各国经济发展的共同纲领，"可持续发展是既满足当代人的需要，又不对后代人满足其需要的能力构成危害的发展"。这一思想以两个关键因素为基础，一是人的需要，二是环境限度。发展的目的是满足人类的需要，这包括当代人、后代人的需要，特别是世界贫困人口的基本生活需要；环境限度是对人类活动施加限制，对满足需要的能力施加限制，确保生态环境的持续性，在不超出生态系统承载能力的限度下改善人类的生活质量。世界自然保护同盟、联合国环境规划署和世界野生生物基金会的《保护地球——可持续生存战略》（1991）对人类的持续生存提出了九项原则：

①建立一个可持续社会。

②尊重并保护生活社区。

③改善人类生活质量。

④保护地球的生命力和多样性。

⑤人类活动维持在地球的承载能力之内。

⑥改变个人的态度和生活习惯。

⑦使公民团体能够关心自己的环境。

⑧提供协调和保护的国家网络。

⑨建立全球联盟。

把生态环境的持续作为人类生存的前提，正确表述了人类与地球生态圈的关系。因此，在城市风景园林的系统研究中，把生态环境的持续作为城市发展的首要目标是一种必然的发展趋势。

进入 21 世纪，我国城市发展的压力巨大，一方面，我国人口基数大、城市化水平起点低。改革开放以来，中国城市化步入快速发展时期，城市化水平已从 1990 年的 18.96% 提高到目前的 37%，预计到 2010 年和 21 世纪中叶，将分别达到 45% 和 65%。另一方面，城市发展面临十分严峻的资源短缺矛盾，主要表现在土地、水、能源等方面。土地的短缺将影响城市空间的合理利用，城市运转效率下降；水资源的压力会给城市生活、生产带来严重的威胁，迫使城市远距离引水，采取高成本的节水技术；能源的短缺不可能改变以煤为主的能源结构，三废污染源的绝对量将日益上升。由此可见，可持续发展战略是我国城市发展唯一可选择的道路，而在城市园林系统中保留一系列的自然原生的风景景观要素是实现这一战略的重要途径。

（2）吸取独特的地区文化，塑造一个协调多样、富有特色的城市环境景观风貌。城市是人类活动物化过程的产物，它客观、真实地记载了人类文明的进程，是人类文化和科学技术的结晶，表述了在不同历史阶段人类对自然环境的认识、理解，是一部用石头写在大地上的人类文明史。由于地域和历史的原因，城市的结构方式、建造技术等经过长期的自然选择和历史沉淀，表现出人类文明应有的多元性和地域特征。中华民族是一个历史悠久、文化灿烂的民族，我国许多区域和城市拥有丰富多彩的文化遗产和优秀卓越的文化基因，但在城市的发展过程中，中国传统文化在节节退化、消失，濒临"灭绝"，在城市形态上可以看到地方性和历史特征的丧失，取而代之的是城市面貌的千篇一律。

进入 21 世纪，信息产业加快了全球一体化的进程，这一趋势强调了世界的同一性。当人类建立"可持续发展"的观念时，应该看到这不仅体现在自然资源的持续利用和生态环境的可持续性上，还体现在人类文明和文化的可持续发展上，让城市成为历史、现实和未来的和谐载体是 21 世纪城市发展的目标之一。

同济大学景观设计博士、上海密斯环境艺术有限公司首席设计师陆邵明在 2002 年全国景观设计论坛上，曾针对我国当前城市环境建设中出现的问题进行分析，他倡导建设具有文化艺术魅力的城市，并探讨一种有本土文化特色的景观设计方法，探寻未来中国景观建设的一种方向。陆邵明认为，我国城市现代化建设求快、求政绩，往往把自己个性的本土东西丢失了，缺乏一种整体的艺术性，从南到北，各个城市变得愈来愈相似。与此同时，随着房地产开发多样化、个性化、高品位的发展需求，景观已成为商家的一个卖点。带着"异域"文化背景的景观设计方案充斥整个市场，如欧式经典、西班牙风格等，还有直接复制、打着"境外"设计的旗子误导消费者，而基于本土文化的高品位设计相当缺乏。中国需要外来文化的注入，但决不能丢失自己的文化。风景景观设计与建筑设计相比，其艺术性强于技术功能性，无论近现代，还是后现代，景观除了一些必要功能之外，更多的是注重其文化艺术性和场所精神。创建具有文化艺术魅力的城市环境景观是中国传统风景园林文化艺术持续发展的需要。中国传统风景园林吸引着世界人民的目光，因为它是一种艺术，有着深厚的文化底蕴。在中国传统风景园林中，造园者精心组织游园路径及每一个景观点，每一个空间不是简单的复制，而是极具感情的创作。这种场所的魅力正是我们倡导的一种情节空间，具有文化艺术魅力的城市环境景观。因此，为创建具有文化艺术魅力的城市环境景观，每位设计师都应挖掘本土文化，把握设计主题；因地制宜，化不利为有利；注重物理环境的科学分析与评价；多角度推敲景观视觉与空间艺术设计；重视细部的艺术设计与创新等。

（3）规划一系列开放的缓冲性城市公共空间。交往是人的一种基本社会属性，在一定历史阶段，人类的交往方式与生产方式、生活方式一致，总的趋势是由封闭走向开放，由贫乏走向丰富多彩。当人类由工业社会进入信息社会后，世界经济一体化，社会生活信息化，不断推进的城市化，交通工具的完善和全球化的趋势使人类交往方式出现了根本性的改变。由于生活节奏的加快、电子通信网络和信息高速公路的建立，人们可以接受和处理更多的外来信息，人们的交往范围更加广阔，但与此相随的是广泛交往下人际关系的冷酷与孤独。

以信息处理手段为主体的人际交往在促进人类交往的过程中具有极强的负面影响。虽然在交往过程中，现代信息技术增强了人们跨越时间与空间的能力，但"人—机"对话系统造成了人的孤独和人与人之间的疏离，一旦个人同外界的交往联系主要通过"人—机"系统完成，那么它将剥夺人际交往中直接接触的机会，使人们陷入一种频繁交往掩盖下的仅仅与机器打交道的孤独中，导致人们心理、感情的失衡。"人—机"对话交往还会造成社区结构的解体和人际关系的不稳定，在互联网上人们可以跨越时空，与远方的朋友闲聊，对远方的事件发表见解，而对身边的事情丧失兴趣，进而表现出不应有的麻木与漠然，邻里关系越来越生疏，社区活动得不到应有的支持而导致社区结构的解体；信息技术促使社会节奏加快，流动性提高，必然会使人际交往呈现出"短暂性"的倾向，削弱人际关系的稳定性。

人际关系的冷漠在 21 世纪将随着信息技术的发展和普及进一步加深，因此促进人们"面对面"直接交往是未来城市环境研究的一个主要倾向，应该通过城市物质环境——风景园林的建设适应未来"以短暂性交往为基础，以有限介入为特征"的人际交往方式。因此，以风景园林为主体塑造的一系列开放的缓冲性城市公共空间将有利于缓解这一问题，保持人类社会生活的和谐。

2. 可持续发展的风景园林建筑设计

基于生态整体论思维的启示，人们在创作中开始关注如何降低能源消耗、利用可再生资源、减少污染与废弃物、提高环境质量、提高综合效益等问题，开始强调风景园林建筑与社会行为、文化要素之间的动态协调，形成了可持续发展的风景园林建筑设计的多种设计思路和研究方向。

（1）结合气候的风景园林建筑设计。根据风景园林建筑的规模、重要程度、功能等因素，我们可以将与风景园林建筑运作系统关系密切的气候条件分为三个层次，即宏观气候、中观气候和小气候。

宏观气候是风景园林建筑所在地区的总的气候条件，包括降雨、日照、常年风、湿度、温度等。

中观气候是风景园林建筑所在地段由于特别地理因素对宏观气候因素的调整。如果建筑地处河谷、森林地区或山区，这种局部性特别地理因素对风景园林建筑的影响就会相当明显。

小气候主要是指各种有关的人为因素，包括人为空间环境对风景园林建筑的影响。例如，相邻建筑之间的空间关系可影响建筑的自然采光、通风、观景、赏景等。

（2）结合地域文化的设计。地域文化是一定区域内人类社会实践中创造的物质财富和精神财富的综合。风景园林建筑作为地域文化的一种实体表现，反映了风景园林建筑子系统与环境的整体关联性。设计结合地域文化，是要求风景园林建筑积极挖掘地域文化中的特征性因素，将其转化为风景园林建筑的组织原则及独特的表现形式，使风景园林建筑的演进能够保持文化上的特征性和连续性。

（3）效法自然有机体的设计。建筑师对有机生命组织的高效低耗特性及组织结构合理性的探讨，使生态建筑有与建筑仿生学相结合的趋势。提取有机体的生命特征规律，创造性地用于风景园林建筑创作，是生态建筑研究的又一方向。

3. 技术层面——可持续发展的风景园林建筑技术

（1）侧重传统的低技术。在传统的技术基础上，按照资源和环境两个要求，改造重组所运用的技术。它偏重于从乡土建筑、地方建筑角度挖掘传统、乡土建筑在节能、通风、利用乡土材料等方面的方法，并加以改良，不用或少用现代技术手段达到建筑生态化的目的。这种实践多在非城市地区进行，形式上强调乡土、地方特征。

（2）传统技术与现代技术相结合的中间技术。偏重于在现代建筑手段、方法论的基础上，进行现实可行的生态建筑技术革新，通过精心设计的建筑细部提高对建筑和资源的利用效率，减少不可再生资源的耗费，保护生态环境，如外墙隔热、不断改进的被动式太阳能技术等手段。这类技术实践多在城市地区。

（3）用先进手段达到建筑生态化的高新技术，把其他领域的新技术，包括信息技术、电子技术等，按照生态要求移植过来，以高新技术为主体，即使使用一些传统技术手段利用自然条件，这种利用也是建立在科学分析研究的基础之上，以先进技术手段来表现的利用。

从做法上讲，突出高技术和技术的综合，即风景园林建筑的设计需要多学科技术人员从头至尾参与，包括环境工程、光电技术、空气动力学等学科。

生态的风景园林建筑要实现它的基本目标，必须要有技术的支持。在应用生态建筑技术的过程中，要受到经济的制约。生态建筑采用哪个层次的技术，不是一个单纯的技术问题，当环保和生态利益与经济效益不完全一致时，经济性就是非常关键的。欧洲国家，特别是德国、英国、法国，正在以高技术为主建造生态建筑，他们提出了"高生态就是高技术"的口号。而在发展中国家，由于经济发展水平的原因，技术和材料的不够完善，把整个生态技术发展建立在高新技术的基础上比较困难，因此常采用中、低技术。目前，中、低技术属于普及推广型技术，高新技术属于研究开发型技术。

4. 风景园林建筑中可持续技术的分类及举例

（1）植草屋面与垂直绿化。植草屋面在西欧和北欧乡间传统住宅领域应用较为广泛，目前越来越多地应用于城市型低层及多层住宅建筑。植草屋面具有降低屋面反射热，增强保温隔热性能，提高居住区的绿化效果等优点。传统植草屋面的做法是在防水层上植土再覆以茅草，随着无土栽培技术的成熟，目前多采用纤维基层栽植草皮，这种技术在我国已经得到初步发展。以日本福冈市的 ACROS 福冈台阶状屋顶花园为例，ACROS 福冈台阶状屋顶花园位于福冈市中央区天神地区，内有写字楼、商店等民间设施，还有福冈交响乐演奏礼堂、国际会议中心等具有国际性、文化性、信息性的公共设施。为了建造能够使台阶状屋顶花园与建筑南侧的公园连为一体的绿化空间，设计者有意把整个建筑的 1/4 处理为地下空间，把地上 1～13 层（60 m）的台阶状屋顶设计为屋顶花园。种植设计以位于京都的皇室园林——修学院离宫斜坡上的台阶状大块混植为蓝本，在 1 层到 13 层的台阶屋顶上，利用 15 种混植手法种满了枝叶色彩富有变化的常绿树与落叶树。同时，每年都有鸟类带来的植物种子落在此地，现在树木种类已经达到110 余种，随着树木的生长发育，植物景观日益丰富。施工之前，设计者对人工土壤的性能、排水系统、灌溉系统、树木支柱保护、景观、台阶花园的管理等进行了预备试验，建成后还进行了人工降雨试验。在经历多次的台风危害及 1994 年夏季大干旱后，台阶屋顶的植物依然生长茂盛，是日本屋顶花园技术的成功展示和优秀范例。设计者在对土壤的比重、经年变化、保水性能、排水性能、耐风性能（支柱、防止飞散）、管理、施工等项目进行了综合试验后，选择了质轻、保温与保水性优良的人工土壤。屋顶的雨水通过土壤渗透到下一层台阶，最终到达地面而被排掉。另外，台阶状屋顶花园建成后，没有进行过人工灌溉，现已达到了近于无灌水、无农药、无肥料的生态型管理要求。

施工过程包括：铺设耐压透水通气板—铺设透水无纺布—填入特制栽培基质—栽植植物—铺设表层保护基质等。

竣工以来，有关的大学研究室与技术研究所对台阶状屋顶花园的热环境进行了调查。夏季水泥屋顶的温度比有绿化的部分高出 20 ℃，栽植土壤的地温也比气温低近 10 ℃，绿化还降低了室内温度。建筑各侧的气温，以有台阶状绿地的南面为最低，这是由屋顶花园植物的降温作用所致。由于屋顶绿化使用的人工土壤具有优良的保温性与保水性，降低了空调的负荷，由植物的蒸腾作用带走热量，抑制了周边气温的上升。台阶状屋顶花园不仅创造了城市中优美的景观，还降低了环境负荷，同时抑制了日益严重的城市热岛现象。

垂直绿化是与地面垂直，在立体空间进行绿化的一种方法。它利用檐、墙、杆、栏等栽植藤本植物、攀缘植物和垂吊植物，达到防护、绿化和美化等效果。它不但能增加建筑物的艺术效果，使环境更加整洁美观、生动活泼，而且占地少、见效快、绿化率高。近几年，随着我国城市中高层建筑的不断增加，平地绿化面积越来越少，进行垂直绿化势在必行。垂直绿化在城市绿化中的地位也不断提高，全国各地的城市对如何在本地实现垂直绿化进行了研究、探讨、实践，使垂直绿化取得了较大的发展。目前，我国垂直绿化工作中不可避免地存在一些问题：其一，垂直绿化技术和植物种类单一；其二，垂直绿化效果在量和质的方面还有待改善。

在我国，目前应用于垂直绿化的植物丰富多样，品种将近百余种，多是浅根、耐贫瘠、耐旱、耐寒的强阳性或强阴性的藤本、攀缘和垂吊植物。但南北地区存在很大的差异，北方主要考虑植物材料的抗寒、抗旱性，而南方则主要考虑植物的耐湿性。房屋墙体的北墙面应选择耐阴植物，西墙面绿化则应选择喜光、耐旱的植物。在城市垂直绿化中，常见的植物主要有地锦、爬山虎、迎春、凌霄、紫藤、常春藤、扶芳藤、藤本月季、山荞麦、金银花、鸢萝、牵牛花、络石、木香、葡萄、猕猴桃、五味子等。除了一般要求的尽可能速生和常绿外，各地可以根据环境、功能、绿化方式和目的等选择适合的品种。

垂直绿化的不断发展使城市中垂直绿化越来越多地被运用到实际的绿化中来，不断充实着城市建设的各个角落。垂直绿化对城市绿化主要起了三方面的作用：其一，以生长快、枝叶茂盛的攀缘植物如爬山虎、五叶地锦、常春藤等为主，用于降低建筑墙面及室内温度；还有叶面粗糙且密度大的植物，如中华猕猴桃等，用于防尘。其二，在立交桥等位置种植爆竹花、牵牛花、鸢萝等开花攀缘植物；护坡和边坡种植凌霄、老鸭嘴藤等；立交桥悬挂槽和阳台上种植黄素馨、马缨丹、软枝黄蝉等，增加墙面的美化效果。其三，垂直绿化具有环保作用，在南方，常春藤能抗汞雾；在北方，地锦能抗二氧化硫、氟化氢和汞雾。墙面绿化是垂直绿化运用最为广泛的地方，许多没有窗户的墙体都在或多或少地使用墙面垂直绿化。另外，花架的垂直绿化运用也很普遍，无论在公园还是花园，垂直绿化的形式都使用的十分广泛。

（2）透水性铺装。透水性铺装包括透水性沥青铺装，透水性混凝土铺装，透水性地砖，碎石、鹅卵石铺装，植草格，等等。透水性铺装由于其本身良好的环境效益，越来越受到人们的重视。透水性铺装的共同特点是其上的降水可以通过本身与铺装下垫层相通的渗水路径渗入下部土壤。因此，要求铺装面层结构具有良好的透水性。

透水性铺装面层的透水性能可通过两种途径实现。一是透水性材料本身具备良好的多孔透水构造，再加上材料间隙的透水通道，两者共同构成该面层的透水体系。比如，以矿渣废料、陶瓷废料及废玻璃等为原材料通过烧结等工序生产的陶瓷透水砖，其内部构造呈连贯微孔结构，该铺装表面的积水通过与外界空气贯通的微孔通道以及地砖接缝渗透到地砖内部及下部垫层，以实现透水全过程。这种铺装地砖运用半熔融烧结工艺很好地解决了地砖孔隙率、强度及耐久性等路用性能之间的矛盾，满足了城市广场及风景园林地面铺装的要求。二是完全依靠铺装材料的接缝或铺装材料之间的预留空隙达到透水的目的，此类铺装材料本身不透水或透水能力有限。比如，粉煤灰透水砖以矿渣、煤矸石、废煤灰等废渣为原料，添加特殊的胶凝材料和黏结剂，通过加压成型及蒸养等工序生产，属于免烧型透水砖，比烧结型透水砖更节省能源。

透水性铺装有许多优势及特点，包括节约资源、能源，利于环保；充分利用天然雨水，促进雨水的综合循环利用，利于园林植被生长；增加地表的透气性，利于生物多样性保护及自然生态平衡；利于降低地表温度，改善城市热环境肌理，缓解城市热岛效应；可降低环境及交通噪声，改善城市声环境；降低铺装面的光洁度，避免眩光的产生，改善城市光环境；等等。由此可见，透水性铺装在风景园林建筑中的利用是实现可持续发展的重要途径和技术。

（3）雨水的收集利用。在一般情况下，雨水经过简单的物理方式过滤后即可用于浇灌、清洁公共卫生。小规模的地表水过滤器包括沉淀池、滤池及带水泵的蓄水罐等部分，足可应付局部的绿地浇灌、场地清洗、夏季降温等方面的需求。另外，过滤设备全部采用埋地式，不占用土地面积。

（4）雨水、中水系统。水资源缺乏是我国城市面临的严重问题之一，因此应当大力提倡中水利用，中水利用的前提条件是污水处理小型化和就地化。我国目前污水处理多在城市级的污水处理厂进行，但安装城市规模的中水管网投资巨大且使用效率低，在目前技术经济条件下难以实施。因此，可以采用其他方式进行污水处理，如经物理方式处理后的中水即可用于花木庭园浇灌，再经化学方式处理后的中水可用于马桶冲洗；国内生产的 WDS 及 MAST 系列埋地式生活污水处理设备和 HYL 油水分离设备已可满足住宅组团规模或单栋公建的污水处理要求，且占地很小，只要在此基础上稍加改造就可提供不同性质的中水。

（三）环境景观恢复与重建

随着我国经济的飞速发展，城市化进程的逐步加快，工业、农业、房地产业与城镇基础设施建设的规模也在不断扩大，由此带来的一系列环境、生态及景观破坏问题日益突出。比如，开山采石问题，由于采石场大多未采取挡土墙等防治水土流失的措施，未进行复垦绿化，会造成水土流失、泥石流、滑坡、河道阻塞等生态问题；又因在开发过程中未注意保护，未考虑采石场的位置、角度、坡向和走向，废土、废渣的保留和堆放问题，给后期的生态和景观恢复带来很多困难。有专家估算，被破坏的植被靠天然恢复至少需要一百年的时间。由此可见，如何尽快恢复和重建因开发建设而被破坏的环境是关系到人类生存和发展的重要课题。

早期，人们更关注因人类过度活动而导致破坏或退化的生态系统，对景观等视觉传达方面的要求并不高。20 世纪 70 年代出现了"恢复生态学"，是基于生产的背景产生的，经过几十年的发展，已建立了完整的学科体系，对环境生态的恢复与重建发挥了重要的作用。在此期间，生态学也与景园建筑学相结合，产生了景观生态学，重点研究景观演变过程中的生态学特性。在此基础上，借鉴恢复生态学的经验与成果，在视觉传达与绿色建筑技术平台上构建景观再生学理论体系，将大大提高环境整治、生态恢复过程中对景观的关注程度，为系统研究景观形态、景观视觉特性、景观评价、景观心理效应等提供了方法和依据，为不同区域、不同类型、不同时期、不同损坏程度的景观恢复或重建提供了进一步研究或完善的理论框架及技术体系。同时，探索新的学科体系有利于景观分支体系的深入研究，有利于景观学与其他学科（如恢复生态学、环境心理学、视觉美学、景观形态学等）的交叉、融合与发展。

环境、景观及生态的恢复与重建问题的提出与经济发展水平有关，由于国外城镇建设起步较早，由此引起的环境生态问题发生较早，也较为严重。因此，对由人类活动引起的相关环境生态问题的研究与实践开展得更早和更为深入。

国外在景观恢复与重建方面相关的研究始于恢复生态学，这一学科的产生可追溯至 20 世纪 40 年代。1975 年 3 月，在美国弗吉尼亚工学院召开了"受损生态系统的恢复"国际会议，会议讨论了相关生态恢复与重建的原理、概念与特征，提出了加速生态系统恢复重建的初步设想、规划与展望。1980 年，Cairns 主编 *The Recovery Processin Damaged Ecosystem* 一书，书中从不同角度探讨了受损生态系统恢复重建过程中的重要生态学理论和应用问题。1983 年，"干扰与生态系统"学术会议在美国斯坦福大学举行，此后又在美国麦迪孙召开了恢复生态学学术研讨会，并出版了题为"恢复生态学"的论文集。1985 年，美国学者 Aber 和 Jordan 首次提出了恢复生态学的科学术语，并逐步将其确定为生态学的新的应用性分支学科。从此，与之相关的环境、生态、景观等问题的研究与实践也开展起来。

在恢复生态学的发展与实践的过程中，与景观恢复和重建相关的事件和实例有不少。自 20 世纪 70 年代以来，英国、德国、美国等国先后制定了城市生物生境调查、制图及评价的规范。同时，一些城市颁布了城市生物保护政策与法律法规，并将城市生物保护内容纳入城市规划的范畴，在城市自然保护及生态重建方面进行了积极而有意义的尝试。

在城市自然保护方面，如在大伦敦议会（GLC）领导下，开展了伦敦地区野生生物生境的综合调查，确立了保护地，制定了相应的保护政策。1990 年，德国对杜赛尔多夫市的生物栖息地的保护进行了规划，提出了城市栖息地网络的设计方案。美国新泽西州于 1988 年实施了《淡水湿地保护法案》，即对因城市发展而导致湿地减少的问题采取的措施。

生态重建是以城市开放空间为对象，以生态学及相关学科为基础进行的城市生态系统建设，将城市绿地纳入更大区域的自然保护网络，成为发达国家可持续城市景观建设实践的主要内容。生态重建通常包括生态公园建设，废弃土地的生态重建，城市森林，城市绿道体系建设，城市栖息地网络构建，城市雨水、中水的综合循环利用，等等。国外在这些方面的实践有很多，如 1977 年英国在伦敦塔桥附近利用前火车停放场地建立了 William Curtis 生态公园，1986 年又建设了 Stave Hill 自然公园；1985 年加拿大多伦多市在市中心的麦迪逊大街建立了 Annex 生态公园，生态公园为城市生态重建提供了实践空间，拓展了传统城市公园的概念。城市废弃土地的生态及景观重建活动也日益盛行，如国外采石场的生态恢复较早的有 20 世纪 70 年代开始的委内瑞拉古里水电站 700 ha 采石场的生态环境恢复计划，法国的 Biville 采石场生态和景观恢复工程，等等。

20 世纪 90 年代以来，重建矿区等工业废弃地的生态环境，实现可持续性发展，得到了世界各个采矿工业大国的重视。比如，德国有丰富的煤炭资源，但是 20 世纪 70 年代后，煤炭资源也开始萎缩，尤其是露天开采活动造成的局部区域生态退化问题亟待解决，人们开始重视废弃旧矿区的生态恢复与重建问题。德国在此方面经过多年的发展与实践，建立了较为完善的理论方法、体系、法律制度、技术措施及公众意识培育，值得其他各国学习和借鉴。其中，成功的例证之一如德国汉巴赫矿区外排土场的复垦工程，如今该外排土场已被重建为一个别具特色的风景区，这类景观通常被称为工业之后的景观。其他比较著名的例子还有德国国际建筑展埃姆舍公园中的系列项目、德国萨尔布鲁肯市港口岛公园、德国海尔布隆市砖瓦厂公园、美国波士顿海岸水泥总厂及其周边环境改造、美国丹佛市污水厂公园、韩国金鱼渡公园等。

国内针对景观再生与重建的研究主要集中在恢复生态学领域，我国对退化生态系统的研究工作早有开展，刘慎谔教授早在 20 世纪 50 年代就将动态的植物学理论应用于植物固沙和人工植被的建立。从植物学和历史植物地理学观点分析，这也是一种退化生态恢复的典范，属于当今恢复生态学的范畴。

围绕这一领域，国内的许多学者和技术人员进行了大量的研究与实践，如主要从事植被生态学和生物多样性研究的关文彬博士于 2000 年在国家重点基础研究及自然科学基金资助下进行了景观生态恢复与重建的相关研究，提出了景观退化、景观恢复与重建的概念，探讨了景观恢复与重建的模式与评价问题，为景观再生学的建立做了基础性的工作。

自 20 世纪 80 年代以来，对工业废弃地、采石场、裸露山体缺口、废旧建筑与厂房、高速公路路域环境、建设场地开发地景观的研究与实践也在国内大量开展起来，涌现了大量成功的案例和作品，如中山岐江公园，此作品获得了美国景观设计师协会（ASLA）2002 年度荣誉设计奖，大的环境背景是粤中造船厂，设计中的土人景观保留了那些早已被岁月侵蚀得面目全非的旧厂房和机器设备，并且进行了改造，诚如设计者所言："追求时间的美、工业的美、野草的美、落差错愕的美，珍惜足下的文化，平常的文化，曾经被忽视而将逝去的文化"。再如，昆明市规划设计研究院的张绍华将废弃车轨改造为城市绿色走廊（1997 年）；在国际建协举办的第 20 届国际建筑师大会上，学生设计竞赛获得了"联合国教科文组织奖"，第一名是清华大学建筑学院，该学院所做的是将全国 20 世纪 50 年代的旧厂房改建成住宅的典型个案；杨满宏、赵炳强等人进行了高等级公路景观设计研究；蔡元凯、刘朝晖等人进行了长沙市国道绕城高速公路路域景观恢复工程的设计实践；北京大学城市与环境学院土地科学中心的蔡运龙、龙华楼等进行了采矿迹地景观生态重建的理论与实践；吉林大学的吴东辉、中国科学院的胡克等人甚至研究了大型土壤动物在工业废地生态环境恢复与重建中的指示作用。此外，针对废弃采石场的景观恢复研究与实践也非常多，代表性的例子有上海佘山风景区废弃采石坑的环境治理（龚士良、曾正强等）；天童山国家森林公园废弃采石场植被恢复研究（王希华、宋永昌）；深圳市裸露山体缺口景观影响程度的研究（杜长顺、齐实）；厦门海沧采石废弃地景观生态重建研究（黄义雄）；青岛市为迎接 2008 年奥运会对市区重点地段进行全面的环境整治；对部分 20 世纪五六十年代的旧建筑进行景观形象的再塑造——平改坡，所谓"平改坡"就是将旧式房屋的平顶改造成坡状屋顶，使青岛"红瓦、绿树、碧海、蓝天"的城市风貌特色更加突出、鲜明。

据资料显示，亚洲地区的第一条数字化铁路——青藏铁路，在设计和建设之初，人们就担心这条规划中的铁路在给高原人民送去欢乐和富裕的同时，会不会对环境造成不可修复的破坏。因此，青藏铁路建设中的环境保护问题一开始就被作为一项重点工程。为了将青藏铁路建成一条环保型铁路，国家专门就环保工程拨款 12 亿元。建设者不仅根据多年来勘测试验的结果进行了全面的环保设计，还在建设过程中严格按照环保要求进行了施工，要将青藏铁路建成一条绿色长廊，绝不允许铁路沿线的环境遭到丝毫的破坏。就施工过程的现场环保来说，不管是机械还是人员，都不能在现场留有任何垃圾，生活垃圾和生产垃圾必须集中堆放和处理。假设机械在现场遗漏有油迹，施工结束时必须擦拭干净，绝不允许有点滴的油污残留。而且施工中的取土必须在指定的地点集中挖取，取土之前对表面的植被应分块完整地移植保存，取土结束后再将其完好地移植到原地。青藏铁路的环保措施共分四个部分：一是对高原植被实施易地假植（保存），施工中或施工后及时覆盖到已经完工的边坡或地表；二是对穿越自然保护区的线路区段采用绕避方案，为野生动物设置迁徙通道；三是对湖泊、湿地生态区域尽量绕避，无法绕避时尽量选择以桥代路；四是对高原冻土环境和沿线自然景观的一系列保护措施。在可可西里的腹部地带，专门修建了青藏铁路线上最长的清水河大桥，它全长 11.7 km，距离这座桥不到 1 000 m 的北侧就是世界上人人皆知的可可西里索南达杰自然保护站，这座桥不是为了汽车通过而设，而是为藏羚羊的迁徙留下的专门通道。青藏铁路不仅穿越可可西里、三江源、羌塘等国家级自然保护区，还穿越楚玛尔河、索加两个野生动物核心区以及西藏一江两河自然保护区，穿行在保护区内的铁路里程有 500 多千米，占了全线长度的 45%。除了以上种种环保措施外，建成后的青藏铁路全线还严格控制废弃物排放；铁路中间站取暖使用燃油锅炉或太阳能等环保型能源，减少"三废"；客车则用封闭式车体，车上垃圾到指定地点排放，集中处理；车站生活污水要经过处理，达标后再排放。因此，青藏铁路被称为生态路、环保路。

在风景园林建筑可持续的研究中，应建立"景观恢复与重建"的设计理念，即景观恢复与重建设计应从自然生态空间出发，综合考虑环境需求、绿色技术、环境生态、空间的动态平衡等。同时，树立广义的景观技术观，即传统技术与其他技术科学，如绿色建筑技术、环境艺术与技术、生态环境学、环境行为学、环境心理学、景观形态学等相结合，形成适应景观形态发展的新适宜性修复与重建技术。以此为基础，建立景观恢复与重建的工程设计原则及相应的设计要素，引入多学科交叉的"全生态体"设计方法，并以此指导具体的工程实践。

三、风景园林建筑的设计理论构成框架

（一）三个层面

同济大学的刘滨谊教授认为，从国际风景园林理论与实践的发展来看，现代风景园林规划

设计实践的基本方面中均蕴含着三个不同层面的追求以及与之相对应的理论研究。

（1）景观感受层面，基于视觉的所有自然与人工形态及其感受的设计，即狭义景观设计，对应的理论是景观美学。

（2）环境、生态、资源层面，包括土地利用、地形、水体、动植物、气候、光照等人文与自然资源在内的调查、分析、评估、规划、保护，即大地景观规划，对应的理论是景观生态学。

（3）人类行为以及与之相关的文化历史与艺术层面，包括历史文化、风土民情、风俗习惯等与人们精神生活世界息息相关的文明，即行为精神景观规划设计，对应的理论为景观行为学。

（二）三元素

如同传统的风景园林一样，现代景观规划设计的这三个层次，其共同的追求从古至今始终贯穿风景园林理论与实践的三个层面。作者将上述三个层面予以概括提炼，引出了现代景观园林规划与设计的三大方面，又称为现代风景园林规划设计的三元（或三元素）。

（1）景观环境形象／景观美学。

（2）环境生态绿化／景观生态学。

（3）大众群体行为心理／景观行为学。

（三）三种新生流派

正是基于景观规划设计实践的三元，在众说纷纭的各类景观规划设计流派中，三种新生流派脱颖而出。

（1）与环境艺术的结合：重在视觉景观形象的大众景观环境艺术流派。

（2）与城市规划和城市设计结合的城市景观生态流派：以大地景观为标志的区域景观、环境规划；以视觉景观导向的城市设计；以环境生态为导向的城市设计。

（3）与旅游策划的结合：重在大众行为心理景观策划的景观游憩流派。

这三种流派代表了现代风景园林学科专业及理论的发展方向。同时，由于不同地区及文化社会背景不同，人们对自然及景观要素的认知及态度也不同，在风景园林理论的研究中也需要关注其他方面的要素，如风景园林建筑的自然作用、社会作用、设计方法论、技术体系、价值观念等。这些要素是相互关联、相互作用、相互影响的，与上述内容结合共同构成了风景园林的理论研究框架。

四、中外传统风景园林建筑发展

东西方民族由于对自然的观察和概括方法不同以及人工工程条件、自然风景资源、风俗习惯、审美观念的差异，加之文化技术发展阶段的不同，造成了东西方园林特点的不同，但又因东西方造园均取材于自然，所以也有共同的地方，因此才保持了东、西方园林艺术的多样与统一。

（一）中国传统风景园林建筑的发展演变

中国古风景园林历史悠久，大约从公元前11世纪的奴隶社会末期直到19世纪末期封建社会解体为止，在 3 000 余年漫长的发展过程中形成了世界上独树一帜的东方园林体系。自清末到现在，特别是中华人民共和国成立以后，中国传统风景园林建筑在我国乃至世界范围内得到了长足的发展，按历史年代和园林产生、发展的过程可进行如下划分：古代分为四个时期，近、现代化分为三个时期。

1.中国古典景园阶段划分

（1）生成期。大约在公元前 16 世纪至公元前 11 世纪，以商王为首的贵族都是大奴隶主，经济较为强大，产生了以象形为主的文字，从出土的甲骨文中的"园""囿""圃"等文字中可见当时已产生了园林的雏形。到殷朝时，《史记》就有殷纣王"厚赋税以实鹿台之钱……益吸狗马奇物……益广沙丘苑台，多取野兽蜚鸟置其中……乐戏于沙丘"的记载。记载中说："穿沿莲池，构亭营桥，所植花木，类多荼与海棠"，说明当时的造园技术已有了一定的水平，朴素的囿得到了进一步的发展。周灭殷后，建都镐京（在今陕西西安的西南），配合分封建制，开始了史无前例的大规模营建城邑及造园的活动，其中最著名的是灵台、灵囿、灵沼，此时的风景园林已初步具备了造园的四个基本要素，形成了传统风景园林的雏形。

（2）发展期。公元前 221 年秦始皇统一六国后，对社会进行了改革，使秦王朝空前强大，在物质、经济、思想制度等方面均具备了集中人力和物力进行大规模造园活动的条件，使商朝的囿发展到苑，到魏晋南北朝以前，已使苑的形式在了规模、艺术性等多方面达到了较综合的水平，奠定了中国自然式园林大发展的基础。

这时期的代表作有秦咸阳宫园（如兰池宫）、汉上林苑（据史书记载其规模宏大"周墙百余里"）、汉建章宫等，其中已有山、植物、动物、苑、宫、台、观、生产基地等内容，但此时私家园林的记载极少。魏晋南北朝是中国历史上一个大动乱时期，但思想十分活跃，促进了艺术领域的发展，也促使园林升华到艺术创作的境界，并伴随着私有园林的发展和兴盛，这是中国古典造园发展史上一个重要的里程碑。

魏晋南北朝以前的宫苑虽气派宏大、豪华富丽，但艺术性稍差，尚处于初期阶段，既无诗情画意又乏韵味和含蓄，更没有悬念。直到隋朝以后，人们在放开思想束缚之后开始追求园林的意境，才有了隋唐时代的全盛局面。

（3）兴盛时期。这一时期由隋唐至宋元，历时近 800 年，以唐代为代表，中国古典风景园林空前兴盛和丰富，进入了前所未有的全盛时代。

这段时期，无论皇家园林还是寺庙园林，均达到了很高的艺术水平，尤其是皇家园林，普及面广，正如书中所载"唐贞观、开元年间，公卿贵戚开馆列第东都者，号千余所"，而洛阳私园之多并不亚于长安，其中许多私园主人只授人造园却不曾到过，有白居易《题洛中第宅》为证："试问池台主，多为将相官；终身不曾到，唯展宅图看。这一时期，风景园林的发展有以下四个特点：一是皇家园林"皇家气派"已完全形成，出现了像西苑、华清宫、九成宫、禁苑等一些具有划时代意义的作品；二是私家园林的艺术性大大提高，着意于刻画园林景物的典型特征以及局部、小品的细致处理，赋予园林以诗情画意；三是宗教风俗化导致寺庙园林的普及，尤其是郊野寺庙开创了山丘风景名胜区发展的先河；四是山水画、山水诗文、山水园林三个艺术门类已有相互渗透的迹象，中国古典园林"诗情画意"的特点形成，"园林意境"已处于萌芽发展期，基本形成了完整的中国古典园林体系，并开始影响朝鲜、日本等周边国家。中国古典风景园林发展至宋代，在两宋特定的历史条件和文化背景下进入了兴盛时期。

（4）成熟时期。明、清是中国古典风景园林艺术的成熟时期，自明中叶到清末，历时近500年。这个时期除建造了规模宏大的皇家园林外，封建士大夫为了满足家居生活的需要，在城市中大量建造以山水为骨干、饶有山林之趣的宅园，以满足日常聚会、游憩、宴客、居住等需要。皇家园林多与离宫相结合，建于郊外，少数设在城内，规模都很宏大，有的是在自然山水的基础上加以改造，有的是靠人工开凿兴建，建筑宏伟浑厚、色彩丰富、豪华富丽。封建士大夫的私家园林，多建在城市之中或近郊，与住宅相连，在有限的面积内追求空间艺术的变化，风格素雅精巧，达到平中求趣、拙间取华的意境，满足以欣赏为主的要求。宅园多是因阜缀山、因洼疏地，亭、台、楼、阁众多，植以树木花草的"城市园林"，分布极广，数量很大，其中比较集中的地方有北方的北京，南方的苏州、扬州、杭州、南京。明、清园林的艺术水平达到了历史最高水平，文学艺术成了景园艺术的组成部分，所建之园步移景异，亦诗亦画，富于意境。

明、清时期造园理论也有了重要的发展，其中比较系统的造园著作为明末吴江人计成所著的《园冶》一书，全书比较系统地论述了空间处理、叠山理水、园林建筑设计、树木花草的配置等许多具体的艺术手法，提出了"因地制宜""虽由人作，宛若天开"等主张和造园手法，是对明代江南一带造园艺术的总结，为我国的造园艺术提供了理论基础。

2.中国传统风景园林的特点

中国传统风景园林作为一个体系，若与世界其他风景园林体系相比较，它所具有的个性是鲜明的，而它的各个类型之间又有许多相同的共性。这些个性和共性可以概括为本于自然、高于自然，建筑美与自然美的融合，诗画的情趣，意境的蕴涵四个方面，这也是中国传统风景园林的四个主要风格特征。

（1）本于自然、高于自然。自然风景以山、水为地貌基础，以植被作装点，山、水、植被乃是构成自然风景的基本要素，在大自然中即便是最普通的一座山也蕴含着丰富的自然美，这些都是风景园林构景的创作源泉。但中国古典园林绝非单纯地利用或简单地模仿这些构景要素的原始状态，而是有意识地加以改造、调整、加工、裁剪，从而展现一个精炼概括的自然、典型化的自然。唯其如此，像颐和园那样的大型天然山水园才能把具有典型性格的江南湖山景观在北方的大地上复现出来。这就是中国古典园林的一个最主要的特点——本于自然而又高于自然。这个特点在人工山水园的筑山、理水、植物配置方面表现得尤为突出。

自然界的山岳以其丰富的外貌和广博的内涵成为大地景观的最重要组成部分，所以中国人历来用"山水"作为自然风景的代称。相应地，在古典景园的地形整治工作中，筑山便成了一项最重要的内容，历来造园都极为重视。筑山即堆筑假山，包括土山、土石山、石山。传统造园中使用天然石块堆成为石山的这种特殊技艺叫作"叠山"，江南地区称之为"掇山"。匠师广泛采用各种造型、纹理、色泽的石材，以不同的堆叠风格形成许多流派。造园几乎离不开石，石本身也逐渐成为人们鉴赏品玩的对象。南北各地现存的许多优秀的叠山作品一般最高不过八九米，无论模拟真山的全貌还是截取真山的一角，都能以小尺度创造峰、峦、岭、岫、洞、谷、悬岩、峭壁等形象，从它们的堆叠章法和构图经营上可以看到天然山岳构成规律的概括、提炼。假山都是真山抽象化、典型化的缩移模拟，能在很小的地段上展现咫尺山林的局面、幻化千岩万壑的气势。叠石为山的风气，到后期尤为盛行，几乎是"无园不石"。

此外，还有选择整块的天然石材陈设在室外作为观赏对象的，这种做法叫作"置石"。用于置石的单块石材不仅具有优美奇特的造型，还能引起人们对大山高峰的联想，即所谓的"一峰则太华千寻"，故又称之为"峰石"。

水体在大自然的景观构成中是一个重要的因素，它既有静止状态的美，又能显示流动状态的美，因而是最活跃的因素。古人云："石令人古，水令人远。"山与水的关系密切，山嵌水抱一向被认为是最佳的成景态势，也反映了阴阳相生的辩证哲理。这些情况都体现在古典景园的创作上，一般说来，有山必有水，"筑山"和"理水"不但成为造园的专门技艺，而且两者之间相辅相成的关系十分密切。

风景园林内开凿的各种水体都是自然界的河、湖、溪、涧、泉、瀑等的艺术概括。人工理水务必做到"虽由人作，宛自天开"，哪怕再小的水面亦必曲折有致，并利用山石点缀岸、矶，有的还故意做出一弯港瀚、水口，以显示源流脉脉、疏水若为无尽；稍大一些的水面，则必堆筑岛、堤，架设桥梁。在有限的空间内尽量模仿天然水景的全貌，这就是"一勺则江湖万里"之立意。

风景园林植物配植尽管姹紫嫣红、争奇斗娇，但都以树木为主调，因为翳然林木最能让人联想到大自然的勃勃生机。像西方以花卉为主的花园是比较少的。栽植树木不讲求成行成列，但亦非随意参差，往往以三株五株、虬枝枯干而予人以翁郁之感。总之，本于自然、高于自然是中国古典风景园林创作的主旨，目的在于求得一个概括、精练、典型而又不失其自然生态的山水环境。这样的创作只有合乎自然之理，才能获致天成之趣，否则就难免流于矫揉造作，犹如买椟还珠，徒具抽象的躯壳而失却了风景式园林的灵魂。

（2）建筑美与自然美的融合。法国的规整式风景园林和英国的风景式园林是西方古典风景园林的两大主流。前者按古典建筑的原则规划风景园林，以建筑轴线的延伸控制风景园林的全局；后者的建筑物与其他造园要素之间往往处于相对分离的状态。但是，这两种截然相反的风景园林形式有一个共同的特点，即把建筑美与自然美对立起来。

中国古典风景园林则不然，建筑无论多寡，也无论其性质、功能如何，都力求与山、水、植物这三个造园要素有机地组织在一系列风景画面之中，突出彼此协调、互相补充的积极的一面，限制彼此对立、互相排斥的消极的一面，甚至能把后者转化为前者，从而在总体上使建筑美与自然美融合起来，达到一种人工与自然高度协调的境界——天人合一的境界。

中国古典风景园林之所以能把消极的因素转化为积极的因素，求得建筑美与自然美的融合，从根本上来说是其造园的哲学、美学乃至思维方式的不同。此外，中国传统木构建筑本身具有的特性也为此提供了优越条件。

木框架结构的单体建筑，内墙外墙可有可无，空间可虚可实、可隔可透。园林里面的建筑物充分利用这种灵活性和随意性创造了千姿百态、生动活泼的外观形象，获得与自然环境中的山、水、植物密切结合的多样性。中国风景园林建筑不仅形象之丰富在世界范围内算得上首屈一指，还把传统建筑的化整为零、由单体组合为建筑群体的可变性发挥到了极致。它一反宫廷、坛庙、衙署、邸宅等严整、对称、整齐的格局，完全自由随意、因山就水、高低错落，强化了建筑与自然环境的融合关系，还利用建筑内部空间与外部空间的通透、流动的可能性，把建筑物的小空间与自然界的大空间沟通起来。正如《园冶》所谓："轩楹高爽，窗户虚邻，纳千顷之汪洋，收四时之烂漫。"

匠师们为了进一步把建筑协调地融合于自然环境之中，发展创造了许多别致的建筑形象和细节处理。譬如，亭这种最简单的建筑物在园中随处可见，不仅具有点景的作用和观景的功能，还通过其特殊的形象体现了以圆法天、以方象地、纳宇宙于芥粒的哲理。戴醇士说："群山郁苍，群木荟蔚，空亭翼然，吐纳云气"。苏东坡《涵虚亭》诗云："惟有此亭无一物，坐观万景得天全"。再如，临水之"舫"和陆地上的"船厅"，即模仿舟船以突出园林的水乡风貌。江南地区水网密布，舟楫往来为城乡最常见的景观，故园林中这种建筑形象也运用最多。廊本来是联系建筑物、划分空间的手段，园林里面的那些楔人水面、飘然凌波的"水廊"，婉转曲折；通花渡壑的"游廊"，蟠蜒山际；随势起伏的"爬山廊"，宛若波浪，各式各样的廊子好像纽带一般把人为的建筑与天成的自然贯穿结合起来。常见山石包镶着房屋的一角，堆叠在平桥的两端，甚至代替台阶、楼梯、柱础等建筑构件，是建筑物与自然环境之间的过渡与衔接。随墙的空廊在一定的距离上故意拐一个弯而留出小天井，随意点缀少许山石花木，顿成绝妙小景。那白粉墙上所开的种种漏窗，阳光透过，图案更显玲珑明澈，而在诸般样式的窗洞后面衬以山石数峰、花木几枝，宛如小品风景，尤为楚楚动人。

（3）诗画的情趣。文学是时间的艺术，绘画是平面空间的艺术。风景园林中的景物既需"静观"，又要"动观"，即在游动、行进中领略观赏，故风景园林是时空综合的艺术。中国古典风景园林的创作能充分地把握这一特性，运用各个艺术门类之间的触类旁通，融诗画艺术于风景园林艺术之中，使风景园林环境从总体到局部都包含着浓郁的诗、画情趣，这就是通常所谓的"诗情画意"。

诗情，不仅是把前人诗文的某些境界、场景在风景园林环境中以具体的形象复现出来，或运用景名、匾额、对联等文学手段对园景进行点题，还借鉴文学艺术的章法、手法使规划设计类似文学艺术的结构。正如钱泳所说："造园如作诗文，必使曲折有法，前后呼应；最忌堆砌，最忌错杂，方称佳构。"园内的游览路线绝非平铺直叙的简单道路，而是运用各种构景要素于迂回曲折中形成渐进的空间序列，也就是空间的划分和组合。划分，不流于支离破碎；组合，务求其开合起承、变化有序、层次清晰。这个序列的安排一般必有前奏、起始、主题、高潮、转折、结尾，形成内容丰富多彩、整体和谐统一的连续的流动空间，表现了诗一般的严谨、精炼的章法。在这个序列中往往还穿插一些对比、悬念、欲抑先扬或欲扬先抑的手法，合乎情理之中而又出人意料之外，更加强了犹如诗歌的韵律感。因此，人们游览中国古典风景园林所得到的感受，仿佛朗读诗文一样酣畅淋漓，这也是园林所包含的"诗情"。优秀的景园设计作品，无异于凝固的音乐、无声的诗歌。

凡属风景式园林的作品都或多或少地具有"画意"，都在一定程度上体现绘画的原则。中国的山水画不同于西方的风景画，前者重写意，后者重写形。中国传统景园是把作为大自然概括和升华的山水画又以三度空间的形式复现到人们的现实生活中来，这在平地起造的人工山水园中尤为明显。

从假山尤其是石山的堆叠章法和构图经营上，既能看到天然山岳构成规律的概括、提炼，又能看到诸如"布山形、取峦向、分石脉""主峰最宜高耸，客山须是奔趋"等山水画理的表现，乃至某些笔墨技法如皴法、矾头、点苔等的具体模拟。可以说，叠山艺术把借鉴于山水画的"外师造化、中得心源"的写意方法在三度空间的情况下发挥到了极致。它既是园林里面复现大自然的重要手段，也是造园之因画成景的主要内容。正因为"画家以笔墨为丘壑，掇山（即叠山）以土石为皴擦；虚实虽殊，理致则一"，所以许多叠山匠师都精于绘画，有意识地汲取绘画各流派的长处用于叠山的创作。

风景园林的植物配置，务求其在姿态和线条方面既显示自然天成之美，又表现出绘画的意趣。因此，选择树木花卉就很受文人画所标榜的"古、奇、雅"格调的影响，讲究体态潇洒、色香清隽、堪细细品味、有象征寓意。

风景园林建筑的外观由于外露的木构件和木装修、各式坡屋面的举折起翘而表现出生动的线条美，还因木材的装饰、辅以砖石瓦件等多种材料的运用而显示出色彩美和质感美，这些都赋予了它的外观形象富于画意的魅力。所以，有的学者认为西方古典建筑是雕塑性的，中国古典建筑是绘画性的，此论不无道理。中国古代诗文、绘画中咏赞、状写建筑的不计其数，甚至以工笔描绘建筑物而形成独立的画种，在世界上恐怕是绝无仅有的。正因为建筑富于画意的魅力，那些瑰丽的殿堂台阁才把皇家景园点染得何等凝练、璀璨，宛若金碧山水画，恰似颐和园内一副对联的描写："台榭参差金碧里，烟霞舒卷画图中"。江南的私家园林，建筑物以其粉墙、灰瓦、赭黑色的榱饰、通透轻盈的体态掩映在竹树山池间，其淡雅的韵致有如水墨渲染画，与皇家园林金碧重彩的皇家气派迥然不同。

线条是中国画的造型基础，这种情况也同样存在于中国风景园林艺术中。比起英国风景园林或日本造园，中国的风景式园林具有更丰富、更突出的线条造型美：建筑物的露明木梁柱装修的线条、建筑轮廓起伏的线条、坡屋面柔和舒卷的线条、山石有若皴擦的线条、水池曲岸的线条、花木枝干虬曲的线条等，组成了线条律动的交响乐，统摄整个风景园林的构图。

由此可见，中国绘画与造园之间关系密切，这种关系历经长久的发展而形成"以画入园、因画成景"的传统，甚至不少风景园林作品直接以某个画家的笔意、某种流派的画风引为造园的蓝本。历来的文人、画家参与造园蔚然成风，或为自己营造，或受他人聘请而出谋划策。

（4）意境的蕴涵。意境是中国艺术的创作和鉴赏方面一个极重要的美学范畴，简单说就是将主观的感情、理念融于客观生活、景物之中，从而引发鉴赏者类似的情感激动和理念联想。中国的传统哲学在对待"言""象""意"的关系上，从来都把"意"置于首要地位。先哲们很早就已提出"得意忘言""得意忘象""得意忘形"的命题，只要得到意就不必拘守原来用以明象的言和存意的象了。再者，汉民族的思维方式注重综合和整体观照，佛禅和道教的文字宣讲往往立象设教，追求一种"意在言外"的美学趣味。这些情况影响、浸润于艺术创作和鉴赏，从而产生意境的概念。唐代诗人王昌龄在《诗格》一文中提出"三境"之说来评论诗（主要是山水诗），他认为诗有三种境界：只写山水之形的为"物境"；能借景生情的为"情境"；能托物言志的为"意境"。王国维在《人间词话》中提出诗词的两种境界——有我之境，无我之境："有我之境，以我观物，故物皆著我之色彩。无我之境，以物观我，故不知何者为我，何者为物"。无论是《人间词话》的"境界"，还是《诗格》的情境和意境，都是诉诸主观，由主客观的结合而产生，因此都可以归属于通常所理解的"意境"的范畴。

不仅诗、画如此，其他的艺术门类都把意境的有无、高下作为创作和品评的重要标准，风景园林艺术当然也不例外。风景园林由于其与诗画的综合性、三维空间的形象性，其意境内涵的显现比之其他艺术门类就更为明晰，也更易于把握。

运用文字信号直接来表述意境的内涵，表述的手法就会更为多样化，如状写、比喻、象征、寓意等；表述的范围也十分广泛，如情操、品德、哲理、生活、理想、愿望、憧憬等。游人在游园时所领略的已不仅是眼睛能看到的景象，还有不断在头脑中闪现的"景外之景"，不仅满足了感官（主要是视觉感官）上美的享受，还能唤起以往的记忆，从而获得"象外之意"。

匾题和对联是诗文与造园艺术最直接的结合，是表现园林"诗情"的主要手段，也是文人参与风景园林创作、表述风景园林意境的主要手段，它们使风景园林内的大多数景象"寓情于景"，随处皆可"借景生情"。因此，风景园林内的重要建筑物上一般都悬挂匾和联，它们的文字点出了景观的精粹所在；同时，文字作者的借景抒情也能感染游人，从而激起他们的浮想联翩，优秀的匾、联作品尤其如此。苏州的拙政园内有两处赏荷花的地方，一处建筑物上的匾题为"远香堂"，另一处为"听留馆"，前者来自周敦颐咏莲的"香远益清"句，后者出自李商隐的"留得残荷听雨声"。同样的景物由于匾题不同而给人以不同的感受，物境虽同而意境则殊。北京颐和园内临湖的"夕佳楼"坐东朝西，"夕佳"二字的匾题取意于陶渊明的诗句："山气日夕佳，飞鸟相与还。此中有真意，欲辨已忘言"。游人面对夕阳残照中的湖光山色，若能联想陶诗的意境，对眼前景物的鉴赏势必会更深一层。昆明大观楼建置于滇池湖畔，悬挂着当地名士孙髯翁所写的180字长联，号称"天下第一长联"。上联咏景，下联述史，洋洋洒洒，把眼前的景物写得全面而细腻入微，把作者因此景而生出的情怀抒发得淋漓尽致，其所表述的意境延绵无尽，自然也就感人至深。

游人获得风景园林意境的信息，不仅通过视觉或借助文字的信号，还通过听觉、嗅觉的感受。诸如十里荷花、丹桂飘香、雨打芭蕉、流水叮咚、桨声欸乃，直至风动竹篁有如碎玉倾洒，柳浪松涛之若天籁清音，都能以"味"入景，以"声"入景而引发意境的遐思。曹雪芹笔下的潇湘馆，"凤尾森森，龙吟细细"更是绘声绘色地点出此处意境的浓郁蕴藉。正由于风景园林内的意境蕴涵如此深广，中国古典风景园林所达到的情景交融的境界也就远非其他风景园林体系所能及了。

如上所述，这四大特点是中国古典风景园林在世界上独树一帜的主要标志，它们的成长乃至最终形成，固然由于政治、经济、文化等诸多复杂因素的制约，但从根本上来说，与中国传统的天人合一的哲理以及重整体观照、重直觉感知、重综合推衍的思维方式的主导也有直接关系。可以说，四大特点正是这种哲理和思维方式在风景园林艺术领域内的具体表现。传统风景园林的全部发展历史反映了这四大特点的形成过程，风景园林的成熟时期也意味着这四大特点的最终形成。

3. 中国传统风景园林的地方特色

在中国古典风景园林的发展过程中，由于气候、文化、取材等的地方性差异，逐渐形成了江南、北方、岭南、巴蜀、西域等各种风格，其中江南、北方、岭南差异尤为突出，代表了中国风景园林风格发展的主流。各种地方风格主要表现在各自造园要素的用材、形象和技法上，风景园林的总体规划也多少有所体现。

江南的封建文化比较发达，风景园林受诗文绘画的直接影响也更多一些。不少文人画家也是造园家，而造园匠师也多能诗善画。因此，江南园林所达到的艺术境界也最能代表当代文人所追求的"诗情画意"。小者在一二亩、大者在不过十余亩的范围内凿池堆山、植花栽林，结合各种建筑的布局经营，因势随形、匠心独运，创造出含蓄、风韵的咫尺山林，达到小中见大的景观效果。

江南园林叠山石料的品种很多，以太湖石和黄石两大类为主。石的用量很大，大型假山石多于土，小型假山几乎全部叠石而成，能仿真山之脉络气势做出峰峦丘壑、洞府峭壁、曲岸石矶，手法多样，技艺高超。江南气候温和湿润，花木种类繁多，生长良好，布局有法。植物的观赏讲究造型和姿态、色彩、季相特征，虽以自然为宗，绝非丛莽一片，漫无章法。植物以落叶树为主，配合若干常绿树，再辅以藤萝、竹、芭蕉、草花等构成植物配置的基调，并能充分利用花木生长的季节性构成四季不同的景色。花木也是某些景点的观赏主题，风景园林建筑常以周围花木命名，讲究树木孤植和丛植的画意经营及其色、香、形的象征寓意，尤其注重古树名木的保护利用。其安排原则为植高大乔木以遮蔽烈日，植古朴或秀丽树形树姿（如丹桂、红枫、金橘、蜡梅、秋菊等）。江南多竹，品类亦繁，终年翠绿为园林衬色，或多植蔓草、藤萝，以增加山林野趣。也有赏其声音的，如雨中荷叶、芭蕉、枝头鸟啭、蝉鸣等。江南风景园林建筑以高度成熟的江南民居建筑作为创作源泉，从中汲取精华。比如，苏州的风景园林建筑为苏南地区民间建筑的提炼；扬州则利用优越的水陆交通条件，兼收并蓄当地、皖南乃至北方的建筑加以融合，因而建筑形式极其多样丰富。江南景园建筑的个体形象玲珑轻盈，具有一种柔媚的气质。室内外空间通透，外饰木构件一般为赭黑色，灰砖青瓦、白粉墙垣配以水石花木组成的园林景观，能显示出恬淡雅致、有若水墨渲染画般的艺术格调。木装修、家具、各种砖雕、木雕、漏窗、洞门、匾联、拼花铺地，均表现出精致的工艺水平。园内有各式各样的园林空间，如山水空间、山石与建筑围合的空间、庭院空间、天井，甚至院角、廊侧、墙边亦做成极小的空间，散置花木，配以峰石，构成楚楚动人的小景。由于风景园林空间多样而又富于变化，为各种组景手法如对景、框景、透景等创造了更多的条件。

江南园林以扬州、无锡、苏州、湖州、上海、常熟、南京等城市为主，其中又以苏州、扬州最为著名，也最具代表性。

（二）外国古典风景园林建筑的发展演变

1.古埃及与西亚园林

埃及与西亚邻近，埃及的尼罗河流域与西亚的幼发拉底河、底格里斯河流域同为人类文明的两个发源地，风景园林出现也很早。

（1）古埃及墓园、园圃。埃及早在公元前4000年就跨入了奴隶制社会，到公元前28世纪至公元前23世纪，形成法老政体的中央集权制。法老（即埃及国王）死后都兴建金字塔作为王陵，并建墓园。金字塔浩大、宏伟、壮观，反映出当时埃及的科学与工程技术已很发达。金字塔四周布置规则对称的林木，中轴为笔直的祭道，控制两侧均衡，塔前留有广场，与正门对应，形成庄严、肃穆的气氛。

古埃及奴隶主们为了坐享奴隶创造的劳动果实，一味追求荒诞的享乐方式，大肆营造私园。尼罗河谷的园艺一向是很发达的，树木园、葡萄园、蔬菜园等遍布谷地，到公元前16世纪时已演变成为祭司重臣之类所建的具有审美价值的私园。这些私园周围有垣，除种植有果树、蔬菜外，还有各种观赏树木和花草，甚至还养殖动物。这种形式和内容已超出了实用价值，具有观赏和游憩的性质。奴隶主的私园把绿荫和湿润的小气候作为追求的主要目标，把树木和水池作为主要内容，他们在园中栽植许多树木或藤本棚架植物，搭配鲜花美草，又在园中挖有池塘渠道，还特别利用机械工具桔槔进行人工灌溉。这种私园大部分设在奴隶主私宅的附近或就在私宅的周围，面积延伸很大，私宅附近还有特意进行艺术加工的庭园。

（2）西亚地区的花园。位于亚洲西端的叙利亚和伊拉克也是人类文明的发祥地之一，幼发拉底河和底格里斯河流贯境内向南注入波斯湾，两河流域形成美索不达米亚大平原。美索不达米亚在公元前3500年时，已经出现了高度发达的古代文明，形成了许多城市国家，实行奴隶制。奴隶主为了追求物质和精神的享受，在私宅附近建造各式花园，作为游憩观赏的乐园。奴隶主的私宅和花园，一般都建在幼发拉底河沿岸的谷地平原上，引水浇园，花园内筑有水池或水渠，道路纵横方直，花草树木充满其间，非常整齐美观。基督教圣经中记载的伊甸园被称为"天国乐园"，就在叙利亚首都大马士革城的附近。在公元前2000年的巴比伦、亚述或大马士革等西亚广大地区有许多美丽的花园。距今3 000年前的古巴比伦王国宏大的都城中有五组宫殿，不仅异常华丽壮观，尼布甲尼撒国王还为王妃在宫殿上建造了"空中花园"（图2-1）。据说，王妃生于山区，为解思乡之情，特在宫殿屋顶之上建造花园，以象征山林之胜。这是利用屋顶错落的平台，加土植树种花草，又将水管引向屋上浇灌花木。远看该园悬于空中，近赏可入游，如同仙境，被誉为世界七大奇观之一，称得上世界最早的屋顶花园。

图 2-1　古巴比伦空中花园想象图

（3）波斯天堂园及水法。波斯在公元前 6 世纪时兴起于伊朗西部高原，建立波斯奴隶制帝国，逐渐强大后，占领了小亚细亚、两河流域及叙利亚的广大地区，都城波斯波利斯是当时世界上有名的大城市。古波斯帝国的奴隶主们常以祖先经历过的狩猎生活为其娱乐方式，后来又选地造囿，圈养许多动物作为游猎园圃，增强了观赏功能，在园圃的基础上发展成游乐性质的园。波斯地区名花异卉资源丰富，人工繁育应用也较早，在游乐园里除树木外，多种植花草。"天堂园"是其代表，园四面有围墙，其内开出纵横"十"字形的道路构成轴线，分割出四块绿地栽种花草树木，道路交叉点修筑中心水池，象征天堂，所以称之为"天堂园"。波斯地区多为高原，雨水稀少，高温干旱，因此水被看成是庭园的生命，所以西亚一带造园必有水，在园中对水的利用更是着意进行艺术加工，因此各式的水法创作也就应运而生了。

公元 8 世纪时，阿拉伯帝国征服了波斯，并承袭了波斯的造园艺术。阿拉伯地区的自然条件与波斯相似，干燥少雨而炎热，又多沙漠，对水极为珍惜。阿拉伯多是伊斯兰教国，领主都有自己的伊斯兰教园，而伊斯兰教园把水看成是造园的灵魂。这时的水法创作和造园艺术又跟随伊斯兰教军的远征传到了北非和西班牙各地，到公元 13 世纪时又传入印度北部和克什米尔。各地区的伊斯兰教园都尽量发挥水景的作用，对水的利用给予特别的爱惜和敬仰，并且神化起来，甚至点点滴滴都蓄积成大大小小的水池，或穿地道或掘明沟延伸到各处种植绿地之间。这种水法由西班牙再传入意大利后，发展得更加巧妙、壮观了。

2. 古希腊园林

古希腊是欧洲文化的发源地，古希腊的建筑、景园开欧洲建筑、景园之先河，直接影响着古罗马、意大利及法国、英国等国的建筑、景园风格，后来英国吸收了中国自然山水园的意境，融入造园之中，对欧洲造园也有很大影响。

古希腊庭园产生的历史相当久远。公元前 9 世纪时，古希腊有位盲人诗人荷马，留下了两部史诗。史诗中歌咏了 400 年间的庭园状况，从中可以了解到古希腊庭园周边有围篱，中间为领主的私宅。庭园内花草树木栽植很规整，有终年开花或果实累累的植物，树木有梨、栗、苹果、葡萄、无花果、石榴和橄榄树等。园中还配以喷泉，并留有生产蔬菜的地方。特别是在院落中间，设置喷水池喷泉或喷水，其水法创作对当时及以后世界造园工程产生了极大的影响，尤其对意大利、法国利用水景造园的影响更为明显。

公元前3世纪，古希腊哲学家伊壁鸠鲁在雅典建造了历史上最早的文人园，利用此园对男女门徒进行讲学。公元5世纪，古希腊曾有人渡海东游，从波斯学到了西亚的造园艺术，从此古希腊庭园由果菜园改造成装饰性的庭园，住宅方正规则，其内整齐地栽植花木，最终发展成了柱廊园。

古希腊的柱廊园，改进了波斯在造园布局上结合自然的形式，变成了喷水池占据中心位置，使自然符合人的意志、有秩序的整形园，把西亚和欧洲两个系统的早期庭园形式与造园艺术联系起来，起到了过渡的作用。

意大利南部的那不勒斯湾海滨庞贝城邦，早在公元前6世纪就有希腊商人居住，并带来了希腊文明，在公元前3世纪此城已发展为有2万居民的商业城市，变成罗马属地后，又有很多豪富文人来此闲居，建造了大批的住宅群，这些住宅群之间都设置了柱廊园。

五、现代风景园林建筑发展

（一）现代风景园林建筑特点

风景园林同建筑等其他形式的工程艺术一样，具备地方性、民族性、时代性，它是人创造的源于自然美的、又供人使用的空间环境，因此不同时代、不同民族、不同地域的风景园林均被打上了不同的烙印，现代风景园林的发展同样受到现代人及现代社会背景的影响。

从历史渊源来讲，现代风景园林与古代园林或景观有许多共同的因素，是对优秀传统风景园林文化的继承和发展，概括起来，现代风景园林具有以下特点。

（1）传统与现代的对话与交融。传统与现代永远是相对的概念，是密不可分的统一体，在风景园林的发展历程中，传统的风景园林与现代风景园林体系始终在对话交流，并在实践中相互融合并存，传统风景园林为现代风景园林提供了丰富的内涵及深层次的文化基础，现代风景园林又发展了传统风景园林的内容及功能。

（2）现代风景园林的开放性与公众性。与传统风景园林相比，现代风景园林更具开放性，强调为公众群体服务的观念，面向群体是现代风景园林的显著特点，也是引发传统向现代变革的重要因素。现代风景园林在规划设计中要同时考虑不同人的不同需求，如现代风景园林设计中的广场环境设计就是典型的例证之一。

（3）强调精神文化的现代风景园林。明代计成在《园冶》中把"造园之始，意在笔先"作为园林设计的基本原则，这里的"意"既可理解为设计意图或构思，又可理解为以意向、主题、寓意等为主体的为人服务的文化意识形态。现代风景园林在快节奏、精神压力大的现代社会中起到缓解精神压力的作用，被视为塑造城市形象、营造社区环境、提高文化品位的重要方面。

（4）同城市规划、环境规划相结合。现代风景园林规划已成为城市规划的一个组成部分，也是其中的一个规划分支，对城市总体环境建设起着举足轻重的作用，如城市中的景观系统规划、绿化系统规划等，对历史文化名城的保护，也属于典型的风景园林规划设计。对更大范围的环境规划或风景名胜区的规划来说，风景园林规划设计已融入环境保护及旅游规划中。

（5）面向资源开发与环境保护。现代风景园林规划设计中的另一大领域已经超脱于规划，不是具体的景观规划，而是把景观当成一种资源，就像对待森林、煤炭等自然资源一样。这项工作国外进行较早，如美国有专门的机构及人员运用 GIS 系统管理国土上的风景资源，尤其是城市以外的大片未开发地区的景观资源。中国是风景资源、旅游资源的大国，如何评价、保护、开发这两大资源，是一项很重要的工作，这项工作涉及面较广，进一步扩大就与人口、移民、寻求新的生存环境相联系，所以从广义的角度来看，这种评价、保护、开发的研究实践就与人居环境的研究实践联系在一起，非常综合，不仅是建筑、规划、风景园林三个专业方面的内容，还包括社会学、哲学、地理、文化、生态等方面。目前，我国在某些院校已成立资源环境与城乡规划管理等专业，同地理学专业相比，在管理景观资源方面更专业、更有利于景观资源的分析、评价、保护、开发工作。

（二）风景园林规划与设计专业教育的发展

国外的风景园林规划教育开始较早，发展至今其体系已较为完善。我国的园林类专业教育最早开始于 20 世纪 60 年代初，北京林业大学园艺系创办了园林专业，同济大学也于同期按国际景观建筑学专业模式在城市规划专业中开设了名为"风景园林规划设计"的专业方向，并于 1979 年开始创办风景园林专业学科和硕士点教育及博士培养方向，继之又有许多建筑院校开办了此类专业。与国际景观建筑学专业教育体制相比，我国除个别院校外，至今仍没有较全面完整的风景园林学专业教育。1997 年，在专业调整时，又取消了建筑学科中的风景园林本科专业，使目前国内建筑教育中的风景园林规划学设计专业出现空白，无法找到任何与之相近或可以涵盖的专业，风景园林规划设计专业观念上混乱不清，理论上难以深入，实践上缺乏令人满意的规划设计实例，专业教育上后继无人。目前，国内从事风景园林规划学设计专业的人员主要来自六个方面：建筑界的建筑学和城市规划专业出身的人员；农林界园林和园艺专业出身的人员；地学界资源、旅游专业的人员；环境界资源、生态方面的专业人员；管理界旅游、管理出身的人员；艺术界环境艺术专业出身的人员。这种状况已经严重阻碍了目前中国城市化进程中日益需要的环境建设的保护与发展，因此同济大学刘滨谊教授预测，建筑界未来 20 年最为紧俏的专业将是风景园林规划与设计专业。

其实，早在 20 世纪初美国的奥姆斯特德就继承传统造园文化，把自己所从事的专业称为"景观建筑师"而不是"园丁"，从而造就了美国景观专业的百年辉煌。20 世纪中叶，麦克哈格又发展了奥姆斯特德的现代景观规划设计理论，从农业时代特征的传统风景园林思想向工业化社会转变，勇敢地面对当时的资源、环境和人类生存问题，承担起大地景观规划和人类生态系统设计的重任，使"设计结合自然"的思想渗透到各个领域，使自己成为在不同层次、不同尺度上处理人与自然关系的中坚。生物学家 Wilson 如是说："在生物多样性的保护中，景观设计将起决定性的作用。"旅游学家 Gunn 说："在所有设计学专业中，最适合进行旅游与环境设计的是景观规划设计师。"麦克哈格是美国历史上及世界范围内第一位直接受到总统及国家重要领导人进行政策咨询的景观工作者，并使景观专业人员自豪地在全球或区域范围内承担其他专业所不能胜任的任务。由此可见，景观规划与设计专业在 21 世纪环境建设、保护与发展中的重要性，与之相适应的专业教育也显得非常重要。

六、东西方风景园林建筑的交流与发展

中西园林艺术的交流最早可追溯到盛唐时的丝绸之路，此后经马可·波罗的宣传，很多欧洲人开始仰慕中国园林之美。中国园林对欧洲的真正影响是在 17 世纪末到 18 世纪初，曾参与绘制圆明园 40 景图的法国画家王致诚对中国园林的介绍，使欧洲人更为详细准确地了解到中国园林的艺术风格。他在 1747 年出版的《传教士书简》中描述，中国园林艺术的基本原则是"人们所要表现的是天然朴素的农村，而不是一所按照对称和比例的规则严谨地安排过的宫殿"。中国园林是"由自然天成"，无论是蜿蜒曲折的道路，还是变化无穷的池岸，都不同于欧洲的那种处处喜欢统一和对称的造园风格。书中所描述的中国园林的造园思想，与当时法国启蒙主义思想家提倡的"返璞归真"、艺术必须表现强烈的情感的思想相符合。该书出版后轰动了欧洲，不少王公贵族千方百计地收集有关中国园林的资料。

在这种多方宣传、介绍中国园林艺术风气的引导下，法国人开始在他们的花园建设中采用某些中国园林艺术手法。1670 年，在距凡尔赛宫主楼 1.5 km 处，出现了最早的仿中国式建筑"蓝白瓷宫"，其外观仿南京琉璃塔风格，内部陈设中式家具，取名"中国茶厅"。1774 年，凡尔赛的小特里阿农花园建成，里面安排了曲折的小径、假山、岩洞和不规则的湖面。在此期间，各地中国式花园相继出现，规模有大有小，但都呈现了中国园林的布局风格。1775 年，路易十五下令将凡尔赛花园里经过修剪的树全部砍光，因为中国式的对自然情趣的追求，也影响了法国人对园林植树原则的认识。因此，有人将此看作是中国园林艺术在法国取得最后胜利的标志。

中国园林艺术对英国也产生了实际影响。早在 1685 年，坦柏尔伯爵便在《论造园艺术》一文中称赞中国的花园如同大自然的一个单元，它布局的均衡性是隐而不显的，中国园林表现了大自然的创造力。在当时对中国园林艺术所知不多的情况下，英国人还是竭力凭所了解到的一些中国的造园经验来构筑他们的花园。到了 18 世纪，中国园林艺术对英国的影响就更深更具体了，英国著名学者钱伯斯在 1742 年至 1744 年间来到中国广州，收集了一批建筑、园林等方面的资料。他怀着对中国园林浓厚的兴趣，参观了一些园林，先后出版了《中国园林的布局艺术》和《东方造园艺术泛论》等著作。

受中国园林的影响，当时的欧洲人不仅推崇中国园林的建筑，中国式的小建筑物在欧洲花园中也相当流行，还改变了原有园林水域设置的方法，水体被处理成自然式的形状和驳岸；在植物配置方面，也抛弃了原有的行列式和几何式的种植法，任树木自然生长，注意品种多样，讲究四时有景，自然配置园林花木。

中国园林艺术对法国和英国的花园设计、建造的影响，一直持续了很久，有些按照中国风格设计的花园至今仍保留着。受法国和英国仿效中国园林之风的影响，欧洲大陆其他各国也都

竞相步英法后尘。德国卡塞尔附近的威廉阜花园，是德国最大的中国式花园之一；瑞典斯德哥尔摩郊区的德劳特宁尔摩中式园亭，里面的殿、台、廊和水景，纯粹是中国风格；在波兰，国王在华沙的拉赵克御园中也建起了中国式桥和亭子；在意大利，曾有人特邀英国造园家到罗马，将一庄园内的景区改造成中国园林的自然式布局；在美国，许多城市都建有中国式园林。中国园林艺术以其自然的风格、"宛自天开"的布局、清雅幽远的意境，吸引并感染了欧洲人，对西方园林艺术产生了持久的影响。

　　中国园林在世界风景园林界占据非常重要的地位，这是许多国人引以为豪的事情。那么西方人是怎样认识中国园林艺术的呢？中国园林在世界风景园林中的地位和前景如何呢？从下列所介绍的与中国园林有关的若干英文著述中，也许可以寻找到解决这一问题的答案，它们不仅是呼唤中国园林出现在西方的前奏，还是新一轮东西方文化交流的成果。

　　东南大学的朱光亚先生曾在多伦多大学建筑学院的图书馆中找到十余本关于中国园林的专著，这一数量与欧美园林书籍无法相比，就是同日本园林书籍相比也少得多。该校建筑系开设有建筑与园林史课，其宗旨是"向学生介绍18世纪至今的欧洲和北美的建筑，园林与城市规划的历史与理论"，东方历史竟未列其中，中国园林专著不属于此课程的必读或推荐参考书。只在高年级指定的参考书中发现一本由 Christopher Thadens 写的由加利福尼亚大学出版的《园史》（The History of Gardens）共 16 章 288 页，中国园林为第二章，仅 20 页。此后，还有一批由中国学者写作译成外文的园林书，如陈丛周先生的《说园》译为意大利文，童裔先生的《苏州之园》（1978 年）译为英文，其中 1982 年由香港印刷、乔匀主编的《中国园林艺术》一书是一本文字简洁、图版精美又着眼于以往被忽视的角落，且在国内也难以看到的精美参考书，香港钟华南建筑师编的《中国园林艺术》甚有个人风格，文字极为精简，全书都为黑白图片，禅味十足。

　　从以上的介绍不难看出，相对于具有浩瀚丰富的内容和久远历史的中国园林，这些论著显得极为稀少和不足，远不能满足东方园林文化交流的需要。一方面，是由于历史上中国长期闭关锁国，新中国成立后十年动乱又影响了对外交流及文化发展；另一方面，是中国文化在国际交流中的地位及西方人以前对东方人的偏见所致。上述著述大多在中国改革开放以后所出，可见近几十年来，我国传统景园文化在东西方文化交流中的发展在加快，呈现出良好的局面。

第二节　风景园林建筑的分类

一、游憩类

（一）科普展览建筑及设施

　　供历史文物、文学艺术、摄影、绘画、科普、书画、金石、工艺美术、花鸟鱼虫等展览的设施。

（二）文体游乐建筑及设施

有文体场地、露天剧场、游艺室、康乐厅、健美房等，如跷跷板、荡椅、浪木、脚踏水车、转盘、秋千、滑梯、攀登架、单杠、脚踏三轮车、迷宫、原子滑车、摩天轮、观览车、金鱼戏水、疯狂老鼠、旋转木马、勇敢者转盘等。

（三）游览观光建筑及设施

游览观光建筑不仅给游人提供游览休息赏景的场所，其本身也是景点或成景的构图中心，包括亭、廊、榭、舫、厅、堂、楼阁、斋、馆、轩、码头、花架、花台、休息坐凳等。

（四）园林建筑小品

园林建筑小品一般体形小、数量多、分布广，具有较强的装饰性，对园林绿地景色影响很大，主要包括园椅、园凳、园桌、展览及宣传牌、景墙、景窗、门洞、栏杆、花格及博古架等。

（1）园椅、园凳、园桌供游人坐息、赏景之用，一般布置在安静、景色良好以及游人需要停留休息的地方。在满足美观和功能的前提下，结合花台、挡土墙、栏杆、山石等设置，必须舒适坚固，构造简单，制作方便，与周围环境相协调，点缀风景，增加趣味。

（2）展览牌、宣传牌是进行精神文明教育和科普宣传、政策教育的设施，有接近群众、利用率高、灵活多样、占地少、造价低和美化环境的优点。一般设在景园绿地的各种广场边、道路对景处或结合建筑、游廊、围墙、挡土墙等灵活布置。根据具体环境情况，可作直线形、曲线形或弧形，其断面形式有单面和双面，也有平面和立体等。

（3）景墙有隔断、导游、衬景、装饰等作用，墙的形式很多，根据材料、断面的不同，有高矮、曲直、虚实、光洁、有檐与无檐等形式。

（4）具有特色的景窗门沿，不仅有组织空间、采光和通风的作用，还能为景园增添景色。园窗有什锦窗和漏花窗两类，什锦窗是在墙上连续布置各种不同形状的窗框，用以组织园林框景。漏花窗类型很多，从材料上分为瓦、砖、玻璃、扁钢、钢筋混凝土等，主要用于园景的装饰和漏景。园门有指示导游和点景装饰的作用，一个好的园门往往给人以"引人入胜""别有洞天"的感觉。

（5）栏杆主要起防护、分隔和装饰美化的作用，坐凳式栏杆还可供游人休息。栏杆在景园绿地中不宜多设，即使设置也不宜过高，应该把防护、分隔的作用巧妙地与美化装饰结合起来。常用的栏杆材料有钢筋混凝土、石、铁、砖、木等，石制栏杆粗壮、坚实、朴素、自然；钢筋混凝土栏杆可预制装饰花纹，经久耐用；铁栏杆少占面积，布置灵活，但易锈蚀。

（6）花格广泛地用于漏窗、花格墙、屋脊、室内装饰和空间隔断等。根据造花格的材料和花格的不同功能，可分为砖花格、瓦花格、琉璃花格、混凝土花格、水磨石花格、木花格、竹花格和博古架等。

（7）雕塑有表现景园意境、点缀装饰风景、丰富游览内容的作用，大致可分为纪念性雕塑、主题性雕塑、装饰性雕塑三类。在现代环境中，雕塑逐渐被运用在景园绿地的各个领域中。除单独的雕塑外，还用于建筑、假山和小型设施，如塑成仿树皮、竹材的混凝土亭，仿树干的灯柱，仿树桩的圆凳，仿木板的桥，仿石的踏步，仿花草的各种装饰性栏杆窗花，以及塑成气势磅礴的狮山、虎山等。

除以上七种游憩建筑设施外，园林中还有花池、树池、饮水池、花台、花架、瓶饰、果皮箱、纪念碑等小品。

二、服务类

风景园林中的服务性建筑包括餐厅、酒吧、茶室、小吃部、接待室、小宾馆、小卖部、摄影部、售票房等。这类建筑虽然体量不大，但与人们密切相关，融使用功能与艺术造景于一体，在园林中起着重要作用。

（一）饮食业建筑

近年来，餐厅、食堂、酒吧、茶室、冷饮、小吃部等设施在风景区和公园内已逐渐成为一项重要的设施，该服务设施在人流集散、功能要求、服务游客、建筑形象等方面对景区有很大影响。

（二）商业性建筑

商店或小卖部、购物中心，主要提供游客用的物品和糖果、香烟、水果、饼食、饮料、土特产、手工艺品等，同时为游人创造一个休息、赏景之所。

（三）住宿建筑

规模较大的风景区或公园多设一个或多个接待室、招待所，甚至宾馆等，主要供游客住宿、赏景。

（四）摄影部、票房

摄影部、票房主要是供应照相材料、租赁相机、展售风景照片和为游客室内外摄影，同时可以扩大宣传，起到一定的导游作用。票房是公园大门或外广场的小型建筑，也可作为园内分区收票的集中点，常和亭廊组合一体，兼顾管理和游憩的需要。

三、公用类

公用类主要包括电话、通讯、导游牌、路标、停车场、存车处、供电及照明、供水及排水设施、供气供暖设施、标志物及果皮箱、饮水站、厕所等。

（一）导游牌、路标

在园林各路口设立标牌，协助游人顺利到达游览地点，尤其在道路系统较复杂、景点丰富的大型园林中，还起到点景的作用。

（二）停车场、存车处

停车场和存车处是风景区和公园必不可少的设施，为了方便游人，这类设施常和大门入口结合在一起，但不应占用门外广场的空间。

（三）供电及照明

供电设施主要包括园路照明，造景照明，生活、生产照明，生产用电，广播宣传用电，游乐设施用电等。园林照明除了创造一个明亮的环境，满足夜间游园活动，节日庆祝活动及保卫工作等要求以外，还是创造现代化景观的手段之一。近年来，国内的芦笛岩、伊岭岩、善卷洞、张公洞以及国外的"会跳舞的喷泉"等，均突出地体现了园景用电的特点。园灯是园林夜间的照明设施，白天具有装饰作用，因此各类园灯在灯头、灯柱、柱座（包括接线箱）的造型上，光源选择上，照明质量和方式上，都应有一定的要求。园灯造型不宜烦琐，可有对称与不对称、几何形与自然形之分。

（四）供水与排水设施

风景园林中的用水有生活用水、生产用水、养护用水、造景用水和消防用水，水源包括：引用原河湖的地表水；利用天然涌出的泉水；利用地下水；直接用城市自来水或设深井水泵吸水。给水设施一般有水井、水泵（离心泵、潜水泵）、管道、阀门、龙头、窑井、储水池等。消防用水为单独体系，有备无患。景园造景用水可设循环设施，以节约用水。水池还可和风景园林绿化养护用水结合，做到一水多用。山地园和风景区应设分级扬水站和高位储水池，以便引水上山，均衡使用。

风景园林绿地的排水主要靠地面和明渠排水，暗渠、埋设管线只是局部使用。为了防止地表冲刷，需固坡及护岸，常采用固方、护土筋、水簸箕、消力阶、消力池、草坪护坡等措施。为了将污水排出，常使用化粪池、污水管渠、集水窑井、检查井、跌水井等设施。管渠排水体系有雨、污分流制，雨、污合流制，地面及管渠综合排水等。

（五）厕所

园厕是维护环境卫生不可缺少的，既要有其功能特征且外形美观，又不能喧宾夺主，要求有较好的通风、排污设备，应具有自动冲水和卫生用水设施。

四、管理类

（一）大门、围墙

大门在风景园林中应突出醒目，给游人留下深刻的第一印象。依各类风景园林不同，大门的形象、内容、规模有很大差别，可分为柱墩式、牌坊式、屋宇式、门廊式、墙门式、门楼式，以及其他形式的大门。

（二）其他管理设施

办公室、广播站、宿舍食堂、医疗卫生、治安保卫、温室凉棚、变电室、垃圾污水处理场等。

第三节　风景园林建筑设计的艺术问题

风景园林艺术是多元化的、综合的、空间多维性的艺术，它包含听觉艺术、视觉艺术；动的艺术、静的艺术；时间艺术、空间艺术；表现艺术、再现艺术以及实用艺术等。此外，风景园林艺术与绘画、音乐、舞蹈等艺术形式欣赏的地点及方式不同，可以不受空间限制，创作所用的物质材料可以是有生命的，其他艺术形式则不能。与其他艺术形式相同的是，风景园林艺术创作具备艺术家本人的创作个性，涉及艺术家本人的思维、意境、灵感、艺术造诣、世界观、审美观、阅历、表现技法等多个方面。风景园林的设计、建造过程伴随着结构、材料、工艺、种植等技术，且周期较长，这使风景园林的艺术创作有其自身特点，主要包括如下几点。

一、风景园林艺术的根源——美与自然美

风景园林艺术的根本是"美"，脱离了艺术原则中的美，风景园林艺术就失去了其在环境中的意义。"美"本身就是一个极其复杂的概念，在《美和美的创造》一书中对"美"有这样的解释："美是一种客观存在的社会现象，它是人类通过创造性的劳动实践，把具有真和善品质的本质力量在对象中实现出来，从而使对象成为一种能引起爱慕和喜悦感情的观赏形象，就是美。"可见，美中包含着客观世界（大自然）、人的创造和实践、人的思想品质及诱发人视觉和感知的外在形象。

人对美的认识来自对美的心理认识——美感，美感因社会、阶层、民族、时代、地区及联想力、功利要求等的不同而不同，基于此，对景园艺术的复杂性、多元化的认识也应先从美的特征来把握。自然美是一切美的源泉，风景园林产生于自然，风景园林的美来自人们对自然美的发现、观察、认识和提炼，因此风景园林艺术的根源在于对自然美的挖掘和创造。

二、风景园林艺术中的意境——心理场写意

风景园林艺术的表现除风景园林空间造型的外在形式外，更重要的是它像山水画艺术及文学艺术那样使人得到心理的联想和共鸣而产生意境。明朝书画家董其昌说过："诗以山川为境，山川亦以诗为境"，吸取自然山川之美的园林艺术既可"化诗为景"，又可使人置身其中触景生情，从而引发人的诗、画联想。从以下古诗句中可以感受诗人对风景园林意境的描述：

"独照影时临水畔，最含情处出墙头"（吴融：杏花）；

"好傍翠楼装月色，枉随红叶舞秋声"（罗邺：芦花）；

"繁华事散逐香尘，流水无情草自春。日暮东风怨啼鸟，落花犹似坠楼人"（杜牧：金谷园）。

从以上诗句的描述可见，人们对风景园林意境的感受多数是由心理感受引发的，由景及物、由物及人、由人及情，欣赏者的心理感受多以个人为主体，相对于设计者而言，应注意景园环境中心理的设计与定位，以便引发欣赏者的"意境"感受。意境的产生应由景园提供一个心理环境，刺激主体产生自我观照、自我肯定的愿望，并在审美过程中完成这一愿望，表现在实际中，对意境的感知是直觉的、瞬间产生的"灵感"，因此在风景园林艺术中，意境的创造应尊重欣赏者的心理变化，而不单是设计师的构思与想象。

下面以风景园林中植物景观设计为例，从环境心理学角度分析什么样的植物景观设计是令人满意的，从人的心理需求角度来看有如下特点。

（一）安全性

在个人化的空间环境中，人需要占有和控制一定的空间领域。心理学家认为，领域不仅提供相对的安全感和便于沟通的信息，还表明占有者的身份和对所占领域的权利象征。领域性作为

环境空间的属性之一，古已有之，无处不在。园林植物配置设计应该尊重人的这种个人空间，使人获得稳定感和安全感。比如，古人在家中围墙的内侧常常种植芭蕉，芭蕉无明显主干，树形舒展柔软，不易攀爬，种在围墙边上，既增加了围墙的厚实感，又可防止小偷爬墙而入。又如，私人庭院里常见的绿色屏障，既起到与其他庭院的分割作用，对家庭成员来说又起到暗示安全感的作用，通过绿色屏障实现了家庭各自区域的空间限制，从而使人获得相关的领域性。

（二）实用性

古代的庭院最初就是经济实用的果树园、草药园或菜圃，在现今的许多私人庭园或别墅花园中仍可以看到硕果满园的风光，或是有田园气息的菜畦，更有懂得精致生活的人，自己动手进行园艺操作，在家中的小花园里种上芳香保健的草木花卉。其实，无论家中庭园还是外面的绿地，每一种绿地类型的植物功能都应该是多样化的，不仅有以游赏、娱乐为目的的，还有游人使用、参与以及生产防护功能的，使人获得满足感和充实感。冠荫树下的树坛增加了坐凳就能让人多一些休息的场所；草坪开放就可让人进入活动；设计花园和园艺设施，游人就可以动手参与园艺活动；用灌木作为绿篱有多种功能，既可把大场地细分为小功能区和空间，又能挡风和降低噪音，隐藏不雅的景致，形成视觉控制，低矮的观赏灌木还可使人们接近欣赏它们的形态、花、叶、果。

（三）宜人性

在现代社会中，植物景观只局限于经济实用功能是不够的，它还必须是美的、动人的、令人愉悦的，必须满足人们的审美需求以及人们对美好事物热爱的心理需求。单株植物有它的形体美、色彩美、质地美、季相变化美等；丛植、群植的植物通过形状、线条、色彩、质地等要素的组合以及合理的尺度，加上不同绿地背景元素（铺地、地形、建筑物、小品等）的搭配，既可美化环境，为景观设计增色，又能让人在无意识的审美感觉中调节情绪、陶冶情操。反之，抓住这些微妙的心理审美过程，会对怎样创造一个符合人内在需求的环境起到十分重要的作用。

（四）私密性

私密性可以理解为个人对空间可接近程度的选择性控制。人对私密空间的选择可以表现为一个人独处，希望按照自己的愿望支配自己的环境，或几个人亲密相处不愿受他人干扰，或反映个人在人群中不求闻达、隐姓埋名的倾向。在竞争激烈、匆匆忙忙的社会环境中，特别是在繁华的城市中，人类极其向往拥有一块远离喧嚣的清静之地。这种要求在家庭的庭院、花园里容易得到满足，在大自然的绿地中也可以通过植物设计来得到满足。植物设计是创造私密性空间最好的自然要素，设计师考虑人对私密性的需要，并不一定就是设计一个完全闭合的空间，但在空间属性上要对空间有较为完整和明确的限定。一些布局合理的绿色屏障或分散排列的树就可以提供私密，在植物营造的静谧空间中，人们可以读书、静坐、交谈、私语。

（五）公共性

正如人类需要私密空间一样，有时也需要自由开阔的公共空间。环境心理学家曾提出社会向心与社会离心的空间概念，园林绿地也可分绿地向心空间和绿地离心空间。前者如城市广场、公园、居住区中心绿地等，广场上要设置冠荫树，公园草坪要尽量开放，草坪不能一览无余，要有遮阳避雨的地方，居住区绿地中的植物品种要尽量选择观赏价值较高的观叶、观花、观果植物等。这些设计思路都是倾向于使人相对聚集，促进人与人之间的相互交往，进而去寻求更丰富的信息。

在园林绿地中，私密空间和公共空间的界定也是一个相对的概念。绿地离心空间如医院绿地、图书馆绿地、车站广场绿地等专类附属绿地，这些绿地的植物配置就要体现简洁、沉稳的特征，倾向于互相分离、较少或不进行交往。在这样的绿地中，人们总是希望减少环境刺激，保护"个人空间"及"人际距离"的不受侵犯。因此，在对植物景观设计的过程中要充分考虑这些空间属性与人的关系，从而使人与环境达到最佳的互适状态。比如，在车站的出入口和广场上可以利用标志性的植物景观，加强标志和导向的功能，使人产生明确的场所归属感；在医院可以利用植物对不同病区进行隔离，并利用植物的季相变化和色彩特征营造不同类型的休息区。

在许多古典风景园林中，意境的体现与发掘并非是以设计师当时的设想而建造，往往是后人游居其中有感而发所致，这也是今天设计师在追求和创造风景园林意境时应注意的一个问题。

三、风景园林的基本艺术特征表现

（一）动态之美

中国古代工匠喜欢把生气勃勃的动物形象用到艺术上去，这比起希腊就有很大的不同。希腊建筑上的雕刻多半用植物叶子构成花纹图案，中国古代雕刻却用龙、虎、鸟、蛇这一类生动的动物形象，至于植物花纹，直到唐代以后才逐渐兴盛起来。在汉代，不但舞蹈、杂技等艺术十分发达，绘画、雕刻也都栩栩如生。图案画常常由云彩、雷纹和翻腾的龙构成，雕刻也常是雄壮的动物，还要加上两个能飞的翅膀。《文选》中有一些描写当时建筑的文章，描写当时城市宫殿建筑的华丽，看来似乎只是夸张，只是幻想。其实不然，从地下坟墓中发掘出来的实物材料和颜色华美的古代建筑的点缀品可以看出《文选》中的那些描写是有现实根据的。《文选》中王文考作的《鲁灵光殿赋》告诉人们，这座宫殿内部的装饰不但有碧绿的莲蓬和水草等，还有许多飞动的动物形象：有飞腾的龙，有愤怒的奔兽，有红颜色的鸟雀，有张着翅膀的凤凰，有转来转去的蛇，有伸着颈子的白鹿，有伏在那里的小兔子，有抓着椽在互相追逐的猿猴……不但有动物，还有一群胡人，带着愁苦的样子，眼神憔悴，面对面跪在屋架的某一个危险的地方，上面则有神仙、玉女，"忽瞟眇以响象，若鬼神之仿佛。"在做了这样的描写之后，作者总结道："图画天地，品类群生，杂物奇怪，山神海灵，写载其状，托之丹青，千变万化，事各胶形，随色象类，曲得其情。"不但建筑内部的装饰，就是整个建筑形象也着重表现一种动态，中国建筑特有的"飞檐"就起这种作用。反映在风景园林建筑上，多采用飞檐翘角的形式，尤其是建在高处的亭、楼或水边的榭等园林建筑，簇拥在随风摇动的绿树中，伴着飒飒的风声，展翅欲飞。根据《诗经》的记载，周宣王时的建筑已经像一只野鸡伸翅在飞（《斯干》），可见中国的建筑很早就趋向于飞动之美了。

（二）空间之美

建筑和园林的艺术处理是处理空间的艺术。老子曾说："凿户牖以为室，当其无，有室之用。"室之用是指利用室中之"无"，即空间。从上面的介绍可知，中国古代风景园林是很发达的，如北京故宫三大殿的旁边就有三海，郊外还有圆明园、颐和园等，这是皇家园林。即便是普通的民居一般也有天井、院子，这也可以算作一种小小的园林。例如，郑板桥这样描写一个院落："十笏茅斋，一方天井，修竹数竿，石笋数尺，其地无多，其费亦无多也。而风中雨中有声，日中月中有影，诗中酒中有情，闲中闷中有伴，非唯我爱竹石，即竹石亦爱我也。彼千金万金造园亭，或游宦四方，终其身不能归享。而吾辈欲游名山大川，又一时不得即往，何如一室小景，有情有味，历久弥新乎？对此画，构此境，何难敛之则退藏于密，亦复放之可弥六合也。"（《板桥题画竹石》）由此我们可以看出，这个小天井，给了郑板桥丰富的感受，空间随着心中的意境可敛可放，是流动变化的，是虚幽而丰富的。

宋代郭熙论山水画时说："山水有可行者，有可望者，有可游者，有可居者。"（《林泉高致》）可行、可望、可游、可居，这也是传统风景园林艺术的基本理念和要求，园林中的建筑要满足居住的要求，使人有地方休息，但它不仅是为了居住，还必须可游、可行、可望。"望"是视觉传达的需要，一切美都是"望"，都是欣赏。除了"游"可以发生"望"的作用外（颐和园的长廊不但引导我们"游"，而且引导我们"望"），"住"同样要"望"。比如，窗子并不单是为了透空气，也是为了能望出去，望到一个新的境界，获得美的感受。窗子在园林建筑艺术中起着很重要的作用，有了窗子，内外就发生交流，窗外的竹子或青山，经过窗子的框望去，就是一幅画。

颐和园的乐寿堂差不多四边都是窗子，周围的粉墙列着许多建筑中的窗，面向湖景，每个窗子都等于一幅小画（李渔所谓"尺幅窗，无心画"），而且同一个窗子，从不同的角度看出去，景色都不相同。这样，画的境界就无限地增多了，走廊、窗子以及一切楼、台、亭、阁，都是为了"望"，都是为了得到和丰富对空间的美的感受。颐和园有个匾额，叫"山色湖光共一楼"，是指这个楼把一个大空间的景致都吸收进来了，左思《三都赋》中"八极可围于寸眸，万物可齐于一朝"以及苏轼诗中"赖有高楼能聚远，一时收拾与闲人"就是这个意思。颐和园还有个亭子叫"画中游"，并不是说这亭子本身就是画，而是说这亭子外面的大空间好像一幅大画，你进了这亭子，也就进入到这幅大画之中。古希腊人对庙宇四围的自然风景似乎还没有发现，他们多半把建筑孤立起来欣赏。古代中国人就不同，他们总要通过建筑物，通过门窗，接触大自然，如"窗含西岭千秋雪，门泊东吴万里船"（杜甫），诗人从一个小房间通到千秋之雪、万里之船，也就是从一门一窗体会到无限的空间、时间。

为了丰富空间的美感，园林建筑就要采用种种手法来布置空间、组织空间、创造空间，如借景、分景、隔景等。其中，借景又有远借、邻借、仰借、俯借、镜借等。总之，是为了丰富对景。

玉泉山的塔，从远处看，好像是颐和园的一部分，这是"借景"。苏州留园的冠云楼可以远借虎丘山景，拙政园在靠墙处堆一假山，上建"两宜亭"，把隔墙的景色尽收眼底，突破围墙的局限，这也是"借景"。颐和园的长廊，把一片风景隔成两个，一边是近于自然的广大湖山，一边是近于人工的楼台亭阁，游人可以两边眺望，丰富了美的印象，这是"分景"。《红楼梦》中的大观园运用园门、假山、墙垣等，形成园中的曲折多变，境界层层深入，像音乐中不同的音符一样，使游人产生不同的情调，这也是"分景"。颐和园中的谐趣园，自成院落，另辟一个空间，是另一种趣味，这种大园林中的小园林，叫作"隔景"。对着窗子挂一面大镜，把窗外大空间的景致照入镜中，成为一幅发光的"油画"，"隔窗云雾生衣上，卷幔山泉入镜中"（王维诗句），"帆影都从窗隙过，溪光合向镜中看"（叶令仪诗句），这就是所谓"镜借"了。"镜借"是凭镜借景，使景映镜中，化实为虚（苏州怡园的面壁亭处境偏仄，乃悬一大镜，把对面的假山和螺髻亭收入境内，扩大了境界），园中凿池映景，亦此意。无论是借景、对景、还是隔景、分景，都是通过布置空间、组织空间、创造空间、扩大空间的种种手法，丰富美的感受，创造艺术意境。中国园林艺术在这方面有特殊的表现，它是理解中华民族的美感特点的一个重要领域。概括说来，当如沈复所说的："大中见小，小中见大，虚中有实，实中有虚，或藏或露，或浅或深，不仅在周回曲折四字也"（《浮生六记》），这也是中国除风景园林建筑外其他艺术的特征。

（三）风景园林艺术的造型规律

风景园林艺术总的来讲属于造型艺术的范畴，日本的高原荣重认为"园林是造型艺术中的形象艺术"，因此风景园林艺术在造型上也符合一般的造型规律。

（1）多样统一律。这是形式美的基本法则，体现在风景园林艺术中有形体组合、风格与流派、图形与线条、动态与静态、形式与内容、材料与肌理、尺度与比例、局部与整体等的变化与统一。

（2）整齐一律。风景园林中为取得庄重、威严、力量与秩序感，有时采用行道树、绿篱、廊柱等来体现。

（3）参差律。参差律与整齐一律相对，有变化才丰富，有章法与变化才有艺术性，风景园林中通过景物的高低、起伏、大小、前后、远近、疏密、开合、浓淡、明暗、冷暖、轻重、强弱等变化来取得景物的这一变化。

（4）均衡律。风景园林艺术在空间关系上存在动态均衡和静态均衡两种形式。

（5）对比律。通过形式和内容的对比关系可以突出主题，强化艺术感染力。景园艺术在有限的空间内要创造出鲜明的视觉艺术效果，往往运用形体、空间、数量、动静、主次、色彩、虚实、光彩、质地等对比手法。

（6）谐调律。协调与和谐是一切美学所具有的规律，风景园林中有相似协调，近似协调，整体与局部协调等多种形式。

（7）节奏与韵律。风景园林空间中常采用连续、渐变、突变、交错、旋转、自由等韵律及节奏来取得如诗如歌的艺术境界。

（8）比例与尺度。风景园林讲究"小中见大""形体相宜"等效果，也须符合造型中比例与尺度的规律。

（9）主从律。在风景园林组景中有主有次，空间才有秩序，主题才能突出，尤其在大型的综合的多景区、多景点风景园林处理中更应遵循这一艺术原则。

（10）整体律。设计中应保持风景园林形体、结构、构思与意境等多方面的完整性。

（四）风景园林艺术的法则

风景园林艺术是在人类追求美好生存环境与自然长期斗争中发展起来的，它涉及社会及人文传统、绘画与文学艺术、人的思想与心理，在不同的时代和环境中最大限度地满足人们对环境意象与志趣的追求，因而风景园林艺术在漫长的发展过程中形成了自己的艺术法则和指导思想，主要体现在以下几个方面。

（1）造园之始、意在笔先。风景园林追求意境，以景代诗，以诗意造景，抒发人们内心的情怀，在设计风景园林之前，就应先有立意，再行设计建造。不同的人、不同的时代，有不同的意境追求，反映了主人对人生、自然、社会等不同的定位与理解，体现了主人的审美情趣与艺术修养，从许多风景园林的取名可见一斑，如"拙政园""怡园""寄畅园"等。

（2）相地合宜、构图得体。《园冶》相地篇主张"涉门成趣""得影随形"，构园时水、陆的比例为"约十亩之地，须开池者三……余七分之地，为垒土者四……"不能"非其地而强为其地"，否则只会"虽百般精巧，却终不相宜"。

（3）巧于因借、因地制宜。中国古典风景园林的精华就是"因借"二字，因者，就地审势之意，借者，景不限内外，所谓"晴峦耸秀，绀宇凌空；极目所至，俗则屏之，嘉则收之，不分町疃，尽为烟景……"通过因时、因地借景的做法，大大超越了有限的风景园林空间。

（4）欲扬先抑、柳暗花明。这也是东西方风景园林艺术的区别之一，西方的几何式风景园林开朗明快、宽阔通达、一目了然，符合西方人的审美心理；东方人因受儒家学说的影响，崇尚"欲露先藏，欲扬先抑"及"山重水复疑无路，柳暗花明又一村"的效果，故而在风景园林艺术处理上讲究含蓄有致、曲径通幽、逐渐展示、引人入胜。

（5）开合有致、步移景异。风景园林在空间上通过开合收放、疏密虚实的变化，给游人带来心理起伏的律动感，在序列中有宽窄、急缓、闭敞、明暗、远近的区别，在视点、视线、视距、视野、视角等方面反复变换，使游人有步移景异，渐入佳境之感。

（6）小中见大、咫尺山林。前面提到风景园林因借的艺术手法，可扩大风景园林空间，小中见大，是调动内景诸多要素之间的关系，通过对比、反衬，形成错觉和联想，合理利用比例和尺度等形式法则，以达到扩大有限空间、形成咫尺山林的效果。正如《园冶》所述，园林应"纳千顷之汪洋，收四时之烂漫""蹊径盘且长，峰峦秀而古，多方景胜，咫尺山林……"

（7）文景相依、诗情画意。中国传统风景园林的艺术性还体现在其与文字诗画的有机结合上，"文因景成、景借文传"，只有文、景相依，景园才有生机，才充满诗情画意。中国风景园林中题名、匾额、楹联随处可见，以诗、史、文、曲咏景者则数不胜数。

（8）虽由人作，宛自天开。中国风景园林因借自然、堆山理水，可谓顺天然之理，应自然之规，仿效自然的功力称得上"巧夺天工"。正如《园冶》中所述："峭壁贵于直立；悬崖使其后坚。岩、峦、洞、穴之莫穷，涧、壑、坡、矶之俨是；信足疑无别境，举头自有深情"。另有"欲知堆土之奥妙，还拟理石之精微。山林意味深求，花木情缘易逗。有真有假，做假成真……"古人正是在研究了自然之美，探索了这一自然规律之后才悟出风景园林艺术的真谛，这是中国古典风景园林最重要的艺术法则与特征。

第四节 风景园林建筑设计的技术与经济问题

一、风景园林建筑的结构与构造

中国传统的园林建筑多采用木构框架结构，建筑的重量是由木构架承受的，墙不承重，木构架由屋顶、屋身的立柱及横梁组成，是一个完整的独立体系，等同于现代的框架结构，中国有句谚语"墙倒屋不塌"，生动地说明了这种结构的特点（图2-2）。

图2-2 传统建筑的房屋结构

（一）中国传统风景园林建筑的屋顶

中国传统风景园林建筑的外观特征主要表现在屋顶上，屋顶的形式不同，体现出的建筑风格就不同，常见的屋顶形式有如下几种。

（1）硬山：屋面檩条不悬出于山墙之外。

（2）悬山（挑山、出山）：檩条皆伸出山墙之外，其端头上钉搏风板，屋顶有正、垂脊或无正脊的卷棚。

（3）歇山：双坡顶四周加围廊，共有九脊：一条正脊、四条垂脊、四条戗脊。

（4）庑殿：屋面为四面坡，共有五脊：一条正脊、四条与垂脊成45°斜直线的斜脊。若正脊向两端推击使斜直线呈柔和的曲线形，则称推山庑殿。

（5）卷棚：在正脊位置上不做向上凸起的屋脊，而用圆形瓦片联结成屋脊状，使脊部呈圆弧形，称为卷棚。

（6）攒尖顶：屋顶各脊由屋角集中到中央的小须弥座上，其上饰以宝顶，攒尖顶有单、重、三重檐等之分，平面形式有三角、四角、多角及圆攒尖等。

（7）十字脊顶：四个歇山顶正脊相交成十字，多用于角楼。

（8）盝顶：与攒尖顶相似，屋顶各脊汇交于宝顶，戗脊呈曲线形。

其他还有囤顶、草顶、穹隆顶、圆拱顶、单坡顶、平顶、窝棚等。另外，少数民族如傣族、藏族等的屋顶也颇有特色。

（二）风景园林建筑的结构与构造特征

1. 风景园林建筑常用的结构形式

（1）抬梁式。抬梁式也称叠梁式，就是屋瓦铺设在椽上，椽架在檩上，檩承在梁上，梁架承受整个屋顶的重量再传到柱上，就这样一个抬着一个（图2-3）。抬梁式构架的好处是室内空间很少用柱（甚至不用柱），结构开敞稳重，屋顶的重量巧妙地落在檩梁上，然后再经过主立柱传到地上。这种结构用柱较少，由于承受力较大，柱子的耗料比较多，流行于北方，大型的府第及宫廷殿宇大都采用这种结构。

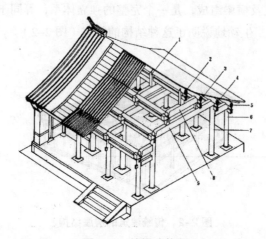

图2-3　抬梁式构架

（2）穿斗式。穿斗式又称立帖式，直接以落地木柱支撑屋顶的重量，柱间不施梁而用穿枋联系，以挑枋承托出檐（图2-4）。穿斗式结构柱径较小，柱间较密，应用在房屋的正面会限制门窗的开设，但应用在屋的两侧可以加强屋侧墙壁（山墙）的抗风能力。其用料较小，选用木料的成材时间也较短，选材施工都较为方便，在季风较多的南方一般都使用这种结构。由于竖架较灵活，竹架棚亦会采用这种结构。

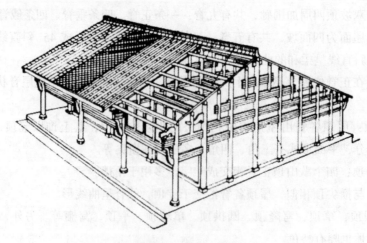

图2-4　穿斗式构架

穿斗式和抬梁式有时会同时应用（抬梁式用于中跨，穿斗式用于山面），发挥各自的优势，还有一些其他非主流的结构，如井干式、密梁平顶式等，它们分别适应不同的地域和气候。

（3）斗拱。在大型木构架建筑的屋顶与屋身的过渡部分，有一种我国古代建筑所特有的构件，称为斗拱。它是由若干方木与横木垒叠而成，用以支挑深远的屋檐，并把其重量集中到柱子上，用来解决垂直和水平两种构件之间的重力过渡。斗拱是我国封建社会中森严等级制度的象征和重要建筑的尺度衡量标准。

一个斗拱由两块小小的木头组成，一块像弯起的弓，一块像盛米的斗，但就是这两块小小的木头托起了整个中华民族的建筑，成为中国传统古建筑艺术最富创造性和最有代表性的部分（图2-5）。

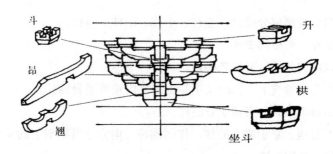

图2-5 斗拱的构成

斗拱的组合一点也不复杂，斗上置拱，拱上置斗，斗上又置拱，重复交迭，千篇一律，却千变万化，让人眼花缭乱。清代工部的《工程做法则例》足足用13卷的篇幅来列举30多种斗拱的形式，但这种高深莫测的结构，实际上还有更多的变化，因为斗拱本身是一种"作法"，在被定型为"格式"之前，一直都在因不同的需要而自由组合。

斗拱在我国古代建筑中不但在结构和装饰方面起着重要作用，而且在制定建筑各部分和各种构件的大小尺寸时，都以它作为度量的基本单位。比如，坐斗上承受昂翘的开口称为斗口，标准坐斗开口的宽度称为"斗口"。

斗拱在我国历代建筑中的发展演变非常显著，可以作为鉴别建筑年代的一个主要依据。早期的斗拱主要作为结构构件，体积宏大，近乎柱高的一半，充分显示出在结构上的重要性和气派。唐、宋时期的斗拱还保持这个特点，但到明、清时期，它的结构功能逐渐减弱，外观也日趋纤巧，原来的杠杆组织最后沦为檐下的雕刻。虽然斗拱仍旧是中国建筑最有代表性的部分，但却无可奈何地走到了尽头。

2. 风景园林建筑屋顶的主要构造

（1）卷棚：在外观上，屋顶没有正脊，脊部做成圆弧形，梁架上支承的檩是双数的，其结构做法是将一根脊檩分为两根顶檩，当脊檩为一根时，则张开的屋脊由笞脊做成。

卷棚在南方称为"轩"，即房屋前出廊的顶上用薄板做成卷曲弧形开花，因为顶成圆卷形的天棚，所以才带上"卷棚"两字。

其主要做法是先用椽子弯成林拱架，然后沿此在椽子上钉上薄板即成，也有不用薄板而用薄薄的望砖直接搁在木拱架上，望砖涂上白灰，衬托着红褐色的木拱架椽子，非常生动美观。

卷棚是园林建筑，常用于廊、厅堂、亭内的装修，用来表达简洁素雅、轻快的气氛，不像天花板那样庄严。

（2）枋：枋的种类主要有额枋、平板枋等。额枋是加强柱与柱之间的联系，并能承重的构件，断面近1:1，大多置于柱顶，位于柱脚处的称地袱。为强化联系，有时两根枋叠用，上面的叫大额彷，下面的叫小额枋，上下间用垫板封填。平板枋位于额枋之上，是承托斗拱之横梁，其下为额枋，相互间用暗销联结。

（3）桁与檩。大木作称为桁，小木作称为檩，依部位可分为脊、上金、中金、下金、正心、挑檐桁。

（4）柱。按结构所处部位分檐柱、金柱、中柱、山柱、童柱。

①檐柱。檐下最外一列柱称檐柱。

②金柱。檐柱以内的各柱，又称老檐柱。

③中柱。在纵向正中轴线上，同时又不是山墙之内顶着屋脊的柱。

④山柱。位于山墙正中处一直到屋脊的柱。

⑤童柱。下端不着地，立于梁上的柱，作用同柱。南方建筑梁架上的童柱常做成上下不等截面的梭杀，如瓜状，又称瓜柱。

二、风景园林建筑的市政设施及设备技术

涉及风景园林建筑的市政设施及设备技术有很多，如消防、防火、给水、排水、供电、照明系统及各种服务保障设施等。

（一）消防与防火

传统的风景园林建筑虽为木构架结构，但大多位于风景秀丽的山水之间，建筑密度很小，江南小型园林建筑虽然呈群体布局且密度较大，但多绕水而建，一旦发生火灾可就近取水灭火，因此大多没有专门的消防措施，现存的较大型的风景园林建筑由当地管理部门配备了灭火器等消防设施，可基本满足其消防需要。

对新建的仿古式风景园林建筑和现代风景园林建筑，则按现行消防要求和防火规范进行设计和建造，一般的风景园林建筑大多离水源较近且建筑密度较小，因此因火灾而损毁的情况很少。

（二）供电与照明

供电系统与照明设施是现代风景园林建筑的重要组成部分，与一般民用建筑的规划设计有相同之处，也有其自身的要求。

1.供电所（室）的选址

（1）应接近供电区域的负荷或网络中心，进、出线方便。

（2）尽量不设置在有剧烈震动的场所及易燃易爆物附近。

（3）不设置在地势低洼及潮湿地区。

（4）交通运输方便，且游人不易接触到的区域。

2. 供电线路

（1）基于景观效果及安全的需求，供电线路如电缆等一般不应架空敷设，宜用埋地敷设方式，埋地敷设方式多采用预制管或电缆沟、道敷设。

（2）供电线路应采取保护措施，如采用铠装电缆、塑料护套电缆等，对于特殊地段如有腐蚀性、振动、压力等情况的还应采取相应的措施。

（3）沿同一路径敷设的电缆根数不多于8根。

（4）直埋电缆之间与各种设施平行或交叉的净距不小于以下规定，如表2-3所示。

表2-3　直埋电线与各种设施平行或交叉的净距

项　目	敷设条件	
	平行时 /m	交叉时 /ra
建筑物、构筑物基础	0.5	
电杆	0.6	
乔木	1.5	
灌木丛	0.5	
10 KV 以上电力电缆之间	0.25（0.1）	0.5（0.25）
10 KV 及以下电力电缆之间，以及与控制电缆之间	0.1	0.5（0.25）
通讯电缆	0.5（0.1）	0.5（0.25）
热力管沟	2.0	（0.5）
水管、压缩空气管	1.0	0.5（0.25）
铁路（平行时与轨道、交叉时与轨底，电气化铁路除外）	3.0	1.0
道路（平行时与路边，交叉时与路面）	1.5	1.0
排水明沟（平行时与沟边，交叉时与沟底）	1.0	0.5

3. 照明设计

风景园林中的照明主要是为园路设置的，照明线都是从变电和配电所引出一路专用干线至灯具配电箱，再从配电箱引出多路支线至各条园路线路上。路灯的线路长度一般控制在1 000 m 以内，以便减小线路末端的电压损失，提高经济性。若超过1 000 m，宜在支线上设置分配电箱。

园林中的路灯形式很多，一般分为杆式道路灯、柱式庭院灯、短柱式草坪灯及各种异型灯等。风景园林中使用的杆式道路照明灯，高度一般为 5 ~ 10 m，采用线性布置，间距一般为 10 ~ 20 m。柱式庭院灯应用广泛，布置灵活，高度一般为 3 ~ 5 m，间距一般为 3 ~ 6 m。短柱式草坪灯形式多样，装饰性强，因此在风景园林中随处可见，高度一般为 0.5 ~ 1 m，间距一般为 1 ~ 3 m。以上路灯形式及间距均可在实际应用中根据设计的需要进行调整。关于风景园林中照明灯具的式样及设计将在后面的章节中做进一步的叙述。

（三）给水与排水

1. 风景园林中的给水

选择给水水源，应先满足水质良好、水量充沛、便于防护的要求。城市中的园林可直接从就近的城市给水管网接入，而城市外的风景名胜区，可优先选用地下水，然后是河、湖、水库的水。城市中风景园林给水系统的主要功能之一就是灌溉，灌溉系统是园艺生产最重要的设施。实际上，对于所有的园艺生产，采取何种灌溉方式会直接关系到产品的生产成本和作物的质量，进而关系到生产者的经济利益。

目前，在切花生产中普遍使用的灌溉方式大致有三种，即漫灌、喷灌和滴灌，近年国外又发展了"渗灌"，下面将介绍前面的三种灌溉方式。

（1）漫灌。这是一种传统的灌溉方式。目前，我国大部分花卉生产者采用了这种方式。漫灌系统主要由水源、动力设备和水渠组成。首先用水泵将水自水源地送至主水渠，其次分配到各级支渠，最后送入种植畦内。一般浇水量以漫过畦面为止，也有生产者用水管直接将水灌入畦中。

漫灌是水资源利用率最低的一种灌溉方式。第一，用这种方式无法准确控制灌水量，不能根据作物的需水量灌水。第二，一般水渠，尤其是支渠，是人工开挖的土渠，当水在渠中流过时，就有相当一部分水通过水渠底部及两壁渗漏损失掉了。第三，灌水时，水漫过整个畦面并浸透表土层，全部的土壤孔隙均被水充满而将其中的空气排掉，植物根系在一定时期内就会处在缺氧状态，无法正常呼吸，这必然影响植物整体的生长发育。第四，在连续多次的漫灌以后，畦内的表土层会因沉积作用而变得越来越"紧实"，这就破坏了表土层的物理结构，使土壤的透气性和透水性越来越差。第五，漫灌还使作物根系活动层内的土壤盐渍度均匀增加，如果淋洗不充分，灌水频率低或土壤蒸发量大，则土壤盐渍度（特别是土壤表层）随灌水间隔时间的加长而增加。

总之，漫灌是效果差、效率低、耗水量大的一种较陈旧的灌溉方式。随着现代农业科学技术的发展，漫灌将逐渐被淘汰。

（2）喷灌。喷灌系统可分为移动式喷灌和固定式喷灌两种。移动式喷灌系统用于切花生产的保护地。这种"可行走"的喷灌装置能完全自动控制，可调节喷水量、灌溉时间、灌溉次数等，其价格高，安装较复杂，使用这种系统将增加生产成本，但效果好。

固定式喷灌系统较移动式应用更为普遍，且有多种形式。固定式喷灌装置的购置及安装费用比较低，且操作管理比移动式喷灌要简单，灌溉效果很好，所以很受生产者欢迎。

根据栽培作物的种类和生产目的不同，喷灌装置的应用也不同。比如，在通过扦插繁殖的各种作物的插条生产中，一般要求通过喷雾控制环境湿度，以使插条不萎蔫，这样有利于作物尽快生根。在这种情况下，需要喷出的水呈雾状，水滴越细越好，而且喷雾间隔时间较短，每次喷雾的时间为十几或几十秒。比如，切花菊插条的生产，在刚刚扦插时，每隔 3 分钟喷雾 12 秒以保持插条不失水，有时还在水中加入少量肥分，以使插条生根健壮，称为"营养雾"。在生产切花时，不要求水滴很细，只要喷洒均匀，水量合适即可。

一个喷灌系统的设计和操作，首先应注意使喷水速率略低于土壤或基质的渗水速率；其次，每次灌溉的喷水量应等于或稍小于土壤（或基质）的最大持水力，这样才能避免地面积水或破坏土壤的物理结构。

喷灌较之漫灌有很多优越性。第一，喷水量可以人为控制，使生产者对灌溉情况心中有数；第二，避免了水的浪费，同时使土壤或基质灌水均匀，不至局部过湿，对作物生长有利；第三，在炎热季节或干热地区，喷灌可以增加环境湿度，降低温度，从而改善作物的局部生长环境，所以有人称之为"人工降雨"。

（3）滴灌。一个典型的滴灌系统由蓄水池（槽）、过滤器、水泵、肥料注入器、输入管线、滴头和控制器等组成。一般利用河水、井水等滴灌系统时都应设计水池，但如果使用量大或使用时间过长，则供水网内易产生水垢及杂质堵塞现象。因此，在滴灌系统运行中，清洗和维护过滤器是一项十分重要的工作。

使用滴灌系统进行灌溉时，水分在根系周围土壤的分布情况与漫灌大不相同。滴灌系统直接将水分送到作物的根区，其供水范围如同一个大水滴，将作物的根系"包围"起来，这样的集中供水，大大提高了水的利用率，减少了灌溉水的用量，又不影响作物根系周围土壤的气体交换。除此之外，使用滴灌技术的优越性还有：第一，可维持较稳定的土壤水分状况，有利于作物生长，进而可提高农产品的产量和品质；第二，可有效地避免土壤板结；第三，由于大大地减少了水分通过土壤表面的蒸发，土壤表层的盐分积累明显减少；第四，滴灌通常与施肥结合起来进行，施入的肥料只集中在根区周围，这在很大程度上提高了化肥的使用效率，减少了化肥用量，不但可以降低作物的生产成本，而且减少了环境污染。

从目前中国的水资源状况以及人口和经济发展前景来看，有必要大力提倡在农业生产中首先是在园艺生产中使用滴灌技术。在我国很多大中城市及其周围地区，地下水位下降的趋势已十分明显，在这些地区的蔬菜和花卉等园艺生产中都推广使用滴灌技术，将会有效地节约农业生产用水，有利于保护这些地区的地下水资源。

我国目前对滴灌技术的研究与应用尚不够普及，可先引进其他先进国家的设备和技术。世界上灌溉技术较先进的国家是美国和以色列，如以色列的耐特菲姆灌溉公司生产的全球最先进的滴灌设备，其研制和生产的滴头有几十个品种，能在各种水质和不同条件下使用。

2.风景园林中的排水

（1）污水分类。污水按其来源和性质一般可分为以下三类。

①生活污水。生活污水是来自办公生活区的厨房、食堂、厕所、浴室等人们在日常生活中使用过的水，一般含有大量的有机物和细菌。生活污水必须经过适当处理，使其水质得以改善后方可排入水体或用以灌溉农田。

②生产污水。生产污水是景区内的工厂、服务设施排出的生产废水，水质受到严重污染有时还含有毒害物质。

③降水。降水是地面上径流的雨水和冰雪融化水，降水的特点是历时集中，水量集中，一般较清洁，可不经处理用明沟或暗管直接导排水体或作为景区水景水源的一部分。

（2）排水系统的组成和体制。排水系统主要由污水排水系统和雨水排水系统组成。其中，污水排水系统由室内卫生设备和污水管道系统、室外污水管道系统、污水泵站及压力管道、污水处理与利用构筑物、排入水体的出水口等组成，雨水排水系统由房屋的雨水管道系统和设备、景区雨水管渠系统、出水口、雨水口等组成。

对生活污水、生产污水和雨水所采用的汇集排放方式，称作排水系统的体制。排水系统的体制通常有分流制和合流制两种类型。

①分流制排水系统。生活污水、生产污水、雨水用两个或两个以上排水管道系统汇集与输送的排水系统，称为分流制排水系统。有时公园里的分流制排水系统仅设污水管道系统，不设雨水管道，雨水沿地面、道路边沟排入天然水体。分流制有利于环境卫生的保护及污水的综合利用。

②合流制排水系统。将污水和雨水用同一管道系统进行排除的体制，称为合流制排水系统。合流制排水系统的优点是合流制管道排水断面增大，总长度较分流制少30%～40%，从而降低了管道投资费用；暴雨期间管道可得到冲洗，养护方便；污、雨水合用一管道，有利于施工。合流制排水的缺点是由于管道断面较大，晴天污水流量很小，往往产生污物淤积管道现象，影响环境卫生；混合污水综合利用较困难，现在新建工程中多不采用合流制排水系统。

（3）排水方式。污、雨水管道在平面上可布置成树枝状，并顺地面坡度和道路由高处向低处排放，尽量利用自然地面或明沟排水，减少管道埋深和费用。常用的排水方式有以下几种。

①利用地形排水。通过竖向设计将谷、涧、沟、地坡、小道顺其自然适当加以组织划分排水区域，就近排入水体或附近的雨水干管，可为国家节省工程投资。利用地形排水，地表种植草皮，最小坡度为5%。

②明沟排水。主要指土明沟，也可在一些地段视需要砌砖、石或混凝土明沟，其坡度不小于4%。

③管道排水。将管道埋于地下，有一定坡度，通过排水构筑物等排出。公园里一般采用明沟与管道组成的混合排水方式。

在我国，园林绿地的排水主要采用地表及明沟排水的方式，暗管排水只是局部的地方采用，仅作为辅助性的排水方式。这不仅仅是出于经济上的考虑，而且有实用意义，并易与园景取得协调，如北京颐和园万寿山石山区、上海复兴岛公园，几乎全部用明沟排水。但采用明沟排水应结合当地的地形情况因势利导，做成一种浅沟式的，沟中也有一些植物。这种浅沟开工对穿越草坪的幽径尤其适合，但在人流集中的活动场所，为交通安全和保持清洁起见，明沟可局部加盖。园林中水的规划安排不是单纯的排水，还有理水的问题，将洼地溪涧稍加浚理，结合地形理成相互贯通的水系，蓄水成景，丰富园景，即为理水。

（4）地表径流的排除。为使雨水在地表形成的径流能及时理导与排除，但又不能造成流速过大而冲蚀地表土，导致水土流失，应综合考虑水系安排和地形的处理。

竖向规划设计应结合理水综合考虑地形设计。首先，控制地面坡度，避免径流速度过大，而引起地表冲刷。当坡度大于 8% 时，应检查是否会产生冲刷，如果产生冲刷则应采取加固措施。同一坡度（即使坡度不大）的坡面不宜延伸太长，应有起伏变化，使地面坡度陡缓不一，避免地表径流冲刷到底，造成地表及植被破坏。其次，利用顺等高线的盘道谷线等组织拦截，整理组织分散排水，并在局部地段配合种植设计，安排种植灌木及草皮进行护坡。

第三章　风景园林建筑设计的构思与表达

第一节　建筑设计的特点与要求

风景园林建筑作为建筑的类型之一，其设计方法在很大程度上与建筑设计具有相同的特点，所以对风景园林建筑的认识要从建筑设计开始。

一、建筑设计的职责范围

建筑设计应包括方案设计、初步设计和施工图设计三大部分，即从业主或建设单位提出建筑设计任务书一直到交付建筑施工单位进行施工的全过程。这三部分在相互联系、相互制约的基础上有着明确的职责划分，其中方案设计作为建筑设计的第一阶段，担负着确立建筑的设计思想、意图，并将其形象化的职责，它对整个建筑设计过程所起的作用是开创性和指导性的。初步设计与施工图设计是在此基础上逐步落实其经济、技术、材料等物质需求，是将设计意图逐步转化成真实建筑的重要阶段。由于方案设计突出的作用与学生在校的情况特点以及高等院校的优势特点相契合，学生所进行的建筑设计的训练更多地集中于方案设计，其他部分的训练则主要通过业务实践完成，风景园林专业学生在风景园林建筑设计方面的学习也是如此。

二、建筑设计的特点与要求

建筑设计作为一个全新的学习内容完全不同于制图及表现技法训练，与形态构成训练甚至园林设计比较也有本质的区别。方案设计的特点可以概括为五个方面，即创作性、综合性、双重性、过程性和社会性。

（一）创作性

所谓创作是与制作相对照而言的，制作是指因循一定的操作技法，按部就班的造物活动，其特点是行为的可重复性和可模仿性，如建筑制图、工业产品制作等；而创作属于创新创造范畴，所依赖的是设计主体丰富的想象力和灵活开放的思维方式，其目的是以不断的创新，完善和发展其工作对象的内在功能或外在形式，这些是重复、模仿等制作行为所不能替代的。典型的创作行为有文学创作、美术创作等。

建筑设计的创作性是人（设计者与使用者）及建筑（设计对象）的特点属性所共同要求的。一方面，设计师面对的是多种多样的建筑功能和千差万别的地段环境，必须表现出充分的灵活开放性才能够解决具体的矛盾与问题；另一方面，人们对建筑形象和建筑环境有着高品质和多样性的要求，只有依赖设计师的创新意识和创造能力才能够把属于纯物质层次的材料设备转化为具有一定象征意义和情趣格调的真正意义上的建筑。人们对风景园林建筑在创造丰富的室内外空间环境上的要求比一般建筑高得多，这就要求建筑设计特别是风景园林建筑设计作为一种高尚的创作活动，其创作主体要具有丰富的想象力和较高的审美能力、灵活开放的思维方式以及勇于克服困难、挑战权威的决心与毅力。对初学者而言，创新意识与创作能力应该是其专业学习训练的目标。

（二）综合性

建筑设计是一门综合性学科，除了建筑学外，还涉及结构、材料、经济、社会、文化、环境、行为、心理等众多学科内容。风景园林建筑设计也是一样，而且对环境及心理等学科内容的要求比其他类型的建筑设计更深入。所以，对于设计者来说，必须对相关学科有充分的认识与把握，方能胜任这项工作，方能游刃有余地驰骋于建筑的创作之中。

另外，风景园林建筑的类型是多种多样的，有居住、商业、办公、展览、纪念、交通建筑等，如此纷杂多样的功能需求我们不可能通过有限的课程设计训练做到一一认识、理解并掌握。因此，一套行之有效的学习和工作方法尤其重要。

（三）双重性

与其他学科相比较，思维方式的双重性是建筑设计思维活动的突出特点。建筑设计过程可以概括为"分析研究——构思设计——分析选择——再构思设计……"如此循环发展的过程，设计师在每一个"分析"阶段（包括前期的条件、环境、经济分析研究和各阶段的优化分析选择）所运用的主要是分析概括、总结归纳、决策选择等基本的逻辑思维方式，以此确立设计与选择的基础依据；而在各"构思设计"阶段，设计师主要运用的是形象思维，即借助于个人丰富的想象力和创造力把逻辑分析的结果发挥表达成为具体的建筑语言——三维乃至四维空间形态。因此，建筑设计的学习训练必须兼顾逻辑思维和形象思维两个方面，不可偏废。在建筑创作中，如果弱化逻辑思维，建筑将缺少存在的合理性与可行性，成为名副其实的空中楼阁；反之，如果忽视了形象思维，建筑设计则丧失了创作的灵魂，最终得到的只是一具空洞乏味的躯壳。

（四）过程性

人们认识事物需要一个由浅入深、循序渐进的过程，需要投入大量人力、物力、财力，关系国计民生的建筑工程设计更不可能是一时一日之功。它需要科学、全面地分析调研，深入大胆地思考想象；需要不厌其烦地听取使用者的意见；需要在广泛论证的基础上优化选择方案；需要不断地推敲、修改、发展和完善。整个过程中的每一步都是互为因果、不可缺少的，只有如此，才能保障设计方案的科学性、合理性与可行性。虽然大部分风景园林建筑不像一些大型建筑那样投入巨大，但在保证其功能与艺术性的同时，仍然要注意其科学性与合理性。

（五）社会性

尽管不同设计师的作品有着不同的风格特点，从中反映出设计师个人的价值取向与审美爱好，并由此成为建筑个性的重要组成部分；尽管建筑业主往往是以经济效益为建设的重要乃至唯一目的，但建筑从来都不是私人的收藏品。不管是私人住宅还是公共建筑，从它破土动工之日起就已具有了广泛的社会性，已成为自然环境和城市空间的一部分，人们无论喜欢与否都必须与之共处，它对人的影响（正反两个方面）是客观实在的和不可回避的。建筑的社会性要求设计师的创作活动既不能像画家那样只满足于自我陶醉、随心所欲，也不能像开发商那样唯利是图、崇尚拜金主义。建筑设计必须综合平衡建筑的社会效益、经济效益与个性特色三者的关系，努力寻找一个可行的结合点，只有这样，才能创作出尊重环境、关怀人性的优秀作品。而风景园林建筑的社会效益往往要强于其经济效益，因此风景园林建筑设计要从以人为本和尊重环境出发，重视它的社会性，创造出适合人们需要（物质和精神）的风景园林建筑。

三、建筑设计的方法

在现实的建筑创作中，设计方法是多种多样的，针对不同的设计对象与建设环境，不同的设计师会采取不同的方法与对策，并带来不同的甚至是完全对立的设计结果。因此，在确立设计方法之前，我们有必要对现存的各种设计方法及其建筑观念有比较理性的认识，以利于自己设计方法的探索并逐步确立设计风格。

具体的设计方法可以大致归纳为"先功能后形式"和"先形式后功能"两大类。

一般而言，建筑方案设计的过程大致可以划分为任务分析、方案构思和方案完善三个阶段，其顺序过程不是单向的、一次性的，需要多次循环往复才能完成。"先功能后形式"与"先形式后功能"两种设计方法都遵循这一过程，即经过前期任务分析阶段，系统深入地了解设计对象的功能环境，才开始方案的构思，然后逐步完善。两者的最大差别主要体现为方案构思的切入点与侧重点的不同。

"先功能"是以平面设计为起点，重点研究建筑的功能需求，当确立比较完善的平面关系之后再将建筑功能转化成空间形象。这样直接"生成"的建筑造型可能是不完美的，为了进一步完善建筑造型需对平面做相应的调整，直到满意为止。"先功能"的优势在于：其一，由于功能环境要求是具体而明确的，与造型设计相比，从功能平面入手更易于把握、易于操作，因此对初学者最为适合；其二，因为功能满足是方案成立的首要条件，从平面入手优先考虑功能势必有利于尽快确立方案，提高设计效能。"先功能"的不足之处在于：由于空间形象设计处于滞后被动位置，可能会在一定程度上制约建筑形象的创造性发挥。

"先形式"是从建筑的体型环境入手进行方案的设计构思，重点研究空间与造型，当确立一个比较满意的形体关系后，再来填充完善功能，并对体型进行相应的调整，如此循环往复，直到满足要求为止。"先形式"的优点在于：设计者可以与功能等限定条件保持一定的距离，更益于个人丰富想象力与创造力的自由发挥，从而创造富有新意的空间形象。"先形式"的缺点是：由于后期的"填充"、调整工作有相当的难度，对于功能复杂、规模较大的项目有可能会事倍功半，甚至无功而返。因此，该方法比较适合于功能简单、规模不大、造型要求高、设计者又比较熟悉的建筑类型，要求设计者具有相当的设计功底和设计经验，初学者一般不宜采用。

需要指出的是，上述两种方法并非截然对立，对于那些具有丰富经验的设计师来说，二者甚至是难以区分的。当设计师先从形式切入时，会时时注意以功能调节形式，而当首先着手于平面的功能研究时，则同时迅速地构思着可能的形式效果，最后可能是在两种方式的交替探索中找到一条完美的途径。

对风景园林建筑来说，由于其功能并不复杂，设计师经常采用"先形式"的设计方法。但需要指出的是，应用这种方法应该避免陷入形式主义的误区。所谓形式主义是指在建筑设计中，为了片面追求空间形象而不惜牺牲基本的功能环境需求，甚至完全无视功能环境的存在，把建筑创作与纯形态设计等同起来。它的危害是十分明显的，因为该方法在主观上完全否定了功能和环境的价值，背离了科学严肃的建筑观与设计观，把建筑设计引向玩世不恭、随心所欲和个人标榜。若此风盛行，对初学者的学习培养是极其有害的。因此，从风景园林建筑设计的入门阶段起，我们就应该抵制并坚决反对形式主义的设计方法与设计观念。

第二节　风景园林建筑设计的任务

明确设计任务是建筑方案设计的第一阶段工作，其目的是通过对设计要求、地段环境、经济因素和相关规范资料等重要内容系统、全面的分析研究，为方案设计确立科学依据。在风景园林建筑的方案设计中，对周围环境（包括自然和人文环境）的分析研究尤为重要。

一、设计要求的分析

设计要求主要是以建筑设计任务书的形式出现的，包括物质要求（功能空间要求）和精神要求（形式特点要求）两个方面。

（一）功能空间的要求

1.个体空间。一般而言，一个具体的建筑是由若干功能空间组合而成的，各个功能空间都有其明确的功能需求，为了准确了解把握对象的设计要求，我们应对各个主要空间进行必要的分析研究，具体内容包括以下几点。

（1）体量大小。具体功能活动所要求的平面大小与空间高度（三维）。

（2）基本设施要求。对应特有的功能活动内容确立家具、陈设等基本设施。

（3）位置关系。自身地位以及与其他功能空间的联系。

（4）环境景观要求。对声、光、热及景观朝向的要求。

（5）空间属性。明确其是私密空间还是公共空间，是封闭空间还是开放空间。

以住宅的起居室为例，它是会客、交往和娱乐等居家活动的主要场所，其体量不宜小于

3 m×4 m×2.7 m（平面不小于 12 m²，高度不小于 2.7 m），以满足诸如组合沙发、电视机、陈列柜等基本家具陈设的布置。它作为居住功能的主体内容，应处于住宅的核心位置，并与餐厅、厨房、门厅及卫生间等功能空间有着密切的联系，要求有较好的日照朝向和景观条件。相对住宅其他空间而言，客厅应属于公共空间，多为开放性空间处理。

2.整体功能关系。各功能空间是相互依托、密切关联的，它们依据特定的内在关系共同构成一个有机整体。我们常常用功能关系框图形象地把握并描述这一关系，据此反映出如下内容。

（1）相互关系分为主次、并列、序列和混合关系。

对策方式：表现为树枝、串联、放射、环绕或混合等组织形式。

（2）密切程度分为密切、一般、很少和没有。

对策方式：体现为距离上的远近以及直接、间接或隔断等关联形式。

（二）形式特点要求

建筑类型特点。不同类型的建筑有不同的性格特点。例如，纪念性建筑给人的印象往往是庄重、肃穆和崇高的，只有如此才足以寄托人们对纪念对象的崇敬仰慕之情；而居住建筑体现的是亲切、活泼和宜人的特点，这是居住环境应具备的基本品质。因此，我们必须准确地把握建筑的类型特点。大多数风景园林建筑由于其自身的特点是活泼的、亲切的，有时还是热闹的，所以在设计时应充分运用各种建筑设计手段体现风景园林建筑的性格特征。

使用者个性特点。除了对建筑的类型进行充分的分析研究以外，还应对使用者的职业、年龄及兴趣爱好等个性特点进行必要的分析研究。例如，同样是别墅，艺术家的情趣要求可能与企业家有所不同；同样是活动中心，老人活动中心与青少年活动中心在形式与内容上也会有很大的区别。又如，有人喜欢安静，有人偏爱热闹；有人喜欢简洁明快，有人偏爱曲径通幽；有人喜欢气派，有人偏爱平和等，不胜枚举。只有准确地把握使用者的个性特点，才能创作出为人们所接受并喜爱的建筑作品。

二、环境条件的调查分析

环境条件是建筑设计的客观依据（风景园林建筑尤其如此），通过对环境条件的调查分析，可以很好地把握、认识地段环境的质量水平及其对建筑设计的制约影响，分清哪些条件因素是应充分利用的，哪些条件因素是可以通过改造而得以利用的，哪些因素又是必须进行回避的。具体的调查研究应包括地段环境、人文环境和城市规划设计条件三个方面。

（一）地段环境

1.气候条件。温度、日照、干湿、降雨、降雪和风的情况。

2.地质条件。地质构造是否适合工程建设，有无抗震要求。

3.地形地貌。是平地、丘陵、山林还是水畔，有无树木、山川湖泊等地貌特征。

4.景观朝向。自然景观资源及地段日照朝向条件。

5.周边建筑。地段内外相关建筑状况（包括现有及未来规划的）。

6.道路交通。现有及未来规划道路及交通状况。

7. 城市区位。城市的空间方位及联系方式。

8. 市政设施。水、暖、电、讯、气、污等管网的分布及供应情况。

9. 不利条件。相关的空气污染、噪声污染和不良景观的方位及状况。

据此，我们可以得出对该地段比较客观、全面的环境质量评价，以及在设计过程中可以利用和应该避免的环境要素，同时建立场所空间感。

（二）人文环境

1. 城市性质规模：是政治、文化、金融、商业、旅游、交通、工业城市还是科技城市；是特大、大型、中型还是小型城市。

2. 地方风貌：特色文化风俗、历史名胜、地方建筑。

人文环境为创造富有个性特色的空间造型提供必要的启发与参考，风景园林建筑应特别注重人文环境的发现和利用，使风景园林建筑能够具有人文艺术特色，突出风景园林建筑的特点。

（三）城市规划设计条件

该条件是由城市管理职能部门依据法定的城市总体发展规划提出的，其目的是从城市宏观角度对具体的建筑项目提出若干控制性限定与要求，以确保城市整体环境的良性运行与发展。主要内容有以下几点。

1. 后退红线限定。为了满足所临城市道路（或邻建筑）的交通、市政及日照景观要求，限定建筑物在临街（或邻建筑）方向后退用地红线的距离，它是该建筑的最小后退指标。

2. 建筑高度限定建筑有效层檐口高度，它是该建筑的最大高度。

3. 容积率限定地面以上总建筑面积与总用地面积之比，它是该用地的最大建设密度。

4. 绿化率要求用地内绿化面积与总用地面积之比，它是该用地的最小绿化指标。

5. 停车量要求用地内停车位总量（包括地上、地下），它是该项目的最小停车量指标。城市规划设计条件是建筑设计所必须严格遵守的重要前提条件之一。

三、经济技术因素分析

经济技术因素是指建设者所能提供用于建设的实际经济条件与可行的技术水平，它是确立建筑的档次质量、结构形式、材料应用及设备选择的决定性因素，是除功能、环境之外影响建筑设计的第三大因素。风景园林建筑所涉及的建筑规模一般较小，而且与自然环境的关系极其密切。因此，在设计风景园林建筑的过程中，对于经济技术的分析要以对自然环境的尊重和保护为前提条件，坚决反对无视自然环境、只从经济技术角度出发的风景园林建筑设计。

四、相关资料的调研与搜集

学习并借鉴前人正反两个方面的实践经验，了解并掌握相关规范制度，既是避免走弯路、走回头路的有效方法，也是认识熟悉各类型建筑的最佳捷径。因此，为了学好建筑设计，必须学会收集和使用相关资料。结合设计对象的具体特点，资料的搜集调研可以在第一阶段一次性完成，也可以穿插于设计之中，有针对性地分阶段进行。

（一）实例调研

调研实例的选择应本着性质相同、内容相近、规模相当、方便实施并体现多样性的原则，调研的内容包括一般技术性了解（设计构思、总体布局、平面组织和空间造型）和使用管理情况调查（对管理使用两方面的直接调查）两部分。最终调研的成果应以图、文形式尽可能详尽而准确地表达出来，形成一份永久性的参考资料。

（二）资料搜集

相关资料包括建筑设计规范资料和优秀设计图文资料两个方面。

建筑设计规范是为了保障建筑物的质量水平而制定的，设计师在设计过程中必须严格遵守这一具有法律意义的强制性条文，在课程设计中同样应做到熟悉、掌握并严格遵守。影响最大的设计规范有日照规范、消防规范和交通规范。

优秀设计图、文资料的搜集与实例调研有一定的相似之处，只是前者是在技术性了解的基础上侧重于实际运营情况的调查，后者仅限于对建筑总体布局、平面组织、空间造型等的技术性了解，但简单方便和资料丰富是后者的最大优势。

以上所着手的任务分析可谓内容繁杂、头绪众多，工作起来也比较单调枯燥，并且随着设计的进展会发现，有很大一部分工作成果并不能直接运用于具体的方案之中。我们之所以必须坚持认真细致、一丝不苟地完成这项工作，是因为虽然在此阶段不清楚哪些内容有用（直接或间接）哪些无用，但是应该懂得只有对全部内容进行深入系统地调查、分析、整理，才可能获取所有至关重要的信息资料。

第三节　风景园林建筑设计的构思

完成第一阶段后，我们对设计要求、环境条件及前人的实践已有了比较系统全面的了解与认识，并得出了一些原则性的结论，在此基础上可以开始方案的设计，这一阶段又可称为构思阶段，本阶段的具体工作包括设计立意、方案构思和多方案比较。

一、设计立意

如果把设计比喻为作文，那么设计立意就相当于确定文章的主题思想。设计立意作为方案设计的行动原则和境界追求，其重要性不言而喻。

严格地讲，存在着基本和高级两个层次的设计立意，前者是以指导设计，满足最基本的建筑功能、环境条件为目的；后者则在此基础上通过对设计对象深层意义的理解与把握，谋求把设计推向一个更高的境界水平。对于初学者而言，设计立意不应强求定位于高级层次。

评判一个设计立意的好坏，不仅要看设计者认识把握问题的立足高度，还应该判别它的现实可行性。例如，要创作一幅名为《深山古刹》的画，至少有三种立意选择，或表现山之

"深"，或表现寺之"古"，或"深"与"古"同时表现，可以说这三种立意均把握住了该画的本质所在。但通过进一步分析我们发现，三者中只有一种是能够实现的，山之"深"是可以通过山脉的层叠曲折得以表现的，而寺庙之"古"是难以用画笔来描绘的，第三种亦难实现了。在此，"深"就是它的最佳立意（至于采取怎样的方式手段体现其"深"，则是"构思"阶段应解决的问题了）。在确立立意的思想高度和现实可行性上，许多建筑名作的创作给了我们很好的启示。

例如，流水别墅。它的立意追求的不是一般意义视觉上的美观或居住的舒适，而是要让建筑融入自然、回归自然，谋求与大自然进行全方位对话作为别墅设计的最高境界追求，它的具体构思从位置选择、布局经营、空间处理到造型设计，无不是围绕着这一立意展开的。

又如，法国朗香教堂。它的立意定位在"神圣"与"神秘"的创造上，认为这是一个教堂所体现的最高品质。也正是先有了对教堂与"神圣""神秘"关系的深刻认识，才有了朗香教堂随意的平面，沉重翻卷的深色屋檐、倾斜或弯曲的洁白墙面、耸起的形状、奇特的采光井以及大小不一、形状各异、深邃的洞窗……由此构成了这一充满神秘色彩和神圣光环的旷世杰作。

再如，中山市岐江公园的场地原是中山著名的粤中造船厂。特定历史背景下，几代人艰苦的创业历程在这里沉淀为真实而弥足珍贵的城市记忆。因此，其立意设计就是保留那些被岁月侵蚀得面目全非的旧厂房和机器设备，并且用新的设计手段将它们重新塑造，以便满足新的功能和审美需求。

阐述如何进行设计立意也是设计风景园林建筑的出发点和需要慎重对待的重要内容。

二、风景园林建筑设计构思

风景园林建筑设计方案构思是设计过程中至关重要的一个环节。设计立意侧重于观念层次的理性思维，并呈现为抽象语言。方案构思则是借助于形象思维的力量，在立意的理念思想指导下，把第一阶段分析研究的成果落实成为具体的建筑形态，由此完成了从物质需求到思想理念再到物质形象的质的转变。

以形象思维为突出特征的方案构思依赖的是丰富多样的想象力与创造力，它所呈现的思维方式不是单一的、固定不变的，而是开放的、多样的和发散的，是不拘一格的，因而常常是出乎意料的。

想象力与创造力不是凭空而来的，除了平时的学习训练外，充分的启发与适度的形象"刺激"是必不可少的。比如，可以通过多看（资料）、多画（草图）、多做（草模）等方式达到刺激思维、促进想象的目的。

形象思维的特点决定了具体方案构思的切入点必然是多种多样的，可以从功能入手，从环境入手，也可以从结构及经济技术入手，由点及面，逐步发展，形成一个方案的雏形。

（一）从环境特点入手进行方案构思

富有个性特点的环境因素如地形地貌、景观朝向及道路交通等均可成为方案构思的启发点和切入点。风景园林建筑（无论是位于自然景区还是城市景观中）更多地适用于这种环境方案构思方法。

例如，流水别墅在认识并利用环境方面堪称典范。该建筑选址于风景优美的熊跑溪边，建筑周围溪水潺潺、树木浓密，两岸层层叠叠的巨大岩石构成其独特的地形、地貌。赖特在处理建筑与景观的关系上，不仅考虑了对景观利用的一面——使建筑的主要朝向与景观方向相一致，成为一个理想的观景点，而且有着增色环境的更高追求——将建筑置于溪流瀑布之上，为熊跑溪平添了一道新的风景。他利用地形高差，把建筑主入口设于一、二层之间，缩短了室内上下层的联系。最为突出的是，流水别墅富有构成韵味（单元体的叠加）的独特造型与溪流两岸层叠有秩、棱角分明的岩石形象有着显而易见的因果联系，真正体现了有机建筑的思想精髓。

在华盛顿美术馆东馆的方案构思中，地段环境尤其是地段形状起到了举足轻重的作用。该用地呈楔形，位于城市中心广场东西轴北侧，其楔底面对新古典式的国家美术馆老馆（该建筑的东西向对称轴贯穿新馆用地）。在此，严谨对称的大环境与非规则的地段形状构成了尖锐的矛盾冲突。设计者紧紧把握地段形状的突出特点，选择了两个三角形拼合的布局形式，使新建筑与周边环境衔接得天衣无缝，具体分析如下：其一，建筑平面形状与用地轮廓呈平行对应关系，形成建筑与地段环境最直接有力的呼应；其二，将等腰三角形（两个三角形中的主体）与老馆置于同一轴线之上，并在其间设一过渡性雕塑（圆形）广场，从而确立了新老建筑之间的真正对话，由此而产生雕塑般有力的体块形象、简洁明快的虚实对比。

（二）从具体功能特点入手进行方案构思

更圆满、更合理、更富有新意地满足功能需求一直是建筑师所梦寐以求的，在具体设计实践中，具体功能往往是进行方案构思的主要突破口之一。

由密斯设计的巴塞罗那国际博览会德国馆之所以成为近现代建筑史上的一个杰作，功能上的突破与创新是主要原因之一。空间序列是展示建筑的主要组织形式，即把各个展示空间按照一定的顺序排列起来，以确保观众流畅连续地进行参观浏览。一般参观路线是固定的，也是唯一的，这在很大程度上制约了参观者自由选择浏览路线的可能。在德国馆的设计中，基于能让人们进行自由选择这一思想，密斯创造出了具有自由序列特点的"流动空间"，给人以耳目一新的感受。

同样是展示建筑，出自赖特之手的纽约古根海姆博物馆却有着完全不同的构思重点。由于用地紧张，该建筑只能建为多层，参观路线势必会因分层而打断。对此，设计者创造性地把展示空间设计为一个环绕圆形中庭缓慢旋转上升的连续空间，保证了参观路线的连续与流畅。

除了环境、功能，具体的任务需求特点、结构形式、经济因素乃至地方特色也可以成为设计构思可行的切入点与突破口。另外，需要特别强调的是，在具体的方案设计中，同时从多个方面（功能、环境、经济、结构）进行构思，寻求突破，或者是在不同的设计构思阶段选择不同的侧重点，如在总体布局时从环境入手，在平面设计时从功能入手等，都是最常用、最普遍的构思手段，这样能保证构思的深入和独到，避免构思流于片面、走向极端。

三、风景园林建筑设计的多方案比较

（一）多方案的必要性

多方案构思是建筑设计的本质反映。中学的教育内容与学习方式在一定程度上使我们形成了认识事物、解决问题的定式，即习惯于方法结果的唯一性与明确性。然而对于建筑设计而言，认识和解决问题的方式结果是多样的、相对的和不确定的。这是由于影响建筑设计的客观因素众多，在认识和对待这些因素时设计者任何细微的侧重都会导致方案对策的不同。只要设计者没有偏离正确的建筑观，所产生的任何不同方案就没有简单意义的对错之分，而只有优劣之别。

多方案构思也是建筑设计目的性所要求的。无论是对于设计者还是建设者，方案构思都只是一个过程而不是目的，其最终目的是取得一个尽善尽美的实施方案。然而，我们怎样去获得这样一个理想而完美的实施方案呢？我们知道，要求一个"绝对意义"的最佳方案是不可能的。因为在现实的时间、经济以及技术条件下，我们不具备穷尽所有方案的可能性，我们所能够获得的只能是"相对意义"上的，即在约束条件的"最佳"方案。因此，唯有多方案构思是实现这一目标的可行方法。

另外，多方案构思是民主参与意识所要求的。让使用者和管理者真正参与到建筑设计中来，是建筑以人为本这一追求的具体体现，多方案构思所伴随而来的分析、比较、选择过程使民主参与成为可能。这种参与不仅表现为评价选择设计者提出的设计成果，而且应该落实到对设计的发展方向乃至具体的处理方式提出质疑、发表见解，使方案设计这一行为活动真正担负起其应有的社会责任。

（二）多方案构思的原则

为了实现方案的优化选择，多方案构思应满足如下原则。

其一，应提出数量尽可能多、差别尽可能大的方案。如前所述，供选择方案的数量以及差异程度决定了方案优化水平的基本尺码：差异性保障了方案间的可比较性，而相当的数量则保障了科学选择所需要的足够空间范围。为了达到这一目的，我们必须学会从多角度、多方位审视题目，把握环境，通过有意识和有目的地变换侧重点实现方案在整体布局、形式组织以及造型设计上的多样性与丰富性。

其二，任何方案的提出都必须是在满足功能与环境要求的基础之上的，否则再多的方案也毫无意义。为此，我们在尝试过程中应对方案进行必要的筛选，随时否定那些不现实、不可取的构思，以避免时间、精力的无谓浪费。

（三）多方案的比较与优化选择

当完成多方案后，我们将展开对方案的分析比较，从多个方案中选择出理想的发展方案。分析比较的重点应集中在三个方面：其一，设计要求的满足程度是否满足基本的设计要求（功能、环境、结构等）是鉴别一个方案是否合格的基本标准，一个方案无论构思如何独到，如果不能满足基本的设计要求，也绝不可能成为一个好的设计；其二，比较个性特色是否突出，一个好的建筑（方案）应该是优美动人的，缺乏个性的建筑（方案）肯定是平淡乏味、难以打动人的，因此也是不可取的；其三，比较修改调整的可能性，虽然任何方案或多或少都会有一些缺点，但有的方案的缺陷尽管不是致命的，却是难以修改的。进行彻底的修改不是带来新的更大的问题，就是完全失去了原有方案的特色和优势，因此要对此类方案给予足够的重视，以防留下隐患。

第四节　风景园林建筑设计方案的表达

一、风景园林建筑设计的完善阶段

通过多方案比较确定的发展方案，虽然是选择出的最佳方案，但此时的设计还处在大想法、粗线条的层次上，某些方面还存在许多细节问题。为了达到方案设计的最终要求，还需要调整、深化、完善的过程。

（一）风景园林建筑设计方案的调整

方案调整阶段的主要任务是解决多方案分析、比较过程所发现的矛盾与问题，并弥补设计缺陷。发展方案无论是在满足设计要求，还是在具备个性特色方面已经有相当的基础，对它的调整应控制在适度的范围内，只限于对个别问题进行局部的修改与补充，力求不影响或改变原有方案的整体布局和基本构思，并能进一步提升方案水平。

（二）风景园林建筑设计方案的深入

完成方案调整阶段后，方案的设计深度仅限于确立一个合理的总体布局、交通流线组织、功能空间组织以及与内外相协调统一的体量关系和虚实关系。要达到方案设计的最终要求，还需要一个从粗略到细致刻画、从模糊到明确落实、从概念到具体量化的进一步深化过程。

深化过程主要通过放大图纸比例，由面及点，从大到小，分层次分步骤进行。风景园林建筑方案构思阶段的比例一般为 1:200 或 1:300，到方案深化阶段，其比例应放大到 1:100，甚至 1:50。

在此比例上，首先，应明确并量化建筑相关体系、构件的位置、形状、大小及其相互关系，包括结构形式、建筑轴线尺寸、建筑内外高度、墙及柱宽度、屋顶结构及构造形式、门窗位置及大小、室内外高差、家具的布置与尺寸、台阶踏步、道路宽度以及室外平台大小等具体内容，并将其准确无误地反映到平、立、剖及总图中。该阶段的工作还应包括统计并核对方案设计的技术经济指标，如建筑面积、容积率、绿化率等，如果发现指标不符合规定要求须对方案进行相应调整。

其次，应分别对平、立、剖及总图进行更为深入细致的推敲刻画。具体内容应包括总图设计中的室外铺地、绿化组织、室外小品与陈设，平面设计中的家具造型、室内陈设与室内铺地，立面图设计中的墙面、门窗的划分形式、材料质感及色彩光影等。

在方案的深入过程中，除了进行以上的工作外，还应注意以下几点：

第一，各部分的设计尤其是立面设计，应严格遵循一般形式美的原则，注意对尺度、比例、均衡、韵律、协调、虚实、光影、质感、色彩等原则规律的把握与运用，以确保取得理想的建筑空间形象。

第二，方案的深入过程必然伴随着一系列新的调整，除了各个部分内部需要适应调整外，各部分之间必然也会产生相互作用、相互影响，如平面的深入可能会影响立面与剖面的设计，立面、剖面的深入也会涉及平面的处理，对此应有充分的认识。

第三，方案的深入过程不可能是一次性完成的，需经历"深入——调整——再深入——再调整"的多次循环过程，这其中所体现的工作强度与工作难度是可想而知的。因此，要想完成一个高水平的方案设计，除了要求具备较高的专业知识、较强的设计能力、正确的设计方法以及极大的专业兴趣外，细心、耐心和恒心是其必不可少的素质品德。

二、风景园林建筑方案设计的表达

方案的表现是建筑方案设计的一个重要环节，方案表现是否充分，是否美观得体，不仅关系方案设计的形象效果，而且会影响方案的社会认可。依据目的性的不同，方案表现可以划分为设计推敲性表现与展示性表现两种。

（一）风景园林建筑设计推敲性表现

推敲性表现是设计师为自己所表现的，它是建筑师在各阶段构思过程中进行的主要外在性工作，是建筑师形象思维活动最直接、最真实的记录与展现。它的重要作用体现在两个方面：其一，在建筑师的构思过程中，推敲性表现可以以具体的空间形象刺激强化建筑师的形象思维活动，从而益于催化更为丰富生动的构思的产生；其二，推敲性表现的具体成果为设计师分析、判断、抉择方案构思确立了具体对象与依据。推敲性表现在实际操作中有如下几种形式。

1. 草图表现

草图表现是一种传统的但也是被实践证明行之有效的推敲表现方法，其特点是操作迅速而简洁，并可以进行比较深入的细部刻画，尤其擅长于对局部空间造型的推敲处理。

草图表现的不足在于它对徒手表现技巧有较高的要求，徒手表现技巧的限制决定了它有流于失真的可能，并且每次只能表现一个角度，在一定程度上制约了它的表现力。

2. 草模表现

与草图表现相比较，草模表现显得更为真实、直观而具体，充分发挥三维空间可以全方位进行观察之优势。草模表现对空间造型的内部整体关系及外部环境关系的表现能力尤为突出。

草模表现的缺点在于：受模型大小的制约，观察角度以"空对地"为主，过分突出了第五立面的作用，而有误导之嫌。另外，由于具体操作技术的限制，细部的表现有一定难度。

3. 计算机模型表现

近年来，随着计算机技术的发展，计算机模型表现又为推敲性表现增添了一种新的手段。计算机模型表现兼顾草图表现和草模表现的优点，在很大程度上弥补了它们的缺点。例如它既可以像草图表现那样进行深入的细部刻画，又能使其表现做到直观具体而不失真；它既可以全方位表现空间造型的整体关系与环境关系，又有效地杜绝了模型比例大小的制约等。

计算机模型表现的主要缺点是其必需的硬件设备要求较高，操作技术也有相当的难度。

4.综合表现

所谓综合表现，是指在设计构思过程中，依据不同阶段、不同对象的不同要求，灵活运用各种表现方式，以达到提高方案设计质量之目的。例如，在方案初始的研究布局阶段采用草模表现，以发挥其整体关系、环境关系表现的优势；而在方案深入阶段又采用草图表现，以发挥其深入刻画之特点等。

（二）风景园林建筑设计展示性表现

风景园林建筑设计展示性表现是指设计师针对阶段性的讨论，尤其是最终成果汇报所进行的方案设计表现。它要求该表现应具有完整明确、美观得体的特点，以保证把方案所具有的立意构思空间形象以及气质特点充分展现出来，从而最大限度地赢得评判者的认可。因此，对于展示性表现，尤其是最终成果表现，除了在时间分配上应予以充分保证外，还应注意以下几点。

1.绘制正式图前要有充分准备

绘制正式图前应完成全部设计工作，并将各图形绘出正式底稿，包括所有注字、图标、图题以及人、车、树等衬景。在绘制正式图时不再改动，以保障将全部力量放在提高图纸的质量上。应避免在设计内容尚未完成时，匆匆绘制草图，这样看起来好像加快了进度，但在画正式图时图纸错误的纠正与改动将远比绘制草图花费时间多，其结果会适得其反，既降低了速度，又影响了图纸的质量。

2.注意选择合适的表现方法

图纸的表现方法很多，如铅笔线、墨线、颜色线、水墨或水彩渲染及粉彩等，选择哪种方法，应根据设计的内容及特点而定。比如，绘制一幅高层住宅的透视图，则采用线条平涂颜色或采用粉彩比采用水彩渲染要合适。最初设计时，由于表现能力的制约，应采用一些比较基本的或简单的画法，如用铅笔或钢笔线条，平涂底色，然后将平面中的墙身、立面中的阴影部分及剖面中的被剖部分等局部加深，亦可将透视图单独用颜色表现。总之，表现方法的提高应按循序渐进的原则，先掌握比较容易的基本画法，之后再掌握复杂的和难度大的画法。

3.注意图面构图

图面构图应以易于辨认和美观悦目为原则，如一般习惯的看图顺序是从图纸的右上角向左下角移动，所以在考虑图形部位安排时，就要注意这个因素。又如，在图纸中，平面主要入口一般朝下，而不是按"上北下南"。其他加注字、说明等的书写亦均应做到清楚整齐，使人容易看懂。

图面构图还要讲求美观，影响图面美观的因素很多，包括图面的疏密安排，图纸中各图形的位置均衡，图面主色调的选择，树木、人物、车辆、云彩、水面等衬景的配置，以及标题、注字的位置和大小等。这些都应在事前有整体的考虑，或做出小的试样，进行比较。在考虑以上诸点时，要特别注意图面效果的统一问题，因为这是初学者容易忽视的，如衬景画得过碎过多，或颜色缺呼应、标题字体的形式、大小不当等，这些都是破坏图面统一的原因。总之，图面构图的安排也是一种锻炼，这种构图的锻炼有助于建筑设计的学习。

（三）风景园林建筑设计文字性表达

这里我们讲述的文字性表达是指一般方案设计的文字说明。文字说明是在方案设计的图面表达基础之上，将设计过程中的一些相关问题，特别是图纸无法完整表达的问题，通过语言文字的形式表达出来，以便能够更完整准确地表达设计者的设计意图。文字表达包括以下几点。

1. 设计依据。主要列举设计任务的相关规定、城市规划部门的相关规划、业主的设计任务要求、与设计相关的法律法规等。

2. 项目背景（工程概况）。要表达清楚项目名称、项目性质、项目所在地理位置、用地范围、自然条件、人文条件、设计定位、设计目标。

3. 设计指导思想。设计指导思想要有一定的高度，充分体现出设计的前瞻性和领先性，如"以人为本"为根本出发点、功能与形式的有机结合、科学性与艺术性的结合、时代感与历史文脉并重、整体的环境观。

4. 设计原则。设计原则应紧贴设计对象的实际情况，将设计的要求落到实处，如满足建筑使用功能要求的原则、满足人的心理需求的原则、满足形式美的原则、尽量实现艺术美的原则、满足文化认同的原则、满足结构的合理性的原则、与环境有机结合的原则。

5. 构思分析。将构思过程中的闪光点表达出来，如设计方案的灵感来源、设计的构思经过、方案的演变过程等。

6. 具体设计内容。充分而有条理地将总图设计、功能设计、空间设计、交通设计、造型设计、细部设计、技术设计等设计内容阐述出来。

7. 经济技术指标。应准确地将建筑面积、建筑用地面积、建筑占地面积、容积率、绿化率、建筑层数、建筑密度、停车位等经济技术指标体现在设计成果之中。

需要注意的是，在大多数方案设计最终的表达成果中，文字表达一般要与图纸表达结合在一起，才具有更好更直观的效果。

另外，实际工作中，建筑设计成果的表达多以文本的方式出现。根据我国相关建筑法规和管理规定，达到一定规模或性质的重要建筑工程，设计方案必须采取招投标的方式确定。近年来，中国的建筑业随着经济的飞速发展不断扩张，许多重要的工程和设计项目方案是通过国际、国内公开招标的方式确定的。在评标的过程中，设计方提供的建筑方案投标成果就成为重要的信息载体，对中标与否起着举足轻重的作用。随着各种表达手段的介入，建筑方案投标成果由原来简单的图纸扩展为文本、模型、多媒体演示等多种手段并用，其中建筑设计方案投标文本一直以来是方案投标成果的主体，是设计者阐述创作理念、传递方案基本信息的主要载体。业主对设计作品的要求不断提高和设计创意个性化的加强，促使设计师对文本内容和形式不断创新。此外，设计领域中计算机技术的普遍应用和设计分工的日趋细化使投标文本的包装制作逐渐专业化，文本内容日渐丰富翔实，文本的形式愈加独特美观。这种情况下，很多工作由提供技术支持的专业公司完成，建筑师的任务转变为全面控制文本的最终效果。这样一来，设计师既可以在方案设计上投入更大的精力，也可以借助各种手段充分传达设计信息。

第四章 现代风景园林建筑设计的方法与技巧

第一节 园林建筑各组成部分的设计

任何一种建筑设计都是为了满足某种物质和精神的功能需要，采用一定的物质手段组织特定的空间。建筑空间是建筑功能与工程技术和艺术技巧相结合的产物，需要符合适用、坚固、经济、美观的原则；同时，在艺术构图技法上要遵循统一与变化、对比与微差、节奏与韵律、均衡与稳定、比例与尺度等原则。因此，从这一层面讲，园林建筑遵循建筑设计的基本方法。

但是园林建筑在物质和精神功能方面的特点及其用以围合空间的手段与要求，又使它与其他建筑类型在处理上表现出许多不同之处。

第一，艺术性要求高。园林建筑具有较高的观赏价值并富于诗情画意，因此与一般建筑相比，园林建筑强调组景立意，强调景观效果和艺术意境的创造，立意对整个设计至关重要。

第二，布局灵活性大。园林建筑由于受到休憩游乐生活多样性的影响，建筑类型多样化；加之处于真实的大自然环境中，布局灵活，所谓"构园无格"，与其他建筑类型相比强调建筑选址与布局经营。

第三，时空性。为满足游客动中观景的需要，务求景色富于变化，做到步移景异。因此，推敲空间序列，处理空间与组织游览路线，增强园林建筑的游赏性，比其他类型建筑更为突出。

第四，环境协调性。园林建筑是园林与建筑的有机结合，园林建筑设计应有助于增添景色，并与园林环境协调。《园冶》"兴造论"中也说："园林建筑必须根据环境特点'随曲合方''巧而得体'，园林建筑的体量形式、材质与色彩等方面应与自然山石、水面、绿化结合，协调统一，并将筑山、理水、植物配置手段与建筑的营建密切配合，构成一定的景观效果。"

以上四点是园林建筑与其他建筑类型不同的地方。因此，园林建筑除遵循建筑设计的基本方法外，在设计手法和技巧上强调立意、选址、布局、空间序列、造景等方法的运用。

园林中的园林建筑往往是由多个建筑单体组合而成的建筑群体。就建筑单体设计而言，任何一幢建筑单体都是由三类空间组成，即房间、交通联系空间及其他部分（露台、阳台、庭院）。

以展览馆为例，房间包括展览室、接待室、贮藏室、服务室、宿舍、会议室、办公室、厕所，交通联系空间包括门厅、休息敞厅、架空层，其他部分包括平台、庭院。

以餐厅为例，房间包括餐室、厨房、贮藏室、接待室、服务间、备餐间，交通联系空间包括敞厅、廊子，其他部分包括阳台、露台、后院。

一幢建筑由各类空间构成，各类空间的功能要求和设计方法各不相同。显然，确定各类空间的功能要求和设计方法是建筑设计需解决的首要问题。

一、房间的设计

（一）房间设计应考虑的因素

1. 使用要求

（1）使用性质。使用性质指房间的使用功能，如满足就寝功能的卧室、就餐的餐厅、会客的起居室、食品加工的厨房、洗涤淋浴的卫生间等，不同性质的房间功能不同，家具设备布置亦不同，因此房间的开间、进深大小亦各不相同。

（2）使用对象、使用方式、使用人数。即使是相同性质的房间，由于使用对象、方式、人数不同，房间的平面布局也不相同。例如，同是满足就寝的功能，旅馆的客房、宿舍的寝室、住宅的卧室由于使用对象、方式、人数不同，房间的大小、空间高低、内部布置亦不相同。

2. 基本家具、设备尺寸、活动空间

（1）人体基本尺度。人体尺度决定家具设备尺寸（图4-1）。在建筑设计中确定人们活动所需的空间尺度时，应照顾男女不同人体身材高矮的要求，对不同情况可按以下三种人体尺度考虑。

图4-1 人体各部测量模板

第一，按较高人体考虑的空间尺度，采用男子人体身高 1.74 m 考虑，另加鞋厚 20 mm。例如，楼梯顶高、栏杆高度、阁楼及地下室的净高、个别门洞的高度、淋浴喷头的高度、床的长度等。第二，按较低人体考虑的空间尺度，采用女子人体平均身高 1.56 m 考虑，另加鞋厚 20 mm。例如，楼梯踏步、碗柜、挂衣钩、操作台、案板以及其他空间设置物的高度。第三，一般建筑内部使用空间的尺度应按我国成年人的平均身高——女子平均身高 1.56 m、男子平均身高 1.67 m 考虑，另加鞋厚 20 mm。例如，展览建筑中考虑人的视线、公共建筑中成组的人活动使用以及普通桌椅的高度等。

（2）人体基本动作尺度。人体活动所占用的空间尺度是确定建筑内部各种空间尺度的主要依据。

（3）房间的良好比例。使用面积相同的房间，可以设计成不同的比例，但是房间的长宽比大于 2：1，则显得过于狭长，使用也不方便。因此，除了库房、卫生间、设备用房等辅助用房外，一般房间的适宜比例为 1：1 ~ 1：1.5。

3. 人流路线和交通疏散

室内的人流路线主要联系门洞和家具设备。房间的开间、进深尺寸及门洞的位置，影响家具设备的布置。设计房间时应仔细推敲，尽量减少交通面积，提高房间的使用效率。通常狭长的房间交通面积大，使用效率低。房间的出入口较多时，应注意尽量将门洞集中，减少交通面积，并留出完整的墙面以利于家具的布置。

4. 自然采光要求

（1）采光形式决定采光效果。窗的大小、位置、形式直接决定使用空间内的采光效果。采光形式有侧面采光、顶部采光和综合采光。就采光效果来看，竖向长窗容易使房间深度方向光照均匀，横向长窗容易使房间横向光照均匀。为了使房间最深处光照充足，房间进深应小于或等于采光口上缘高度的二倍。

（2）采光口大小。为满足采光要求，采光口大小应根据采光标准确定。实际工作中规定了不同类型房间的采光等级及相应的窗地面积比。窗地面积比指侧采光窗口的总透光面积与地板净面积之比值。

5. 热工和通风要求

（1）热工要求。室外气候因素（太阳辐射、空气温湿度、风、雨、雪等）及使用空间内空气温湿度的双重作用，直接影响了建筑空间室内小气候。为保证室内空间正常的温湿度，满足人们使用要求，寒冷地区建筑主要考虑冬季保暖，应采取保温措施，以减少热损失；炎热地区建筑则要防止夏季室内过热，必须采取隔热措施。

（2）通风要求。除容纳大量人流或要求密闭使用的房间（如观演厅）及无法获得自然通风的房间（如不能开窗的卫生间）考虑机械通风外，其余房间应尽量争取自然通风，以节省能耗。可利用门窗组织自然通风。门窗的位置、高低、大小等不同，自然通风的效果差异很大。为取得良好的通风效果，在一个使用空间内，应在两个或两个以上的方向设置进出风口，使气流经过的路线尽可能长，影响范围尽可能大，应尽量减少涡流面积。当墙体一侧临走道、不便开窗时，可增设高窗。厨房等热加工间可增设排气天窗、抽风罩改善通风换气效果。

6. 艺术要求

由于建筑所具有的物质和精神的双重功能，使用空间设计必须考虑内部空间的构图观感，需认真处理空间的尺度和比例以及各界面的材料、色彩、质感等。

有些特殊性质的房间（如观演性质的房间和大空间的房间），除考虑以上因素外，还需考虑视线和音响要求、材料和结构的经济合理性等其他方面的要求。

（二）不同类型的房间设计

园林建筑中常见的房间类型有生活用房（值班室、宿舍、客房、休息室和接待室等）、办公管理用房（办公室、会议室、售票室等）、商业用房（餐厅或饮食厅、营业厅、小卖部、摄影部等）、展览用房（展览室等）、辅助用房（厕所、淋浴室、更衣室、储藏间等）、设备用房（配电室、设备机房等）、各类库房、厨房或饮食制作间、备餐室、烧水间等。办公室多为单间办公室，按 4 m²/ 人使用面积考虑房间面积，房间开间为 3 ~ 6 m，进深为 4.8 ~ 6.6 m。

二、交通空间的设计

交通空间的作用是把各个独立使用的空间——房间有机联系起来，组成一幢完整的建筑。交通联系空间包括出入口、门厅、过道、过厅、楼梯、电梯、坡道、自动扶梯等。

交通联系空间的形式、大小、部位主要取决于功能关系和建筑空间处理的需要。一般建筑交通联系部分要求有适宜的高度、宽度和形状，流线简单明确而不曲折迂回，能对人流活动起着明显的导向作用。此外，交通联系空间应有良好的采光和照明，满足安全防火要求。园林建筑的交通空间一般可分为水平交通空间、垂直交通空间及枢纽交通空间三种基本的空间形式。

（一）水平交通空间

水平交通空间指联系同一楼层不同功能房间的过道或廊子，其中廊子特指单面或双面开敞的走道。园林中由于建筑布局分散，地形变化较大，常常利用廊子将建筑各部分空间联系起来，或单面空廊、双面空廊、复廊，或直廊、曲廊，或水廊、桥廊、跌落廊、爬山廊，与庭院、绿化、水体紧密结合，创造出步移景异的空间效果。

水平交通空间按使用性质的不同，可分为以下几种。

1. 完全为交通联系需要而设的过道或廊子，如旅馆、办公楼等建筑的过道，主要满足人流的集散使用的，一般不做其他功能使用，保证安全防火的疏散要求。

2. 除作为交通联系空间外，某些展室、温室、盆景园的过道或廊子兼有一种或多种综合功能，满足观众在其中边走边看的需求。又如，园林中的廊子，常常根据观赏景色的需求，设置单面空廊或双面空廊。廊子一面或两面开敞，开敞面常设坐凳栏杆或靠背栏杆等满足游人驻足休息的要求。

过道的宽度和长度主要考虑交通流量、过道性质、防火规范、空间感受等因素。

1. 过道宽度的确定。专为人通行之用的过道，其宽度可考虑人流通行的股数、单股人流肩的宽度 550 mm、空隙（考虑人行走时的摆幅 0 ~ 150 mm）。因此，建筑走廊的最小净宽度为1.1 m；一般建筑室内走道宽2.1 m（按轴线计），外廊宽1.8 m（按轴线计）。而携带物品的人流、运送物件的过道，则需根据携带和运送物品的尺寸和需要具体确定。兼有多种功能的过道，应根据服务功能及使用情况综合决定。当过道过长、过道两侧的门向过道开启、过道有人流交叉及对流情况时，过道需适当放宽。

2. 过道长度的控制应根据建筑性质、耐火等级、防火规范以及视觉艺术等方面的要求而定。根据现行《建筑设计防火规范》规定，对于耐火等级为一、二级的一般建筑，位于两个安全出口之间的疏散门至最近安全出口的最大距离为40 m，位于袋形走道两侧或尽端的疏散门至最近安全出口的最大距离为22 m（表4-1）（具体规定详见《建筑设计防火规范》GB 50016–2004），按照上述规定也就可以确定不同情况下的过道的极限长度。

表4-1　直接通向疏散走道的房间疏散门至最近安全出口的最大距离

单位：m

名　称	位于两个安全出口之间的疏散门			位于袋形走道两侧或尽端的疏散门		
	耐火等级			耐火等级		
	一、二级	三级	四级	一、二级	三级	四级
托儿所、幼儿园	25	20	—	20	15	—
医院、疗养院	35	30	—	20	15	—
学校	35	30	—	22	20	—
其他民用建筑	40	35	25	22	20	15

过道一般应考虑直接的自然采光和自然通风。单面走道的建筑自然采光或通风较易解决，而双面走道的建筑，可以通过尽端开口直接采光，或利用门厅、楼梯间、敞厅、过厅的光线采光，或利用两侧房间的玻璃门、窗子、高侧窗间接采光（图4-2）。

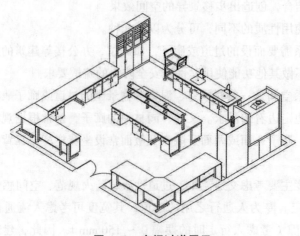

图4-2　空间过道展示

（二）垂直交通空间

垂直交通空间指联系不同楼层的楼梯、坡道、电梯、自动扶梯等，园林建筑中常见的垂直交通空间有楼梯、坡道。

楼梯的位置和数量应根据功能要求和防火规定，安排在各层的过厅、门厅等交通枢纽或靠近交通枢纽的部位。

现行的《民用建筑设计通则》楼梯设计规定如下。

1.梯段宽度不少于两股人流，按每股人流为0.55+（0～0.15)m的人流股数确定，0～0.15 m为人流在行进中人体的摆幅，人流众多的场所应取上限值。

2.平台最小宽度楼梯改变方向时，扶手转向端处的平台最小宽度不应小于梯段宽度，并不得小于1.2 m。

3.梯段踏步数每个梯段的踏步不应超过18级，亦不应少于3级。

4.梯段净高梯段净高不宜小于2.2 m，楼梯平台上部及下部过道处的净高不应小于2 m。

5.室内楼梯扶手高度自踏步前缘线量起不宜小于0.9 m。

6.无中柱的螺旋楼梯和弧形楼梯离内侧扶手0.25 m处的踏步宽度不应小于0.22 m（图4-3）。

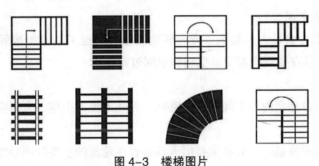

图4-3 楼梯图片

楼梯根据功能性质、设置位置分为主要楼梯、次要楼梯、辅助楼梯和防火楼梯。

常用的楼梯形式有直跑楼梯、双跑楼梯和三跑楼梯。楼梯形式的选用主要依据使用性质和重要程度。直跑楼梯具有方向单一和贯通空间的特点，常布置在门厅对称的中轴线上，以表达庄重严肃的空间效果。有时大厅的空间气氛不那么严肃，也可结合人流组织和室内空间构图，设于一侧作不对称布置，以增强大厅空间的艺术气氛。直跑楼梯可以单跑或双跑，双跑楼梯和三跑楼梯一般用于不对称的布局，既可用于主要楼梯，也可用于次要位置作辅助楼梯（图4-4）。

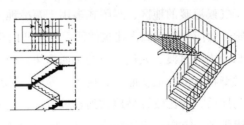

图4-4 平行双跑楼梯

除此之外，园林建筑中为了贯通空间，常常设置开敞式楼梯（无维护墙体，楼梯直接敞向室内中庭或室外庭院），如双跑悬梯、双跑转角楼梯、旋转楼梯、弧形楼梯等，以活跃气氛和增加装饰效果。

基于防火疏散的要求，一般建筑中至少需设置两部楼梯，但是根据《建筑设计防火规范》规定：不超过三层的建筑，当每层建筑面积不超过 500 m²，且二、三层人数之和不超过 100 人时，可设一个疏散楼梯。

楼梯应根据使用对象和使用场合选择最舒适的坡度。一般坡度在 20% 以下时，适于做坡道及台阶；坡度在 20% ~ 45% 适于做室内楼梯；坡度在 45% 以上适于做爬梯；楼梯最舒适坡度是 30% 左右。

坡道用于人流疏散，最大的特点是安全和迅速。有时，建筑因某些特殊的功能要求，在出入口前设置坡道，解决汽车停靠或货物搬运的问题。坡道的坡度一般为 8% ~ 15%，在人流比较集中的部位，则需要平缓一些，常为 6% ~ 12%。具体要求如下：室内坡道坡度不宜大于 1：8；室外坡道坡度不宜大于 1：10；供轮椅使用的坡道坡度不应大于 1：12。室内坡道水平投影长度超过 15 m 时，还需设休息平台。因为坡道所占的面积较大，出于经济的考虑，除非特殊需要，一般室内很少采用。此外，坡道设计还应考虑防滑措施。

（三）枢纽交通空间

枢纽交通空间指为满足人流集散、方向转换及各种交通工具的衔接等需要而设置的出入口、过厅、中厅等，其在建筑中起交通枢纽和空间过渡作用。

1. 出入口

建筑的主要出入口是室内外空间联系的咽喉、吞吐人流的中枢，入口空间往往是建筑空间处理的重要部位。

（1）主要出入口的位置。一般将主要出入口布置在建筑的主要构图轴线上，成为建筑构图的中心，并朝向人流的主要来向。

（2）出入口的数量。根据建筑的性质、按不同功能的使用流线分别设置出入口。通常，建筑至少设两个安全出入口，一个是满足客流需要的主要出入口，另一个是作为内部使用的次要出入口。当使用人数较少、每层最大建筑面积符合《建筑设计防火规范》要求时，可设一个安全出入口。

（3）出入口的组成。园林建筑出入口部分主要由门廊、门厅及某些附属空间所组成。

门廊是建筑室内外空间的过渡，起遮阳、避雨以及满足观感上的要求，其形式有开敞式和封闭式两种。开敞式多用于气候温暖的地区，封闭式多用于寒冷地区。开敞式和封闭式门廊均可处理成凸出建筑的凸门廊（凸门斗）或凹入建筑的凹门廊（凹门斗）。

门厅是建筑主要出入口处内外过渡、人流集散的交通枢纽。园林建筑中的门厅除交通联系作用外，还兼有适应建筑类型特点的其他功能，如接待、等候、休息、展览等。门厅设计要求导向性明确，即人们进入门厅后，能比较容易地找到各过道口、楼梯口，并能辨别各过道、楼梯的主次。因此，应合理组织各个方向的交通路线，尽可能减少各类人流之间的相互干扰和影响。门厅布局有对称和不对称两种，可根据建筑性质和具体情况分别采用。

2．过厅

过厅是走道的交会点，或作为门厅的人流再次分配的缓冲和扩大地带。在不同大小和不同功能的空间交接处设置过厅可起到空间过渡作用。

3．中庭

中庭指设在建筑物内部的庭园，通常设置玻璃顶盖以避风雨，在中庭内设楼梯、露明电梯、自动扶梯等垂直交通联系工具而成为整幢建筑的交通枢纽空间，同时作为人们憩息、观赏和交往的共享空间。中庭常用于宾馆、办公楼等各类建筑中，如广州白天鹅宾馆中庭。

第二节　园林建筑的空间组合

在掌握不同功能空间的设计方法的基础上，应考虑如何将不同的空间组合成一幢完整的建筑，这就涉及空间组合需遵循的基本原则、空间组合形式方面的问题。

一、空间组合原则

在进行园林空间组合时，应遵循功能分区合理、流线组织明确、空间布局紧凑、结构选型合理、设备布置恰当、体型简洁与构图完整六大基本原则。

（一）功能分区合理

功能分区是进行单体建筑空间组合必须要考虑的问题。对一幢建筑来讲，功能分区是将组成该建筑的各种空间按不同的功能要求进行分类，并根据它们之间的密切程度加以划分与联系，使功能分区明确又联系方便，一般用简图表示各类空间的关系和活动顺序，如茶室功能关系图，具体进行功能分区时，应考虑空间的主与次、闹与静、内与外。

1．空间的主次

在进行空间组合时，不同功能的房间对空间环境的要求常存在差别，反映在位置、朝向、采光及交通联系等方面，应有主次之分，要把主要的使用空间布置在主要部位上，而把次要的使用空间安排在次要的位置上，使空间在主次关系上各得其所。比如，苏州东园茶室，在平面布局中，把茶室、露天茶座、接待室布置在主要的位置上（景观、朝向较好），而把水灶、值班、储藏等辅助部分布置在次要的部位（景观、朝向相对较差，位置较隐蔽），使之达到分区明确、联系方便的效果。另外，有些组成部分虽系从属性质，但从人流活动的需要上看，应安排在明显易找的位置，如餐厅的售票室、茶室的小卖部、展览建筑的门卫及值班室等，往往设于门厅等主要空间中或朝向主要人流来向设置。

2．空间的闹与静

一幢建筑中，有些房间功能要求比较安静，布置在隐蔽的部位（如旅馆的客房），而有些房间的功能则要求空间开敞、与室外活动场所联系方便、便于人流集中而相对吵闹。在处理时应使不同功能房间按照"闹"与"静"分类，分类相对集中，力求闹静分区明确，不至于相互产生干扰和影响。比如，武夷山天游观茶室，将茶厅设于一层，客房设于二层，在垂直方向上进行动静分区。

3.空间的内与外

不同功能的房间有的功能以对外联系为主，有的则与内部关系密切。以茶室为例，厨房和辅助部分（备餐、各类库房、办公用房、工作人员更衣、厕所及淋浴室等）是对内的，而茶厅及公用部分（出入口、小卖部）是对外的，是顾客主要使用的空间。按人流活动的顺序，在总平面布局中，常将对外联系部分尽量结合建筑主要出入口布置；而对内联系的部分则尽可能靠近内部区域和相对隐蔽的部位，另设次出入口。但有时由于场地限制，主、次出入口同处一个方位并且距离很近时，可以通过绿化、山石、矮墙等建筑小品作为障景手段，使功能分区的内外部分既联系又分割，处理得灵活而自然，如杭州灵隐寺冷泉茶室、如意斋。

（二）流线组织明确

从流线组成情况看有人流、车流、货流之分，其中人流又可以分为客流、内部办公人流；从流线组织方式看有平面的和立体的。在进行流线组织时，应使各种流线在平面上、空间上互不交叉、互不干扰。

（三）空间布局紧凑

进行空间组合时，在满足上述各种功能要求和空间艺术要求的前提下，力求空间组合紧凑，提高使用效率和经济效果，主要方法有尽量减少使用空间开间，加大使用空间的进深；利用过道尽端布置大空间，缩短过道长度；增加建筑层数；在满足使用要求的前提下，降低建筑层高。

（四）结构选型合理

建筑创作不同于绘画、雕塑、音乐等其他艺术形式，还涉及结构、设备（水、暖、电）等工程技术方面的诸多问题。不同的结构形式不仅能适应不同的功能要求，而且具有各自独特的表现力，巧妙地利用结构形式往往能创造出丰富多彩的建筑形象。了解园林建筑中常见的结构形式，有利于在方案设计中选择合理的结构支撑体系，为建筑造型创作提供条件，避免所设计的建筑形象出现不现实、不可实现的"空中楼阁"的问题。

园林建筑常见的结构形式基本上可以概括为以下三种主要类型，即混合结构、框架结构和空间结构。除此之外，还有轻型钢结构、钢筋混凝土仿木结构等类型。

1.混合结构

由于园林建筑多数房间不大、层数不高、空间较小，以砖或石墙承重及钢筋混凝土梁板系统的混合结构最为普遍。这种结构类型因受梁板经济跨度的制约，在平面布置上常形成矩形网格的承重墙的特点，如办公楼、旅馆、宿舍等。

2.框架结构

框架结构由钢筋混凝土的梁柱系统支撑，墙体仅作为维护结构，由于梁柱截面小，室内空间分隔灵活自由，常用于房间空间较大、层高较高、分隔自由的多、高层园林建筑中，如餐厅、展览馆、标志塔等。

3.空间结构

随着高新建筑材料的不断涌现，轻型高效的空间结构快速发展，这对于解决大跨度建筑空间问题，创造新的风格和形式，具有重大意义。空间结构包括钢筋混凝土折（波）板结构、钢筋混凝土薄壳结构、网架结构、悬索结构、气承薄膜结构等。

钢筋混凝土折（波）板结构如同将纸张折叠后可增加它的刚度和强度一样，运用钢筋混凝土的可塑性可形成折（波）板、多折板结构，其刚度、承载力、稳定性均有较大提高。园林中常见利用V形折板拼成多功能的活泼造型的建筑及小品，如亭、榭、餐厅等（图4-5）。

图4-5　六角亭

钢筋混凝土薄壳结构是充分发挥混凝土受压性能的高效空间结构，可将壳体模仿自然界中的蛋壳、蚌壳、海螺等曲面形体，形成千姿百态、体形优美的建筑新形象。常见的有单向曲面壳、双向曲面壳、螺旋曲面壳，单向曲面壳的实例如墨西哥霍奇米柯薄壳餐厅。

网架结构是由许多单根杆件按一定规律以节点形式连接起来的高次超静定空间结构。网架结构具有自重轻、用钢省、结构高度小的特点，利于充分利用空间。园林中常用于大门、茶室、餐厅、展览馆、游泳馆等建筑中。按屋顶结构形式又分为平面结构、空间结构。平面结构实例如昆明世博会大门（图4-6）。

图4-6　昆明世博会大门

悬索结构是由许多悬挂在支座上的钢索组成。钢索是柔性的，只承受轴向拉力；边缘构件是混凝土的，为主要的受压构件。其充分发挥了钢材受拉性能好、混凝土的受压性能好的特点，将二者结合，真正做到力与美的统一。目前常见的有单向悬索、双向悬索、混合悬挂式悬索。

气承薄膜结构是运用合成纤维、尼龙等新材料做屋顶的结构形式，由于施工速度快、拆迁方便，多用于展览馆、剧场、游乐场等一些临时性建筑中。比如，上海世博会日本国家馆，展馆外部采用透光性高的双层外膜形成一个半圆形的大穹顶，宛如一座"太空堡垒"，内部配以太阳能电池，可以充分利用太阳能资源，实现高效导光、发电。

4. 轻型钢结构

轻型钢结构运用薄壁型钢作为主要材料，形成以钢柱、檩条、屋架或钢架为主要支撑体系的结构形式。常见于园林建筑及小品中，如花架、温室、茶室、餐厅等。

5. 钢筋混凝土仿木结构

仿木结构在园林中还有一种特殊的结构形式，即钢筋混凝土仿木结构。我国古典园林中主要的结构形式是木结构，其以木构架（由柱、梁、檩、枋等构件构成）承重，而墙体并不承重，只起围蔽、分隔、稳定柱子的作用。常见的结构体系主要有穿斗式与抬梁式两种。由于木材短缺及其易腐蚀、易遭火灾的缺陷，钢筋混凝土仿木结构与钢丝网水泥结构已成为当今普遍采用的结构形式。钢筋混凝土仿木结构是一种采用钢筋混凝土为主要材料、仿制传统木结构构件（如柱、梁、檩、枋等构件）的一种结构形式。与木结构相比，具有节省木材、耐腐、高强、施工迅速的优点，已在园林建筑中广泛采用。

在建筑设计时，一般可根据建筑的层数和跨度并考虑建筑的性质和造型要求，同时考虑不同结构体系的结构性能，进而选择合理的结构形式。

（五）设备布置恰当

园林建筑设计除了考虑结构设计外，还需考虑建筑设备技术，如水、暖、电等方面的问题。设备用房的布置应符合各类用房布置的有关要求，使之各成系统，同时需使其互不影响。比如，厨房、卫生间的设计就涉及给排水问题，在多层建筑的设计中，各楼层卫生间的平面位置应尽量上下重叠，利于集中设置给水、排水干管；在相同楼层平面设计中应力求用水点集中，如将厨房、卫生间紧靠在一起布置，利于埋设管线。除此之外，设备的合理布置还影响建筑造型设计，如在设有电梯的旅馆设计中，常常出现的问题是没有考虑到屋顶的电梯机房的设备位置，从而破坏和影响了建筑造型的整体性。

（六）体型简洁、构图完整

园林建筑设计除了实现功能合理、技术可行、经济的目标外，最终还须落实到建筑形象设计上。纵观古今中外的优秀园林建筑，其"造型美"在于体型简洁和构图完整，具体来说，就是符合建筑形式的诸法则，如统一与变化、节奏与韵律、比例与尺度、均衡与稳定等，具体内容详见园林建筑构图的原则与方法章节。

二、空间组合形式

园林建筑空间组合的常用形式有走廊式、穿套式、庭院式、综合式等。

（一）走廊式

这种形式常常运用于构成建筑的各房间大小基本相等、功能相近并要求各自独立使用的空间，常见于办公楼、旅馆的客房部分、职工宿舍部分等。走廊式（图4-7）又分为内廊式和外廊式，内廊式为一条或两条内走廊联系两侧的房间，走道短、交通面积小，平面布局紧凑，建筑进深大，保温性能好，但有半数房间朝向不好；外廊式指仅走道的一侧设置房间，另一侧则不设置房间，走道长、交通面积大，平面紧凑性、保温性能差，但可使所有房间均有较好的朝向，也有将外廊封闭形成暖廊的，可以防风、避雨，同时供人们休息、赏景。故实际工作中很多建筑在空间组合时常常采用内、外廊相结合的组合方式，充分发挥两种布局的优点。

图4-7　中式建筑走廊

（二）穿套式

有些类型的建筑（如展览馆、盆景园等）或有些功能房间（如茶室的加工间与备茶间、备茶间与茶厅、小卖部与储藏间）由于使用的要求，在空间组合上要求有一定的连续性，对于这类序列空间可以采用穿套式组合。穿套式组合为适合人流活动的特点和活动顺序，又可以分为以下四种形式。

（1）串联式。各使用空间按照一定的使用顺序，一个接一个地相互串通连接。采用这种方式使各房间在功能上联系密切，人流方向统一，不逆行、不交叉，但使用路线不灵活。

（2）放射式。它以一个枢纽空间作为联系空间，此枢纽空间在两个或两个以上的方向上呈放射状衔接布置使用空间。这个作为联系空间的枢纽空间，可以是人流集散的大厅，也可以是主要使用空间。采用这种组合方式布局紧凑、联系方便、使用的灵活性大，但在枢纽空间中容易产生各种流线的相互交叉和干扰。

（3）大空间式。它将一个原本完整的大空间采用一定的分隔方法（如矮墙、隔断等）分成若干部分，各部分之间既分隔又相互贯通、穿插、渗透，各部分之间没有明确的界限，从而形成富于变化的"流动空间"景观，如加纳阿克拉国家博物馆。

（4）混合式。在一幢建筑中采用了上述两种或两种以上的穿套式组合方式，称为混合式。

（三）庭院式

将使用空间沿庭院四周布置，以庭院作为衔接联系的空间组合方式，可形成三面设置房屋、一面是院墙的三合院或四面为房屋的四合院，根据需要可以在一幢建筑中设置一个、两个或两个以上的庭院。这种组合方式使用上比较幽静，冬季可以防风，可将不同功能和性质的房间（嘈杂的与安静的、对外联系密切的与内部使用的）通过庭院分隔，使其各得其所。目前，很多庭院在上部覆盖采光材料，可以遮风避雨改善庭院的使用条件，形成有特色的室内庭院。

（四）综合式

由于实际生活中建筑的复杂性和多样性，往往一幢建筑中采用了上述两种或两种以上的组合方式，称为综合式组合方式，如武夷山星村候筏码头就采用了走廊式、穿套式、庭院式的组合方式，为综合式组合方式。

三、建筑空间的创造

（一）建筑空间创造的思想和原则

1.建筑空间创造的基本思想

建筑空间的创造要根据具体情况具体分析，但总的来说，包括以下几个方面的艺术思想。

（1）"以人为本"的根本出发点。建筑为人所造，供人所用，"以人为本"应该是建筑空间创造的根本出发点。建筑空间创造的目的就是要创造人们所需要的内外空间，设计中应始终把人对空间环境的需求，包括物质和精神两个方面，放在首要位置。

（2）功能与形式的有机结合。建筑的内容表现为物质功能和精神功能内在要素的总和；建筑的形式则是指建筑内容的存在方式或结构方式，也就是某一类功能及结构、材料等所外化的共性特征。在进行建筑空间创造时，应充分注意功能与形式的协调。

（3）科学性与艺术性的结合。建筑艺术有别于其他艺术的极为重要的一点，就是科学技术对其的制约与促进。社会生活和科学技术进步带来人的价值观和审美观的改变，必然促进建筑创造者积极运用新技术、新工艺、新材料通过富有表现力和感染力的空间形象创造更具观赏美感和文化内涵的建筑空间环境。

在具体的建筑空间设计中，人们会遇到不同类型和功能特点的建筑，可能要根据建筑的具体使用性质，对科学性和艺术性有所偏重，但两者并不是对立的，应是有机结合在一起的。而且，一个在艺术上优秀的建筑，在技术上一定也是非常合理的。

（4）时代感与历史文脉并重。人类社会的发展，无论在物质方面还是在精神方面，都具有历史延续性，建筑总是能从某个侧面反映时代的特征，具有鲜明的时代感。因此，在建筑空间创造中，既要主动考虑满足当代的社会生活活动和人的行为模式的需要，积极采用新的物质技术手段，体现具有时代精神的价值观和审美观，还要充分考虑历史文化的延续和发展，因地制宜地采用具有民族风格和地方特点的设计手法，做到时代感与历史文脉并重。

这里有一点是要加以说明的，那就是注重历史文脉的建筑空间创造并不是简单地从形式、符号上模仿传统建筑，而是要从广义、实质上认识传统建筑，领会其精髓，从平面布局、空间组织特征乃至创作中的哲学思想方面追寻历史文脉。

（5）整体的环境观。著名建筑师沙里宁说过："建筑是寓于空间中的空间艺术。"整个环境是个大空间，建筑空间是处于其间的小空间，二者之间有着极为密切的依存关系。当代建筑创造已从个体创造转向整体的环境创造，单纯追求建筑单体的完美是不够的，还要充分考虑建筑与环境的融合关系，风景园林建筑更是如此。

建筑环境包括有形环境和无形环境。有形环境包括绿化、水体等自然环境和庭院、周围建筑等人工环境，无形环境主要指人文环境，包括历史和社会因素，如政治、文化、传统等，这些环境对建筑空间的影响非常大，是建筑空间创造中要着重考虑的因素。只有处理好建筑的内部空间、外部空间及二者之间的关系，建立整体的环境观，才能真正实现环境空间的再创造。

2. 建筑空间创造的基本原则

从某种意义上说，建筑空间是一种视觉空间，人们要在建筑空间中获得精神上的满足，首先要求它在视觉上应该是具有美感的，也就是所谓的形式美。美的形式是否有一定的原则和规律？根据辩证唯物主义的哲学观点，回答是肯定的。那么，什么样的形式才是美的？任何发展、变化着的事物都有其内在规律可循，形式美也有某些特点和原则。

建筑空间除了要具有实用属性以外，还以追求审美价值作为最高目标。形式美原则是创造建筑空间美感的基本原则，是美学原理在建筑空间设计上的直接运用。

传统建筑、现代建筑都遵循多样统一的形式美的基本原则，尽管它在表现形式上是如此的不同。传统建筑是美的，它的艺术魅力影响至今，只是由于建立在古典建筑形式上的那套审美观念，和已经发展变化了的当代的功能要求、物质技术条件很不适应，为了适应新情况，必须探索新的建筑形式，这就出现了强调"艺术与技术统一"的现代建筑。

多样统一也称有机统一，也就是在统一中求变化，在变化中求统一。欲达到多样统一以唤起人的美感，既不能没有变化，也不能没有秩序，既富有变化又富有秩序的形式能够引导人们的美感。多样统一的形式美基本原则具体体现在以下几个方面。

（1）比例。比例是一个整体中部分与部分之间、部分与整体之间的关系，体现在建筑空间中就是空间在长、宽、高三个方向之间的关系。那么，比例在建筑空间中的作用是什么？具有美感的比例又是怎样的？比例美是相对的还是绝对的呢？

①比例在建筑空间中的作用。

a. 运用比例原理，可以获得最佳的位置、造型或结构。

b. 利用不同的比例能造成不同的空间效果。

c. 利用比例调整细部，以获得最佳的空间效果。

②具有美感的比例。既然比例问题在建筑空间中如此重要，那么，究竟什么样的比例才是美的？

a. 黄金比。古希腊的毕达哥拉斯学派认为，万物最基本的因素是数，数的原则统治着宇宙中的一切现象。"黄金比"就是由这个学派提出的，即 $1:1.618$。

黄金比被广泛地运用于建筑中，如平面的长宽、剖面的高矮、立面造型和开窗的比例等，都取得了良好的效果。

现代著名建筑师勒·柯布西耶曾把比例和人体尺度结合在一起，并提出一种独特的"模数"体系，他将人体的各部分尺寸进行比较，所用数据均接近黄金比。

b. 简单几何形体。一些简单的几何形体，如圆、正方形、正三角形等，具有确定数量之间的制约关系，有时可以用来当作判别比例关系的标准和尺度，这是因为在建筑中简单肯定的几何形状可以被我们清晰地辨识，从而引起人的美感。

c. 相似形。不一定只有固定比例的建筑空间才是美的，利用一些相似形来处理空间的比例关系，也可以产生和谐的效果，如一系列相似矩形组合在一起，往往可获得和谐的感觉。

③比例美的相对性。某种具有美感的固定数值的比例关系也不是在所有情况下都是美的，任何绝对抽象的美的比例是不存在的，都有一定的相对性，这一相对性体现在如下几个方面。

a. 材料特性的影响。不同的建筑材料具有不同的力学特性，因而不同的建筑形象具有不同的比例关系，如中国传统木构架建筑——木柱细、开间宽；西方古典建筑——石柱粗、开间窄，二者都是建立在材料本身特性基础上的具有理性特征的比例关系（石受弯性不如木），所以易于为人们接受，并产生美感。现代建筑——钢筋混凝土、钢材，受弯性非常好，可形成比例关系，但它体现了事物内在逻辑性，因此也是美的。

b. 结构形式的影响。即使采用同种材料，如果采用不同的结构形式，也会产生不同的比例关系，如现代建筑采用各种大跨度结构所创造出来的空间具有不同于以往的比例关系。也就是说，不同结构形式与其特有的比例关系是紧密联系在一起的，只要比例关系与采用的结构形式是对应的，也就是美的。

c. 使用功能的影响。建筑空间的使用功能对比例关系的影响也是不可忽视的，要兼顾使用功能与美感，当然使用功能是基本的。

d. 历史传统的影响。不同地区、不同民族由于自然条件、社会条件、文化传统、风俗习惯等不同，会形成不同的审美观念，因此富有独特比例关系的建筑形象往往会赋予该建筑独特的风格，如中国的拱券门洞和西方凯旋门上的券洞高宽比都不同。

（2）尺度。尺度是建筑物的整体或局部给人感觉上的大小、印象和其真实大小之间的关系问题。尺度与比例不同，比例主要表现为各部分数量关系之比，是一种相对值，而尺度要涉及真实大小和尺寸，但还要把尺度和真实尺寸大小区别来看。形式美原则中的尺度是一种尺度感，是对建筑产生的大小感觉，因此，我们既要了解建筑尺度的特殊性，又要了解合宜的尺度感是如何获得的。

①建筑尺度的特殊性。人类对周围的物体都存在一种尺度感，如劳动工具、生活用品、家具等。人们对这些物体的尺度感与真实尺寸是一致的。但对建筑有时可能尺度感失真，这是因为建筑有其特殊性。

a. 建筑物的体量巨大。人的正常尺度感的获得经常是以自身的尺度为依据的，劳动工具、生活用品、家具等都是根据人体的尺度而设计的，物质的尺度是否合适很容易得到检验。建筑则不然，建筑的体量都很大，人们很难以自身的大小和它做比较。

b. 建筑的复杂性。建筑具有丰富的内涵，建筑中的许多要素不是单纯由功能这一方面因素决定的，其他因素会与功能因素一起制约建筑空间的形象，而且有时其他因素甚至超过功能的作用，这样就可能给辨认尺度带来困难，使某些建筑失去了应有的尺度感，如建筑的门经常会出于其他方面的考虑而设计得很高。

②合宜尺度感的获得。欲获得合宜的尺度感主要有以下几种方法。

a. 不变要素的运用。建筑中的要素，如栏杆、扶手、踏步等，与人体尺度关系极为密切。一般来说，为适应其功能要求，这些要素基本保持恒定不变的大小和高度。另外，某些定型的材料和构件，如砖、瓦、滴水等，其基本尺寸也是不变的。以这些不变的要素为参照物，将有助于获得正确的尺度感。

建筑内部空间中，由于家具、陈设等物体具有相对确定的尺寸，以它们为参考，基本可以获得合宜的尺度感。

b. 局部的衬托。建筑物的整体是由局部组成的，局部对整体尺度的影响很大，通过局部与整体之间的对比作用，可以衬托出建筑物的真实尺度感。局部愈小愈反衬出整体的高大；反之，过大的局部，则会使整体显得矮小。

当然，我们也不排除某些特殊类型的建筑为了获得某种审美效果，需要不真实的尺度感，如纪念性建筑，往往用夸张的尺度感，通过细部处理使建筑产生更高大的感觉，而风景园林建筑则需要一种亲切的尺度感。

（3）均衡。均衡是指在特定的空间范围内诸形式要素之间视觉感的平衡关系。在自然界里，相对静止的物体都是遵循力学原则以安定的状态存在着的。由于这个事实，人们在审美时产生了视感平衡心理，于是人们在建造建筑时力求符合均衡的原则。均衡大体上可分为静态均衡和动态均衡两类。

①静态均衡。静态均衡是指在相对静止条件下的平衡关系，是在造型活动中被长期和大量运用的普遍形式。静态均衡又可分为对称平衡和非对称平衡。

a. 对称平衡。所谓对称平衡是指画面中心点两边或四周的形态具有相同的状态，从而形成静止的现象。其实对称本身就是一种形式美的原则，因为这种形式体现出一种严格的制约关系，因而比较容易获得完整统一性。比如，中国古代建筑经常用对称均衡。

对称均衡还包括左右对称和辐射对称两种形式，前者是发展的、静态的，后者则是静中蕴含着动感。

b. 非对称平衡。非对称平衡是指一个形式中相对应的部分不同，但因其量感相似，从而形成一种平衡关系。与对称形式的均衡相比较，非对称形式的均衡所取得的视觉效果较为灵活而富于变化，但都不如对称形式庄重。

现代建筑中，功能、地形、建筑物的使用性质等多方面因素的限制，使许多建筑不适于采用对称形式，于是就出现了非对称均衡。第一代建筑师格罗皮乌斯设计的包豪斯校舍就打破了古典建筑传统的束缚而采用了非对称的均衡方式，成为现代建筑史上一个重要的里程碑。

②动态均衡。自然界中还有很多现象是依靠运动求得平衡的（如旋转的陀螺）。现代建筑理论在处理建筑空间立体构图时考虑到人观察建筑过程中的时间因素，产生了"空间—时间"的构图理论。

（4）主从。在由若干要素组成的整体中，各组成部分必须有所区别，因为每一要素在整体中所占的比重和所处的地位将会影响到整体的统一性，即各部分应该有主次之分，有重点与一般之分。从平面组合到立面处理，从内部空间到外部体形以及从细部装饰到群体组合，都要处理好主从、重点和一般的关系，以取得完整统一的效果。区分主从关系的途径有以下几种。

①从空间布局上区分。通过建筑空间布局上的处理，可以将主体部分和从属部分有效地区分开来，如对称——中国传统建筑惯用的方法；或将主体空间置于中间，从属空间围绕其环状布置——西方古典的集中式建筑；或一主一从——现代建筑。

②采用重点强调的方法。重点强调是指有意加强整体中的某个部分，使其在整体中显得特别突出，其他部分则相应地变得次要，从而达到区分主次关系的目的，如加大、增高、突出主体或在建筑中设置"趣味中心"。"趣味中心"是指整体环境中最引人入胜的部分，也是最重要的部分，许多现代建筑中的庭院空间就是一个很好的趣味中心。

（5）反复。反复是指相同或相似的构成单元规律性地逐次出现时所获得的效果。反复是一种历史悠久的古典构图形式，也是一项最基本的构图原理，它是获得秩序与均衡的必要基础，也是和谐与韵律的主要因素。

反复的具体形式又分为同一反复、相似反复和变化反复等。同一反复指某一要素的简单重复出现，它可产生统一感，但不免单调；相似反复指有某些差异的要素的重复出现，它可形成统一中的变化；变化反复指在形式要素的排列上，相异的单元交互出现，可导致变化中的统一。

（6）渐变。渐变是指利用近似的形式进行连续的排列，这是一种通过类似要素的微差关系而取得统一的形式手段。在本质上，渐变原则必须以良好的比例作为基础。一般等差数列、等比数列等都可以构成渐变形式的基本比率。渐变能使视觉产生柔和含蓄的感觉，具有抒情的意味，而且其自身包含着强烈的韵律感。在建筑中，由于有远近的透视作用，多数反复的形式可能转变为渐变的效果。

（7）对比。所谓对比是指强调各形式要素间彼此不同因素的对照，以表现其差异性为目的。古代朴素唯物主义曾有这样的观点：自然趋向差异对立，协调是从差异对立而不是从类似的事物中产生的。对比形式对人们的感官刺激有较高的强度，容易引起人的兴奋，进而使造型效果生动而富于活力。对比效果是形式美学中最为活跃的积极因素，但是在使用中一定要掌握好程度，对比太强也会产生不和谐的感觉。

对比的形式有很多，它们之间有一定的区别，有的是"量"方面的对比，有的是"质"方面的对比。在时间上，对比又可分为同时对比和连续对比。

①"量"和"质"的对比。从视觉角度上说，大—小、多—少、高—低、粗—细、水平—垂直等属"量"的对比；软—硬、凹—凸、直—曲等属"质"的对比，但无论采用"量"的对

比还是"质"的对比，一方面，"量""质"因素不宜差距过大，另一方面，可用重复或均衡原则给予调节，还可用某些过渡因素加以调节、缓和，以取得对比中的和谐效果。

②同时对比和连续对比。考虑时间因素，对比就又有同时对比和连续对比的区分，若对比着的元素在同一时间、同一场合出现，就能同时对比；若对比着的元素不在同一时间、同一场合出现，就属连续对比。

在建筑空间中，人们对建筑空间的认识不能在一时之间完成，而是要参考一个空间再来到另一个空间，在连续运动过程中获得全部体验，对建筑的外部空间的认识也是如此，因此在设计中要注意不同空间的相关元素的对比。

（8）韵律。韵律是指形式在视觉上所引起的律动效果，如造型、色彩、材质、曲线等各种形式要素。在组织上合乎某种规律时所给予视觉和心理上的节奏感觉，就是韵律。韵律本身具有极强的条理性、重复性、连续性，因此，在建筑空间中适当运用韵律原则，使静态空间产生微妙的律动效果，既可建立一定的秩序，又可打破沉闷气氛而创造出生动、活泼的环境氛围。所以，在建筑领域中，从局部到整体、从内部空间到外部体形、从单体到群体以及古今中外，建筑都在大量运用韵律美。

（二）建筑空间的创造

建筑空间包括建筑内部空间和建筑外部空间，也就是说，一个完整的建筑创造应包括建筑内部空间的创造和建筑外部空间的创造。

1. 空间处理

人的一生大部分是在室内度过的，因此内部空间处理非常重要，直接关系到人们的使用是否方便和精神感受是否愉快。内部空间又可分为单一空间和复合空间。

（1）单一空间的处理手法。单一空间是构成建筑的基本单元，虽然大多数建筑是由多个空间构成的，但是只有在处理好每一个空间的基础上才能解决整个建筑的空间问题，包括空间的形状与面积、比例与尺度和空间的界面。

①空间的形状与面积。受功能与审美要求的双重制约，应该在满足功能的前提下，选择某种空间形状以使人产生某种感受。直线是人比较容易接受的，而且使用起来较为方便，家具等也易于布置，故矩形的空间在实际中得到广泛应用。但是，过多的矩形空间也会产生单调感，因此一些建筑常采用其他几何形状的平面，从而带来一定变化，配以不同的屋顶形式，更能产生不同的空间感受。

空间的面积同样受到功能与审美两种因素的制约。一般建筑空间的面积根据该空间的使用性质和人员规模，以人体的尺度、各种动作域的尺寸和空间范围以及交往时的人际距离等为依据，即可以大致确定其面积。比如，在大量的调查、研究、经验基础上总结出的不同建筑空间的面积计算参数。

②空间的比例与尺度。几何形状的比例对空间的使用和艺术效果都会产生一定影响。建筑空间的尺度感应该与房间的使用性质取得一致。比如，住宅中各个房间都采用矩形平面；客厅不宜过于窄长，厨房形状则可狭长些；客厅（居室）尺度宜亲切，形成居家气氛，过大时很难和谐。

③空间界面的处理。空间是由不同界面围合而成的，界面的处理对空间效果具有很强的影响，这里说的界面包括顶界面、侧界面和地面。

顶界面对空间形态的影响非常大，如同样是矩形平面，平顶、拱顶的区别使空间形态完全不同，如井字梁、网架等。

空间的侧界面以垂直的方式对空间进行围合，处在人的正常视线范围内，因此对空间效果来说至关重要。侧界面的状态直接影响着空间的围透关系，但在建筑中，围与透应该是相辅相成的，只围不透的空间自然会使人感到憋闷；但只透不围尽管开敞，内部空间的特征却不强了，也很难满足应有的使用功能。也就是说，建筑空间创造要很好地把握围与透的度，根据具体使用性质来确定围与透，如宗教建筑以圆为主，造成神秘、封闭、光线幽暗的气氛。风景园林建筑出于观景要求，四面临空是完全可以的。

空间侧界面上的门窗洞口的组织在建筑中也很重要。某个界面上实体面与门窗洞口的组织实际上就是处理虚与实的关系，二者应有主有次，尽量避免两部分对等的现象出现，并且门窗洞口一般使用正常尺度，使空间尺度感正常。

（2）复合空间的处理手法。建筑绝大多数是由多个空间复合而成的，纯粹的单一空间建筑几乎是不存在的。即使只有一个房间的建筑，内部空间也会因不同的使用功能而有所划分。因此，我们要在处理好单一空间的基础上，解决多个空间组合在一起所涉及的问题，使人们在连续行进的过程中得到良好的空间体验。复合空间的处理主要包括空间的组合方式、空间的分隔与划分、空间的衔接与过渡、空间的对比与变化、空间的重复与再现、空间的引导与暗示、空间的渗透与流通以及空间的秩序与序列。

①空间的组合方式。任何建筑空间的组合都应该是一个完整的系统。各个空间的某种结构方式联系在一起，既要有相互独立又能相互联系的各种功能场所，还要有方便快捷、舒适通畅的流线，形成一种连续、有序的有机整体。空间组合方式有很多种，选择的依据首要考虑建筑本身的设计要求（如功能分区、交通组织、专业通风及景观的需要等），还要考虑建筑基地的外部条件，周围环境情况会限制或增加组合的方式，或者会促使空间组合对场地特点的取舍。根据不同的空间组织特征，空间组合方式概括起来有并列、集中、线形、辐射、组团、网格、轴线对位、庭院等。

②空间的分隔与划分。建筑空间的组合，从某种意义上说，是根据不同的使用目的对空间进行水平或垂直方向上的分隔与划分，从而为人们提供良好的空间环境。空间的分隔与划分大致有三个层次：一是室内外空间的限定（如人口、天井、庭院等），体现内外空间关系；二是内部各个房间的限定（各内部空间之间分隔与划分手段）；三是同一房间里不同部分的限定（用更灵活的手段对空间进行再创造）。

空间的分隔包括水平和垂直两个方向的限定，主要包括利用承重构件进行分隔、利用非承重构件进行分隔、利用家具、装饰构架等进行分隔、利用水平高差进行分隔、利用色彩或材质进行分隔、利用水体、植物及其他进行分隔等几种手段。

③空间的衔接与过渡。从心理学角度来考虑，人们总是不希望两个空间简单地直接相连，

那样会使人感到突然或过于单调，尤其是两个大空间，如果只以洞口直接连通，人们从前一个空间走到后一个空间，感觉会很平淡。因此，在创造建筑空间时要注意空间的衔接与过渡问题（如同音乐中的休止符、文章中的标点）。

空间的间接过渡方式就是在两个空间中插入第三个空间作为过渡——过渡空间。过渡空间的设置有的是实用的需要，有的是加强空间效果的需要。比如，住宅入口的玄关，既是安全性、私密性的需要，同时兼具更衣、临时贮藏的功能；又如，餐饮、宾馆、办公等入口处的接待空间，既是使用的需要，也有礼节、创造气氛的目的。

过渡空间的设置具有一定的规律性，常常起到功能分区的作用，如动区与静区、净区与污区等中间经常有过渡地带来分隔；在空间的艺术形象处理上，过渡空间经常要与主体空间有一定的对比性。

内外空间之间也存在着一个衔接与过渡的处理问题，如门廊、悬挑的雨篷等均是一种内外空间的过渡方法。

④空间的对比与变化。两个毗邻的空间在某些形式方面有所不同，将使人从这一空间进入另一空间时产生情绪上的突变，从而获得兴奋的感觉。如果在建筑空间设计中能巧妙地利用功能的特点，在组织空间时有意识地将形状、体量、方向或通透程度等方面差异显著的空间连接在一起，将会产生一定的空间效果，如体量对比、形状对比、通透程度对比、方向对比等。

利用空间的对比与变化能够创造良好的空间效果，给人一定的新鲜感，但在具体设计时切记掌握对比和变化的度，不能盲目求变，要变得有规律、有章法。

⑤空间的重复与再现。真正美的事物都是多样统一的有机整体。只有变化会显得杂乱无章，而只有统一会流于单调。在建筑中，空间对比可打破单调求得变化，但空间的重复与再现作为对比的对应面也可以借助协调求得统一，两者都是不可缺少的因素。在建筑空间中，一定要把对比与重复这两种手法结合在一起，相辅相成，以获得成功的空间效果。

比如，我国传统的建筑空间其基本特征是以有限的空间类型作为基本单元而一再重复地使用，从而获得在统一中求变化的效果。即使在对称的布局形式中，也包含着对比和重复这两方面的因素。东西方传统建筑空间中经常采用的对称方式都具有这样的共同特点：沿中轴两侧横向排列的空间——重复，轴线纵向排列的空间——变换。

同一种形式的空间连续多次或有规律地重复出现，就会富有一种韵律节奏，给人以愉快的感觉（如罗马大角斗场外三道环廊上的拱）。以某一几何形状为母题进行空间组合的方式，实质上体现的是空间的重复与再现。

⑥空间的引导与暗示。建筑由多个空间组合在一起，人们总是先来到某个空间，继而来到另一空间，而不能同时窥见整个建筑全貌。这就需要同时根据功能、地形等条件在建筑空间创造中采取某些具有引导或暗示性质的措施对人流加以引导。有时在建筑空间创造中避免开门见山或一览无余而通过某种引导、暗示进入趣味中心，可以达到"柳暗花明又一村"的意境。

空间的引导和暗示不同于路标，路标往往给人们明确的方向指示和目的指引，空间的引导和暗示处理得要含蓄、自然、巧妙，能够使人在不经意之间沿着一定的方向或路线从一个空间依次地走向另一个空间。

在空间界面的点、线、面等构图元素中，线具有很强的导向性作用，通过天花、墙面或地面处理，会形成一种具有强烈方向性或连续性的图案，有意识地利用这种处理手法将有助于把人流引导至某个确定的目标，如天花板上的带状灯具、地面上铺砌的纵向图案、墙面上的水平线条等。

⑦空间的渗透与流通。一些私密性要求较高或人们长期驻留的空间往往采用较封闭的形式，但许多公共空间多采用通透开敞的形式。空间具有流动感，彼此之间相互渗透增加空间的层次感。空间的渗透与流通包括内部空间之间和内外部空间之间的渗透与流通两部分。

中国传统建筑尤其是传统园林建筑中常用（善用）空间的渗透与流通来创造空间效果，如"借景"的处理手法，就是一种典型的空间渗透形式。"借"就是把别处的景物引到此处来，这实质上是使人的视线能够通过分隔空间的屏障，观赏到层次丰富的景观。

西方古典建筑虽为石砌结构体系，一般比较封闭，但也有许多利用拱券结构分隔的空间，取消了墙体而加强了空间流通。

不仅水平面上的空间需渗透与流通，垂直方向上也需要，这样可以丰富室内景观，如夹层、回廊、中庭都会创造出不同影响的空间效果。

⑧空间的秩序与序列。人的每项活动都有其一定的规律性或行为模式，建筑空间的组织也具有某种秩序，多个空间组合在一起形成一个空间的序列。

这里空间序列的安排虽应以人的活动为依据，但如果仅仅满足人的行为活动的物质功能需要是远远不够的，充其量是一种"行为工艺过程"的体现，因此，还要把各空间彼此作为整体来考虑，并以此作为一种艺术手段，以更深刻、更全面、更充分地发挥建筑空间艺术对人心理上、精神上的影响。

空间序列组织，首先要在主要人流路线上展开空间序列，使之既连续顺畅，又具有鲜明的节奏感；还要兼顾其他人流路线空间序列安排，使从属地位烘托主要空间序列，二者相得益彰。

2. 外部空间处理

（1）外部空间的概念。建筑的外部空间是针对建筑而定的，但不是建筑以外的所有自然环境都是建筑的外部空间。外部空间是从自然界中划定出来的一部分空间，是"由人创造的有目的的外部环境，是比自然更有意义的空间"。如果把整个用地当作一个整体来考虑，有屋顶的部分属于内部空间，没有屋顶的部分作为外部空间。外部空间与建筑物本身密切相关，二者之间的关系就好像砂模与铸件的关系：一方表现为实，另一方表现为虚，二者互为表里，呈现出一种互余、互补或互逆的关系。

外部空间具有两种典型的形式：一种是以空间包围建筑物——开放式外部空间；另一种是以建筑实体围合而形成的空间，这种空间具有较明确的形状和范围——封闭式外部空间。

（2）外部空间的构成要素。

①界面外部。空间是没有顶界面的，它的限定就由侧界面和底界面来完成，有时它们也能

独自起到限定的作用。比如，庭院由建筑物的外墙与围墙、栏杆等限定；街道基本由两旁建筑物相对完成；广场由周边的建筑物围成。

②设施。只有空间界面形成的空间是单调的，还要加上设施空间才能丰富多彩，这些设施包括室外家具、小品、水体、植物、照明等。

③尺度。尺度虽不是建筑外部空间的实际构成要素，但对人们的空间感受具有很强的作用，人们是基于视觉感知评价空间环境的。比如，人眼的视野有一定的范围和距离：水平 60° 范围内视野最佳，垂直 18° ~ 45° 能看清建筑全貌；最佳水平视角为 54°，最佳垂直视角为 27°。

利用这个视觉规律可以帮助我们推敲外部空间的尺度，选择建筑的高度、广场的大小和主要视点的位置等。

（3）外部空间的创造。外部空间的创造包括空间布局、围合和序列的组织。

①空间的布局。空间的布局是外部空间创造的重点，主要考虑以下几个方面：

a. 确定空间大小。根据该空间的功能和目的确定空间大小。例如，住宅的庭院，过大并不见得好，毫无意义的大只会使住宅变得冷漠而缺乏亲切感。广场，边长二十几米的空间可以保证人们能互相看清，有舒适亲密感；边长几十米至上百米的广场则具有广阔感、威严感。街道，一般愉快的步行距离为 300m，景观路、商业步行街应以此为限，最好不超过 500m，再长就要分阶段设置，以免产生疲劳感。

b. 确定不同领域。大多数外部空间都不是单一功能的，而是多功能综合使用的。进行外部空间设计就是要把这些不同用途的部分进行区分，从而确定其相应的领域。

c. 加强空间的目标性。建筑理论家诺柏格·舒尔兹说，建筑空间就具有中心和场所、方向和路线以及领域等要素。中国古典园林中的"对景""曲径通幽"等即为此。

②空间的围合。空间的围合主要靠侧界面的形式来确定，主要包括以下几个方面：

a. 侧界面的围合方式。有围合、覆盖、凹凸、设立、架起、肌理等几种方式。

b. 侧界面围合的高度和宽度。高度对空间的封闭程度有决定性作用，封闭感实质上是人的一种感受，即由开敞到压抑的不同视觉和心理感受。

c. 隔断的宽度。

③空间的序列组织。

a. 空间的顺序。

室内—半室内—半室外—室外；

封闭性—半封闭性—半开放性—开放性；

私密性—半私密性—半公共性—公共性；

安静—较安静—较嘈杂—嘈杂；

静态—较静态—较动态—动态。

b. 空间的层次。用隔断、绿化、高差、形成近、中、远的景致变化，增加空间层次。

④外部空间的创造手段与技巧。

a. 高差的运用。高差可区分不同的领域，如城市下沉式广场。

b. 质感的运用。利用界面不同的质感变化打破空间的单调感，也可产生区域划分的功能。

c. 水、植物等的运用。人工的建筑与植物复杂的优美形态，建筑空间中的直、硬与植物的曲柔产生强烈对比，极好地柔化了空间。

d. 照明的运用。室外空间的照明与室内空间的照明同样重要，照明使白天与夜晚具有不同的景观，因此，应该充分了解各种照明手段。

e. 色彩的运用。暖色明度高、纯度高，具有前进性，当空间过于空旷时使用暖色，可以获得紧凑、亲切感。冷色明度低、纯度低，具有后退性，当空间较窄拥挤时使用冷色，可以获得开阔、宽敞感。同时，不同性质的建筑空间应采用不同色调。

（三）风景园林建筑空间的创造

1. 风景园林建筑空间的创造原则

由于风景园林建筑的特殊性，在创作中除应遵循建筑空间创造的一般原则外，还应遵循以下原则。

（1）受造景制约，从景观效果出发。空间的形态、布局、组合方式等各方面都要受到造景的制约，在某些情况下，要以景观效果为出发点，服从景观创造的需要。

（2）景观与功能结合。在满足景观需要的前提下实现各自的功能。虽然景观效果是首要的，但使用功能是基本的，创作过程就是将二者紧密结合，同时满足各种要求，这一点在城市风景园林建筑创作中尤其重要。

（3）立意在先。根据功能需求、艺术要求、环境条件等因素，勾勒出总的设计意图。

某些景观建筑空间的位置、朝向、封闭或开敞要取决于得景的好坏，即是否能使观赏者在视野范围内取得最佳的风景画面。

2. 风景园林建筑空间的创造技巧

中国风景园林建筑空间的创造经验很多，主要手法有空间的对比、空间的围与透以及空间的序列。

（1）空间的对比。风景园林建筑空间布局为了取得多样统一和生动协调的艺术效果，常采用对比的手法。比如，在不同景区之间，两个相邻而内容不尽相同的空间之间，一个建筑组群中的主、次空间之间等，主要包括空间大小的对比、空间虚实的对比、次要空间与主要空间的对比、幽深空间与开阔空间的对比、空间形体上的对比、建筑空间与自然空间的对比。

以小衬大是风景园林空间处理中为突出主要空间而经常运用的一种手法。这种小空间可以是低矮的游廊，小的亭、榭、小院，一个以树木、山石、墙垣所环绕的小空间。其设置一般处于大空间的边界地带，以敞开对着大空间，取得空间的连通和较大的进深。而且人们处于任何一种空间环境中，都习惯于寻找一个适合自己的恰当的"位置"。人们愿意从一个小空间去看大空间，愿意从一个安全的、受到庇护的环境中观赏大空间中动态的、变化着的景物。比如，颐和园的前山前湖景区，以昆明湖大空间为中心的四周，布置了许多小园林空间，包括乐寿堂、知春亭等，这些风景点、小园林与大的湖面自然空间相互渗透。当人们置身于小空间内时，既能获得亲切的尺度感，又能使视线延伸到大空间中去，开阔舒展。各小园林空间的具体处理方法各不相同，统一中有变化，空间丰富、景趣多样。

建筑空间虚实的对比也是风景园林惯用的手法。比如，把建筑物内部的空间当作"实"，则建筑、山石、树木所围合的空间可作为"虚"，那么亭、空廊、敞轩等建筑就成了半虚半实的空间了。

空间对比的最好的例子是留园的入口，留园入口以虚实变幻、收放自如、明暗交替的手法，形成曲折巧妙的空间序列，引人步步深入，具有欲扬先抑的作用。先是幽闭的曲廊，进入"古木交柯"渐觉明朗，并与"华步小筑"空间相互渗透，北面透过六个图案各异的漏窗，使曲廊与园中山池隔而不断，园内景色可窥一斑，绕出"绿荫"则豁然开朗，山池亭树尽现眼前，通过对比达到最佳境界。

风景园林建筑空间在大小、开合、虚实、形体上的对比手法经常互相结合，交叉运用，使空间有变化、有层次、有深度，使建筑空间与自然空间有很好的结合与过渡，以符合实用功能与造景两方面的需要。

（2）空间的围与透。风景园林建筑空间的存在来自一定实体的围合或区分，没有"围"，空间就没有明确的界限，就不能形成有一定形状的建筑空间，但只"围"不"透"，建筑空间就会变成一个个独立的个体，形成不了统一而完整的景观空间。就人在景观中的行为来说，也要使空间有"围"有"透"、有分合。由于风景园林建筑主要是为了满足游赏性的需要，因此，风景园林建筑的空间处理也应以"透"为主、以"流通"为主、以"公共性"为主。

风景园林建筑空间的"围"与"透"包括建筑内部空间的围透处理；建筑内部空间与外部空间之间的围透处理以及建筑外部空间的围透处理（墙、门、窗、洞口、廊为围透媒介）。

（3）空间的序列。风景园林景观基本是为人们游览、观赏的精神生活服务的，因此风景园林景观应利用其游览路线对游人加以引导，这就需要在游览路线上很好地组织空间序列，做到"步移景异"，使游人一直保持着良好的兴致。比如，中国传统园林建筑空间序列是一连串室内空间与室外空间的交错，包含着整座园林的范围，层次多，序列长，曲折变化，幽深丰实，经常表现为一种是对称、规整的形式，一种是不对称、不规整的形式。

对称、规整式以一根主要轴线贯穿着，层层院落依次相套地向纵深发展，高潮出现在轴线的后部，或位于一系列空间的结束处，或高潮后还有一些次要空间延续，最后结尾。比如，颐和园万寿山前山中轴部分排云殿—佛香阁一组建筑群：从临湖"云辉玉宇"、排云门、二宫门、排云殿、德晖殿至佛香阁，穿过层层院落，成为序列高潮，也成为全园前湖景区的构图中心，其后部的众香界、智慧海是高潮后的必要延续。

不对称、不规整式以布局上的曲折、迂回见长，其轴线的构成具有周而复始、循环不断的特点。比如，苏州留园入口部分的空间序列，其轴线曲折，围透交织，空间开合，明暗变化，运用巧妙。从园门入口到园内的主要空间之间，由于相邻建筑基地只有一条狭长的引道，建筑空间处理手法恰当、高明，化不利为有利因素，把一条50m长的有高墙夹峙的空间，通过门厅、甬道分段组成大小、曲直、虚实、明暗等不同的空间，使人通过"放—收—放""明—暗—明""正—折—变"的空间体验，到达"绿荫"敞轩后的开敞、明朗的山池立体空间。

第三节 园林建筑的造型设计

建筑造型设计是园林建筑设计的一个重要组成部分，其内容主要涉及建筑体型设计、立面设计、细部设计等方面。

一、园林建筑造型艺术的基本特点

园林建筑造型艺术的基本特点主要体现在以下五个方面。

（1）建筑的艺术性寓于物质性。园林建筑同其他类型建筑一样，应遵循建筑设计的普遍原则，即在满足人们的物质要求的同时，还必须满足人们的精神需求。

（2）形式与功能的高度统一。物质和精神的统一是建筑创作的根本方向，当建筑的形式与功能达到高度统一时，才能创造出完美而崇高的建筑形象。

（3）可以借助其他艺术形式（如雕塑、文学、书法、绘画等），但主要通过建筑的手段和表达方式来反映建筑形象的具体概念。

建筑艺术不同于雕塑、音乐、绘画等其他艺术形式，其主要通过自身的空间、形体、尺度、比例、色彩和质感等方面构成艺术形象，表达某些抽象的思想内容，如庄严肃穆、富丽堂皇、清幽淡雅、轻松活泼等气氛。园林建筑设计常常借助雕塑、文学、书法、绘画等其他艺术形式加强艺术氛围和表现力，但主要通过建筑的手段和表达方式来反映建筑形象的具体概念，园林建筑空间是具有音乐韵律美的四维空间。当人们在一定的园林空间中移动，随着时间的推移，一个个开合、明暗变化的空间，犹如连续的画卷在眼前展现。因为有了时间的因素，园林建筑的空间魅力才得以充分地表达。

（4）体现建筑的地方特色和民族特色，继承传统又根据现代条件创新。善于充分挖掘传统建筑的地方特色和民族特色，在继承传统的基础上做到"古为今用，洋为中用"，根据现代化条件创造出崭新的园林建筑形象。

（5）建筑业的综合性与建筑造型有着密切的联系。随着时代的进步，人们的物质文化生活向多元化发展，园林建筑的形式也日趋复杂，建筑技术尤其是结构技术的飞速发展，为园林建筑创作中的各种尝试和探索提供了技术条件，许多新材料、新技术在园林建筑中得到大量运用。

二、园林建筑的构思与构图

（一）园林建筑构思

建筑构思是运用形象思维与逻辑思维的能力，将现实主义与浪漫主义相结合，对设计条件进行深刻分析和准确理解，抓住问题的关键和实质，以丰富的想象力和坚韧的首创精神，运用建筑语言特有的表达方式和构图技巧，创造出深刻思想和卓越艺术完美统一的建筑形象。

一般的园林建筑设计应包括方案设计、初步设计、施工图设计三大部分，建筑构思主要是在方案设计阶段完成的。

建筑方案设计的过程大致可以划分为任务分析、方案构思及多方案比较、方案修改完善三大步骤。建筑师在实际工作中常常经历分析研究、构思设计、分析选择、再构思设计循环发展的过程。在每一个"分析"阶段（包括前期的条件、环境、经济分析研究和各阶段的优化分析选择）所运用的主要是分析概括、总结归纳、决策选择等基本的逻辑思维的方式；而在各个"构思设计"阶段，建筑师主要运用的是形象思维。因此，建筑设计的学习训练必须兼顾逻辑思维和形象思维两个方面，不可偏废。任务分析是设计的前提和基础，从任务分析（设计要求、地段环境、经济因素和相关规范资料等）到建筑设计思想意图的确立，并最终完成建筑形象设计，方案设计承担着从无到有、从抽象概念到具体形象的职责，它对整个设计过程起着开创性和指导性的作用，要求建筑师具有广博的知识面、丰富的想象力、较高的审美能力、灵活开放的思维方式和勇于克服困难的精神。对于初学者而言，创新意识与创作能力是学习训练的主要目标。

1. 任务分析

任务分析就是通过对设计要求、地段环境、经济因素和相关规范资料等重要内容的系统、全面的分析研究，为方案设计确立科学的依据。

（1）设计要求的分析。设计要求的分析包括个体空间、功能关系、形式特点要求三大方面。

①个体空间分析包括各功能用房的体量大小、基本设施要求、位置关系、环境景观要求、空间属性要求等。

②功能关系分析指按照设计任务书要求，将功能概念化，绘出功能关系图，明确个体空间的相互关系及联系的密切程度。

③形式特点要求分析指分析不同类型建筑的性格特点和使用者的个性特点。

（2）地段环境的分析。环境条件是建筑设计的客观依据。所谓"因地制宜"即是对周围环境条件的调查分析，把握和认识地段环境的质量水平及其对建筑设计的制约影响，充分利用现有条件因素并加以改造利用。具体的调查研究应包括地段环境、人文环境和城市规划设计条件三个方面，其中地段环境的分析是做好园林建筑设计的首要条件。

①地段环境。地段环境方面包括所在城市的气候条件；地段的地质条件、地形地貌、景观朝向、周边建筑、道路交通、城市方位、市政设施、污染状况等。

②人文环境。人文环境方面包括城市性质、规模，地方风貌特色等。

③城市规划设计。城市规划设计方面包括城市规划部门拟定的有关后退红线、建筑高度、容积率、绿化率、停车量等要求。

（3）经济技术因素分析。方案设计阶段主要是在遵循适用、坚固、经济、美观的原则基础上，依据业主实际所能提供的经济条件，选择适宜的技术手段，包括建筑的档次、结构形式、材料的应用、设备选择等。

（4）相关资料的调研与搜集。学习和借鉴前人的实践经验以及掌握相关建筑设计的规范制度，是掌握园林建筑设计的基本方法。资料搜集包括规范性资料和优秀设计图文资料两个方面，可通过对性质相同、内容相近、规模相当、方便实施的实例进行调研。

任务分析阶段常用草图表现方法绘制用地环境分析图，如走廊设计用地环境分析图中表达了对用地景观朝向、周边建筑、道路交通、地形地貌条件分析。

2. 构思方法

在建筑创作中，方案构思的方法是多种多样的，根据方案设计的过程，可将构思的方法分为以下四种。

（1）按部就班式构思。先了解熟悉设计对象的性质、内容要求、地形环境等，在此基础上进行功能分析及绘制功能关系图；依据各功能空间的体量大小、基本设施要求、位置关系、环境景观要求、空间属性把关系图示置于基地，根据基地的形状、朝向、周围环境等因素，将它修改成合理的总平面或平面布局形状；等这种关系安排妥当后，就把建筑物"立体化"；最后根据造型设计进行平面的调整修改，直至方案完成。

其优点是基本满足功能要求，技术上也比较容易解决，但没有创造性，整个过程重视平面关系，在考虑功能时，往往不注重建筑体型，等到最后确定建筑形象时，只是做一些调整和细节处理。但对于初学者而言，这是应掌握的最基本的构思方法。

（2）形态构思。这种方式是最常用的手法，但先决条件是熟悉基地和设计对象。罗列可能出现的建筑形式，然后做多方案比选。以凉亭设计为例，在任务分析的基础上，罗列出三个方案进行比选。

在进行多方案构思时，应遵循以下两个原则。

①应提出数量尽可能多、差别尽可能大的方案。

②任何方案的提出都必须是在满足功能与环境要求的基础之上的，否则，再多的方案也毫无意义。

在进行多方案分析比较与优化选择时，重点比较以下三个方面。

①是否满足基本的设计要求。

②建筑的个性特色是否突出。

③是否留有修改调整的余地。

即使是被选定的方案，虽然在满足设计要求和个性特色上具有相当优势，但也会因方案阶段的深度不够等原因，存在一些局部问题，需要调整和深入。应该注意的是，对其进行的调整和深入是在不改变原有方案整体构思、个性特色的基础上所进行的局部修改和调整，以避免由于局部的调整导致方案整体大改大动。

（3）意象性构思。所谓意象性构思就是将某种意念投射到建筑形象上，让人去联想。比如，古典园林中的临水建筑——舫，即是将"船"的意象投射到建筑形象设计中，其特点是建筑形象与投射体之间存在着介乎似与不似之间的关系，方能让人联想、令人回味。再如，上海世博会西班牙国家馆建筑采用天然藤条编织成的一块块藤板作外立面，整体外形呈波浪式，看上去形似"篮子"，藤条板质地、颜色各异，抽象地拼搭出"日""月""友"等汉字，表达对中国传统文化的理解（图4-8）。

图 4-8　上海世博会西班牙国家馆

（4）构成式构思。就是不管是平面的、立体的、空间的乃至肌理、光影、颜色等，采用构成手法从一个整体出发进行各种变换，最后形成一个建筑方案。

以上四种方式依次由易至难，第一种属于"先功能后形式"，后三种属于"先形式后功能"，第一种以平面设计为起点，从研究建筑的功能需求出发，而后完善建筑造型设计；后三种从建筑体形环境入手，重点研究建筑空间和造型，而后完善功能。对于初学者而言，可在掌握熟悉第一种的基础之上，尝试其他的方案构思方法。

3.表达方式的选择

为了能在方案设计阶段更及时、准确、形象地记录与展现建筑师的形象思维活动，宜采用设计推敲性表现方法，常用的是草图表现，其他还有草模表现、计算机模型表现等形式。而在方案确定以后，为了进行阶段性的讨论或在最终成果汇报展示时，则需采用展示性表现方法，使方案表现充分，以最大限度地赢得社会认可。

（二）园林建筑构图的原则与方法

建筑构思需要通过一定的构图形式才能反映出来，建筑构思与构图有着密切的联系，有时想法（构思）好，但所表现出来的形象并不能令人满意。有时建筑虽然大体上符合一般的构图规律，但并不能引起任何美感。这说明，构思再好，还有个表现方法的问题、途径选择的问题以及建筑美学观的认识问题。运用同样的构图规律，在美的认识上、艺术格调上、意境的处理上还有正谬、高低、雅俗之分，建筑形象的思想性与艺术性结合的奥妙就在于此。

园林建筑设计应符合造型艺术构图的基本规律才能使各景区、景点建筑构图的重点突出、多样统一，具体的构图法则有统一与变化、对比与微差、节奏与韵律、联系与分隔、比例与尺度、均衡与稳定等，至于采用何种构图方法，则需综合考虑主题意境及建筑风格。

1.统一与变化

物质世界具有有机统一性，多样统一是形式美的普遍规律。多样统一既是秩序（相对于杂乱无章而言），又是变化（相对于单调而言）。建筑在客观上存在着统一与变化的因素——相同性质、规模的空间（如办公楼的办公室、旅馆的客房等具有相同的层高、开间、门窗），不同性质、规模的空间（如楼梯、门厅等层高、开间、开窗位置等不同）立面上反映出统一和变化来。另外，建筑是由一些门窗、墙柱、屋顶、雨篷、阳台、凹廊等不同部分组成的，也必然反映出园林建筑中可以通过"对位"和"联系"获得统一，通过"错位"和"分隔"获得变化。比如，某办公建筑立面，由于办公室功能的一致性，立面开窗大小相等、位置相同，通过这种"对位"获得统一；而楼梯间窗户由于功能不同、采光要求低，加之平台地面高度与各楼面不在同一个标高，因此开窗小，位置与办公楼层错开半层，通过"错位"求得变化。

所谓"统而不死""变而不乱""统一中求变化""变化中求统一"正是为了取得整齐简洁而又避免单调呆板、丰富而不杂乱的完美的建筑形象。

2. 对比与微差

古希腊朴素唯物主义哲学家赫拉克利特认为："自然趋向差异对立，协调是从差异对立而不是类似的事物中产生的。"由此可见，事物之间的对比和微差产生协调。对比与微差只限于同一性质之间的差异，如体量上的大与小、形状上的直与曲等，至于这种差异变化是否显著，是对比还是微差，则是一个相对的概念，没有绝对的界限。比如，北京漏明墙窗，各窗统一布局，间距相等，大小基本一致，整体统一和谐，每一个窗形各异，相邻窗之间的这种变化甚微，视觉上保持了整体的一贯性与连续性，统一中有变化，是将两者巧妙结合的佳作。

由于建筑形式与功能的高度统一，建筑形式必然反映出建筑的功能特点。园林建筑内部功能的多样性和差异性，反映在形式上即是对比与微差。对比指各要素之间的显著差异；微差指的是不显著的差异。通过对比，借助各要素彼此之间的烘托陪衬来突出各自的特点以求得变化，如以小衬大、以暗衬明、以虚衬实；通过微差手法，借助各要素彼此之间的共同性以求得和谐。没有对比会使人感到单调，而过分强调对比，又因失去了相互之间的协调一致而造成混乱，只有将两者巧妙结合，才能创造出既变化又和谐、多样统一的建筑形式。

（1）数量上的对比。数量上的对比，如单体建筑体量的对比（以小衬大）、园林建筑庭院空间的对比（欲扬先抑），以及在中国古建筑立面设计中，为了突出中心，中轴线上的主入口较两侧大、明间的开间自明间向两侧依次递减等（图4-9）。

图4-9　山西晋祠胜境

（2）形状对比。形状上的对比有单体建筑各部分及建筑物之间形状的对比、园林建筑庭院空间形状的对比（方与圆、高直与低平、规则与自由的对比）。比如，天津水上公园水榭，建筑单体各部分采用不同形状（方与曲）的建筑体块组成以形成对比（图4-10）。

图4-10　天津水上公园水榭

（3）方向对比。将构成建筑自身形体的各部分在平面上沿不同的方向延伸，在空间上则通过构件悬挑、收进等手法，使其在三维空间中沿着各自的空间轴自由延伸扩展，以形成对比的手法，如桂林芦笛岩接待室。方向对比是获得生动活泼的造型和韵律变化的一种处理手法，许多交错式构图往往具有方向对比。

（4）明暗虚实对比。利用明暗对比关系达到空间变化和突出重点的处理手法，如室（洞）内与室（洞）外的一明一暗（以暗托明）；建筑外墙体立面的实墙面与空虚的洞口或透明的门窗所形成的虚实对比（以实衬虚）；空间的"围"（封闭）与"透"（开敞）所形成的虚实对比；园林环境中建筑、山石与池水之间的明暗对比等。

（5）简繁疏密的对比。通过立面构图要素（屋顶形式、装饰线条、门窗）的简与繁、疏与密的设计，形成对比，往往是建筑装饰的必然结果。以北京大正觉寺塔为例，以稀疏线条的台基和五座塔塔身的繁复线条形成对比（图4-11）。

图4-11　北京大正觉寺塔

（6）集中与分散对比、断续对比。通过建筑某些部件在组织上的集中和分散形成对比，以突出重点。比如，在建筑立面的处理中，为了突出建筑某个重点部位（如转角、主入口、屋檐下等处），建筑设计运用立面构图要素（如阳台、门窗等）的集中布置，而其他部位则做相对分散布置。比如，桂林"桂海碑林"立面设计，休息廊断开的垂直悬挑立柱和连续通长的水平栏板、梁枋之间形成断续对比。

（7）色彩与材料质感对比。园林建筑中常常运用各种材料（砖、瓦、石材、植栽等）的色彩、质感、纹理的丰富变化形成对比，以突出建筑的小品味和人情味。比如，现代园林中粗糙的毛石与光滑的人工石材；镜面玻璃形成的对比；苏州园林中粉墙与黛瓦的对比；白色的薄膜与银色的钢材的对比等，在园林中比比皆是。

（8）人工与自然对比。在园林建筑设计中，规整的建筑物与自然景物之间在形、色、质、感上的种种对比，通过对比突出构图重点，获得景效，或以自然景物烘托建筑物，或以建筑物突出自然景物，两者相互结合，形成协调的整体。

以上列出的几种对比手法并不是彼此孤立的，在园林建筑设计中，需要综合考虑，一个成功的建筑构图常常既是大小数量上的对比，又是形状的对比；既是体量、形状的对比，又是明暗虚实的对比；既是体量、形状、虚实的对比，又是人工与自然景物的对比等。在对比的运用中既要注意主从关系、比例关系，力求重点突出，又要防止因滥用而造成变化过大，缺乏统一性，破坏了园林空间的整体性。

3. 节奏与韵律

韵律原本是用来表明音乐和诗歌中音调的起伏和节奏感的，建筑构图中的韵律指的是有组织的变化和有规律的重复，使变化与重复形成有节奏的韵律感，从而可以给人以美的感受，正因如此，人们常把建筑比作"凝固的音乐"。人类生来就有爱好节奏和谐之类美的形式的自然倾向，这种具有条理性、重复性和连续性的韵律美在自然界中随处可见。人们将自然界的各种事物或现象有意识地加以模仿和运用，形成了建筑活动中的韵律。在园林建筑中，常用的韵律手法有连续的韵律、渐变的韵律、起伏的韵律、交错的韵律等，以下分别论述。

（1）连续的韵律是以一种或几种要素连续、重复地排列而形成的，各要素之间保持着恒定的距离和关系，如园林建筑中等距排列的尺寸、图案统一的漏窗、廊柱、椽子等。

（2）渐变的韵律是连续的要素在某一方面（距离、尺寸、长短）按照一定的秩序而变化（如逐渐变宽或变窄、逐渐变大或变小、逐渐加长或缩短），由于这种变化采取渐变的形式，故称渐变韵律。

（3）起伏的韵律是渐变韵律按照一定规律时而增大，时而减小，有如波浪起伏或不规则的节奏感，这种韵律活泼而富有动感。

（4）交错的韵律是由各组成部分按一定规律交织、穿插而形成的。

以上四种形式有一个共同的特点——具有明显的条理性、重复性、连续性，借助这一点，在设计中采用节奏与韵律能够加强整体的统一性，同时具有丰富多彩的变化。

4. 比例与尺度

任何建筑，不论何种形状，都存在三个方向——长、宽、高的度量。建筑尺寸即指形体长、宽、高的实际量度，建筑比例所研究的就是这三个方向度量之间的关系问题。比例是指建筑物整体或各部分本身以及建筑整体与局部或各部分之间，在大小、高低、长短、宽窄等数学上的关系。建筑设计中的推敲比例是指通过反复比较而寻求出这三者之间的理想关系。建筑尺度研究的是建筑物的整体或局部给人感觉上的大小印象和其真实大小之间的关系问题。尺度是指建筑物局部或整体对某一物体（人或物）相对的比例关系，往往可以通过某些与人体相近的某些建筑部件（踏步、栏杆、窗台、门洞等）来反映建筑的尺度。

5. 均衡与稳定

由于地球引力——重力的影响，古代人在与重力作斗争的建筑实践中逐渐形成了一套与重力有联系的审美观念，这就是均衡与稳定。人们从自然现象中得到启示，并通过实践活动得以证实的均衡与稳定原则可以概括为，凡是像山那样下部大、上部小，像树那样下部粗、上部细，像人那样具有左右对称的体形，不仅感官上是舒服的，而且实际上是安全的。于是人们在建造建筑时力求符合均衡与稳定的原则，如古埃及的金字塔、中国古代帝王陵墓，均呈下大上小、逐渐收分的方尖锥体。然而，均衡与稳定指的是两个不同的概念。均衡所涉及的主要是建筑构图中各要素左与右、前与后之间相对轻重关系的处理，稳定则是建筑整体上下之间的轻重关系处理。随着科学技术的进步和人们审美观念的发展和变化，人们不但可以建造出高过百层的摩天大楼，还可以把古代奉为金科玉律的稳定原则颠倒过来，建造出许多上大下小、底层架空的新奇的建筑形式，如上海世博会中国国家馆（图4-12）。

图4-12　上海世博会中国国家馆

静态均衡有两种基本形式，一种是对称的形式，另一种是非对称的形式。对称形式由于自身各部分之间所体现出的严格的制约关系（构图时设一条或多条对称轴加以制约），所以天然就是均衡的；而非对称的形式虽然相互之间的制约关系不像对称形式那样明显、严格，但是保持均衡的本身也是一种制约关系，不过其处理的手法比起对称形式要自然灵活得多，形式也更为活泼了。

第四节　园林建筑的群体设计

一、建筑群体的概述

（一）建筑群体概念

"群体"的概念，被广泛地运用于动物学、社会学等学科领域中，动物学中指一群同种的生物，它们以有组织的方式生活在一起并密切地相互作用；社会学中指由多数动物或植物个体组成。由此可见，"群体"概念是与"个体"（动物学中称个员）相对的，"群体"由个体组成，"群体"中的个体之间存在相互联系、相互作用的关联性，而非毫无关系的简单相加。

根据"群体"概念，将其加以引申，可以这样理解建筑群体：建筑群体就是由相互联系的单体建筑组成的一个有机整体。同建筑单体相比，群体内各单体之间的关联性就显得尤为重要。在中国古典园林中，建筑单体简单，以群体组合见长，建筑群体虽由简单的单体组成，可其产生的景效远远大于单体的简单叠加。

（二）建筑单体与建筑群体

这里所谈的建筑单体是一个相对于建筑群体的概念，不特指某一幢功能上完全独立的建筑，而只是形体上的划分。它具有独立的建筑形象，是建筑群体的构成要素，可用以构成一幢功能相对独立的复杂建筑，也可以构成一个院子，甚至一座公园等。比如，私家园林中的各亭、榭、舫等虽以廊、墙、游路相连，但它们形体独立，具有独立的建筑形象，是构成群体的建筑单体。如果把建筑群体比作一篇完美的乐章，那么建筑单体就是乐章中一个个跳动的音符，这些音符按照一定的节奏、韵律有组织地排列，构成了整个乐章，且彼此相互关联。建筑单体之间的相互关联性主要表现在功能关系、行为秩序、景观协调性等方面。优秀的建筑群体能将建筑单体的"个性"融于群体之中，形成形象多样统一、空间内外贯通、彼此相互依存的有机统一的整体。

1.功能关系

虽然园林中建筑单体的使用功能差异很大，如在综合公园中有展览室、餐厅、茶室、亭廊、办公室等各种不同功能的建筑单体，但从总体上讲，它们都是为了满足人们的休憩和文化娱乐生活，功能上互为补充，这也体现了园林空间中功能活动的多样性及功能关系的整体性。

功能关系是建筑单体布局应首先考虑的问题，其中主要涉及两个方面。第一，结合功能分区的划分来配置适宜性质的建筑单体，明确建筑群体组织的核心，分清功能上的主从关系。比如，水上活动区的水上茶厅、游船码头；文娱活动区的棋牌室、游艺厅；行政管理区的办公及管理用房等。第二，在建筑单体选址时，还应考虑单体自身对环境的要求。比如，公园大门常设于公园主、次出入口之处；阅览室、陈列室宜选址于环境幽静的一隅；亭、廊、榭等点景游憩建筑则需有景可赏，并能点缀风景；餐厅、小卖部等服务性建筑应交通方便，不占主要景观地位；办公管理用房宜处于僻静之地，并设专用入口。

2. 行为秩序（空间序列）

功能分区是建筑群的分离组织手段，而流线关系是建筑群的聚合组织手段，两者相辅相成。为了满足游赏、管理及人流集散的需求所设置的园路或廊、桥等，可以联系各景区、景点及建筑单体，是游览园林空间的导游线、观赏线、动观线。就空间序列的组织形式来看，有对称、规则的和不对称、不规则的。比如，苏州留园从城市街道进入园门，经过60 m长的曲折、狭小、时明时暗的走廊与庭院，才到达主景所在的"涵碧山房"。在一系列景观、空间的变化中，游人视觉上出现了先抑后扬、由曲折幽暗到山明水秀、豁然开朗的景观效果，心理上由城市的喧嚣繁杂到心灵得到净化，进入悠游山水的境界。因此，园林中的流线组织既是组织空间或联系建筑的交通流，又形成了人们感知空间环境的景观序列，是游人动中观景的行为秩序的反映，因此设计时应充分考虑不同环境内人们游赏的心理活动。

3. 景观协调性

园林中的建筑单体只有与其他建筑及环境要素（山、水、植物）相结合，成为一个有机整体，才能完整、充分地表现出它的艺术价值。景观协调性体现了造型艺术的基本规律。建筑单体之间的景观协调，可以通过体形、体量、色彩、材质的统一而获得，其中首要的是体形上的统一与协调。在建筑群体设计中，常通过轴线关系建立建筑单体间的结构秩序，常见的有以一幢主体建筑的中心为轴线的，如北京北海的五龙亭（图4-13）；或以连续几幢建筑中心为轴线的；或是用轴线串起几进院落的，如佛香阁建筑群（图4-14）；或是将其分隔成簇群，每个群体中轴线旋转，形成多轴线布局的，如武夷宫景点规划。这样，沿轴线两侧将道路、绿化、建筑等作对称布置，形成统一对称的建筑群体空间。除此之外，也可运用相同体形获得统一，如桂林杉湖水榭（图4-15）运用圆形作为构图母题，岛西的蘑菇亭与岛东的圆形水榭遥相呼应，与自由曲线的水岸获得景观上的统一。

图4-13 北京北海的五龙亭

图 4-14　佛香阁建筑群

图 4-15　桂林杉湖水榭

二、园林建筑群体设计

（一）园林建筑的空间

　　人们的一切活动都是在一定的空间范围内进行的，而建筑设计的最终目的是提供人们活动使用的空间。虽然人们用大量砖、瓦、木等材料建造了建筑的墙、基础、屋顶等"实"的部分，但人们真正需要使用的是这些实体所围起来的"空"的部分，即"建筑空间"。因此，现代意大利有机建筑学派理论家赛维在他所著的《建筑空间论》一书中提出："建筑艺术并不在于形式空间的结构部分的长、宽、高的综合，而在于那空的部分本身，在于被围起来供人们生活活动的空间。"

　　中国古代哲学家老子说过："三十辐共一毂，当其无，有车之用。埏埴以为器，当其无，有器之用。凿户牖以为室，当其无，有室之用。故有之以为利，无之以为用。"这"有"之利是在"无"的配合下取得的，"室"之用是由于"无"，即室之中空间的存在。"有"与"无"在建筑中就是建筑实体与空间的对立统一。建筑空间包括室内空间、室外空间和灰空间，既包含了实空间，又包含虚空间，虚实共生形成一体。

我国园林建筑群体中也存在着"虚""实"关系，运用"图底分析"方法对其进行分析。黑色的建筑单体和白色的庭院空间互为图底、彼此依存、相互穿插，形成和谐积极的建筑群体。值得注意的是，设计中要避免只从单幢建筑狭隘的利益出发来分割空间，使剩余的外部庭院部分成为"下脚料"，形状残缺不全，庭院空间难成系统，致使建筑群体丧失整体性。

（二）园林建筑的布局

园林建筑空间组合形式主要有以下几种。

（1）由独立的建筑单体或自由组合的建筑群体与环境结合形成的开放性空间，由一幢或几幢建筑单体构成。这种空间组合的特点是以自然景物烘托建筑物，使建筑成为自然风景中的主体，点缀风景。其中，由单幢建筑物形成开放性空间的较为多见，园林中常设于山顶或水边的亭、榭等即属此类。

（2）由多幢建筑物组群自由组合构成的不对称群体或对称群体。比如，承德避暑山庄金山建筑群（图4-16）由多个建筑单体呈自由式分散布局，虽用桥、廊相互连接，但不围成封闭院落。

图4-16　承德避暑山庄金山建筑群

（3）以建筑物、廊、墙相环绕，形成封闭院落，庭院中点缀山石、池水、植栽，形成一种以近观、静赏为主，动观为辅，内向性的封闭空间环境。庭院联系若干单体建筑（厅、堂、轩、馆、亭、榭、楼、阁），是公共空间，起着交通枢纽的作用。这种形式的庭院可大可小，可以是单一庭院，也可由几个大小不等的庭院组合。按照大小与组合方式的不同，有井、庭、院、园四种形式，在此只介绍庭。

庭即庭院，按其位置不同又可分为前庭、中庭、后庭。前庭通常位于主体建筑的前面，面临道路，一般庭境较宽畅，供人们出入，比较注重与建筑物性质的协调。内庭，又称中庭，一般系多院落庭园之主庭，供人们起居休闲、游观静赏和调剂室内环境之用，通常以近赏景来构成庭中景象。后庭，位于屋后，常常栽植果林，既能供人果食，又可在冬季挡挡北风，庭景一般较自然。

第五章　现代风景园林单体建筑设计

第一节　游憩类建筑的设计

游憩类建筑具有休息、游赏功能和具体的使用功能，且造型优美，如亭、廊、花架、榭、舫、园桥等都属于此类建筑。

一、亭

（一）亭的概念

亭的周围开敞，是供游人遮阳避雨、休息和观景，并能点景的园林建筑。亭是我国园林中点缀风景和景物构图的重要内容，其特点为点状分布、通透。其一般由屋身、屋顶和台基三部分组成，各部分之间有一定的比例。屋身主要是柱；屋顶形式变化丰富，有传统与现代亭顶之分；台基随环境而异，多为混凝土，如果地上部分负荷较重则需加入钢筋、地梁。

（二）亭的类型与造型

1.亭的平面形式类型

（1）单体式。

①正多边形亭（3、4、5、6、8边等）。

②矩形亭。

③仿生形圆形亭、扇形亭、十字形亭、梅花形亭、睡莲形亭、蘑菇形亭、伞亭等。

（2）组合式。

①双三角形亭。

②双方形亭。

③双圆形亭等各种形体亭的相互组合。

（3）复合式多功能亭与墙、廊、屋、石壁、桥等相结合，如半亭、角亭、亭廊、桥亭等。

2.亭的立面形式类型

（1）按亭的层数分类，可以分为单层、二层、三层（多层）以上（图5-1、图5-2、图5-3）。

图 5-1　单层亭

图 5-2　二层亭

图 5-3　三层亭

（2）按亭的檐数分类，可以分为单檐、重檐和三重檐等（图5-4、图5-5）。

图 5-4　单檐亭

图 5-5　重檐亭

（3）亭的体量与比例。

①亭的体量。亭的体量不论平面、立面都不宜过大过高，各部分尺寸如下。

a. 柱高 H=0.8 L ～ 0.9 L

b. 柱径 L=（7/100）L

c. 台基高：柱高 =1/100 ～ 2.5/100

②亭的比例要注意比例关系。

柱高与开间的比例关系：四角亭中 0.8 : 1；六角亭中 1.5 : 1；八角亭中 1.6 : 1。

（三）按亭的屋顶形式分类

（1）亭的传统屋顶形式有攒尖式、歇山式、卷棚顶式、盝顶、庑殿顶、曲尺、组合式（图5-6）。

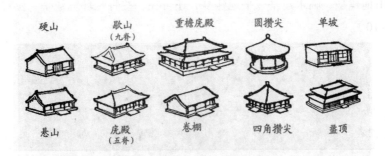

图 5-6　亭的传统屋顶形式

（2）亭的现代层顶形式有单支柱顶式、平顶式、折板顶式、壳体顶式、膜结构顶式、现代简化顶式（图 5-7、图 5-8）。

图 5-7　双顶现代双亭

图 5-8　伞张拉膜景观小品

3. 亭的位置

亭的位置选择关系到休憩、点景与观景等方面的问题。为了创造各种不同的意境，丰富园

131

林景色，可在山地建亭、临水建亭、平地建亭，还可在一些特殊环境建亭，位置选择较为灵活
（图5-9、图5-10）。

图5-9　山地建亭

图5-10　临水建亭

（1）山地建亭视野开阔，适于远眺；山上设亭能突破山形的天际线，丰富山形轮廓，提供休息之所。根据山的高度不同，可分为小山建亭、中等高度山建亭、大山建亭。

（2）临水建亭情趣各异。水面开阔舒展、明朗流动，有的幽深宁静，有的碧波万顷。为突出不同的景观效果，不同水面建亭有所差别。根据水面的不同可分为小水面建亭、大水面建亭。

（3）平地建亭眺览的意义较少，更多是休息、纳凉、游览之用。根据地面的不同可分为道路中间建亭、小广场之中建亭、特殊地貌建亭。

二、廊

（一）廊的概念

（1）廊——屋檐下或建筑物与建筑物之间及其延伸成独立的有顶的过道（图5-11）。

图 5-11 长廊

（2）廊的特点。廊具有线状分布的连续性；相邻空间互为渗透的通透性；划分空间和组织空间的分隔性；介于室内外灰空间的过渡性。

①廊的连续性。

a. 廊的基本单元——间。

b. 四根柱子围合成的空间为"间"。

c. 间的尺寸：进深：1.2 ~ 3 m 开间；3.0 ~ 4.0 m；柱径：d=150 mm；柱高：2.5 ~ 2.8 m。

d. 廊由基本单元"间"组成，连续重复间组成长短不一的廊，可直可曲，蜿蜒无尽。

②廊的通透性。

a. 廊身由柱子支撑，故使其形态开敞，明朗通透。

b. 由于廊具有通透性，因此能够把相邻的空间融合在一起。

③廊的分隔性。

a. 廊可划分空间和组织空间，把一个完整的大空间分隔成几个小空间，使空间化大为小。

b. 廊在划分和围合空间时，由于自身的通透性，使空间隔而不断，连续流动，丰富了景观层次。

④廊的过渡性。

廊是介于室外与室内的过渡空间，是半明、半暗的灰空间（黑——空内；白——室外；灰——廊），能使园林建筑空间更加明朗、活泼。

（二）廊的基本类型及其特点

（1）按结构形式（横剖面）可分为双面空廊、单面空廊、复廊、双层廊、暖廊和单支柱廊六种。

①双面空廊两侧均为列柱，没有实墙；在园林中既是通道又是游览路线，能两面观景（图5-12）。

②单面空廊即单面廊，一侧面向园林主要景色，另一侧为墙或建筑，形成半封闭的空间（图 5-13）。

图 5-12　双面空廊

图 5-13　单面空廊

单面廊封闭的一侧有两种形式：一种是在双面空廊的一侧列柱间砌上实墙或半实墙；另一种是一侧完全贴在墙或建筑物边沿上。

③复廊是在双面空廊的中间夹一道墙，形成两侧单面空廊的形式，又称"里外廊""两面廊"。因为廊内分成两条走道，所以廊的跨度大些。中间墙上开有各种式样的漏窗，从廊的一边透过漏窗可以看到廊的另一边的景色，一般设置在两边景物各不相同的园林内。

④双层廊是上下两层的廊，又称"楼廊""阁道"，可连接两层以上建筑及上下层不同高度的观景点。

⑤暖廊是设有可装卸玻璃的廊。

⑥近年来，由于钢筋混凝土的运用，出现了许多新材料、新结构的廊，其中最为常见的是单支柱廊，如图 5-14 的薛家湾镇准格尔广场柱廊。

单支柱廊的屋顶是平顶、折板或独立几何状连成一体，各具形状、造型新颖、体型轻巧、视野通透，适合于新建的园林绿地。

图 5-14　薛家湾镇准格尔广场柱廊

（2）按廊的总体造型及其与地形、环境的关系可分为直廊、曲廊、回廊、抄手廊、爬山廊、叠落廊、水廊、桥廊等。

（三）廊的位置选择

廊的位置选择和亭一样，也关系到周围环境和景观意境，所以位置选择较为灵活，可以在山地建廊、临水建廊、平地建廊。

（1）山地建廊连接山地不同高程的建筑或通道，可避雨防滑，有斜坡式（爬山廊）（图5-15）、阶梯式（叠落廊）两种。

图 5-15　爬山廊内部

（2）临水建廊可欣赏水景，联系水上建筑，形成以水景为主的空间。

①水边建廊沿着水边成自由式格局，可部分挑入水面。

②水上建廊（桥廊）廊基础宜低不宜高，尽可能使地坪贴近水面。

（3）平地建廊应有变化，以分隔景区空间为主，有直廊、曲廊、回廊、抄手廊四种。

三、花架

(一)花架的概念

花架是攀缘植物的棚架，也是人们消夏避暑之所。花架在造园设计中往往具有亭、廊的作用，常用来划分组织空间。做长线布置时，就像游廊一样，能发挥建筑空间的脉络作用，形成导游路线，也可以用来划分空间，增加风景的深度。作点状布置时，就像亭子一般，形成观赏点。又不同于亭、廊，花架的空间更为通透，特别是由于绿色植物及花果自由地攀绕和悬挂，更添一番生气。花架在现代园林中除了供植物攀缘外，有时也被用来点缀园林建筑的某些墙段或檐头，使之更加活泼。

(二)花架的特点

(1)花架与廊同出一辙，在园林功用方面极为相似，其不同之处在于花架没有屋顶，只有空格顶架。花架在造型上更为灵活、轻巧，加之与植物相配，极富园林特色。

(2)花架造型丰富，其造型变化多体现在顶架的形式，可用传统的犀架造型，也可用现代结构造型，千姿百态，体现出新结构之美及朝气蓬勃的时代感。

(3)花架所处的环境应考虑植物种植的可能性，若花架没有植物攀绕只能算空架，故应考虑植物的品种、形态特点及生态要求。一般与花架相匹配的植物有紫藤、蔷薇、牵牛花、金银花、葡萄等。另外，常春藤喜荫，凌霄花、木香则喜光，布置时应加以注意。

(三)花架的形式

(1)廊式花架是最常见的形式，先立柱，再沿柱子排列的方向布置梁，片版支承于左右梁柱上，游人可入内休息。

(2)片式花架具有廊的特征，片版嵌固于单向梁柱上，两边或一面悬挑，形体轻盈活泼。

(3)独立式花架以各种材料作空格，构成墙垣、花瓶、伞亭等形状，用藤本植物缠绕成型，供观赏用。

(4)组合式花架是以上几种花架的结合形式或是花架与其他园林建筑的组合。

(四)花架的尺寸

花架的尺寸大致与廊相同，也可比廊略大，净高应略高于廊，以免下垂的植物枝干干扰游人。

(五)花架的材料

(1)竹木材朴实、自然、价廉、易于加工，但耐久性差。竹材限于强度及断面尺寸，梁柱间距不宜过大。

(2)钢筋混凝土可根据设计要求浇灌成各种形状，也可做成预制构件。廊片式花架现场安装，灵活多样，经久耐用，使用最为广泛。

(3)石材厚实耐用，但运输不便，常用块料作为花架柱。

(4)金属材料轻巧易制，构件断面及自重均小。采用时要注意使用地区和选择攀缘植物种类，以免损伤嫩枝叶，并应经常用油漆养护，以防脱漆腐蚀。

（六）花架的应用

（1）花架可应用于各种类型的园林绿地中。

（2）常设置在风景优美的地方供休息和点景，也可以和亭、廊、水榭等结合，组成外形美观的园林建筑群。

（3）设置在居住区绿地、儿童游戏场中，供休息、遮阳、纳凉。

（4）用花架代替廊，可以联系空间。

（5）设在园林中的茶室、冷饮部、餐厅等，也可以用花架作凉棚，设置座席。

（6）也可用花架作为园林的大门。

四、榭

（一）榭的概念

榭是以借周围景色而见长的供游人休息、观赏风景的临水园林建筑。

（二）榭的形式特点

（1）中国园林中，水榭的典型形式是在水边架起平台，平台一部分架在岸上，一部分伸入水中。

（2）平台跨水部分以梁、柱凌空架设于水面之上。

（3）平台临水围绕低平的栏杆，或设鹅颈靠椅供坐憩凭依。

（4）平台靠岸部分建有长方形的单体建筑（此建筑有时整个覆盖平台），建筑的面水一侧是主要观景方向，常用落地门窗，开敞通透，既可在室内观景，也可到平台上游憩眺望。

（5）屋顶一般为造型优美的卷棚歇山式。

（6）建筑立面多为水平线条，以与水平面景色相协调。

（三）榭与水的结合方式

有一面临水、两面临水、三面临水、四面临水等形式，四面临水者以桥与湖岸相连。

（1）以实心土台作为挑台的基座。

（2）以梁柱结构作为挑台的基座，平台的一半挑出水面，另一半坐落在湖岸上。

（3）在实心土台的基座上，伸出挑梁作为平台的支撑。

（4）整个建筑及平台均坐落在水中的柱梁结构基座上。

（5）以梁柱结构作为挑台的基座，在岸边以实心土台为榭的基座。

（四）设计要点

（1）建筑与水面、池岸的关系。

①水榭在可能范围内宜突出池岸，造成三面或四面临水的形式。

②水榭尽可能贴近水面，宜低不宜高。

③在造型上以强调水平线为宜。

（2）建筑与园林整体空间环境的关系。在艺术方面，不仅应使园林建筑比例良好、造型美观，还应使其在体量、风格、装修等方面都能与它所在的园林环境相协调。

（3）位置。宜选在有景可借之处，以湖岸线凸出的位置为佳，考虑对景、借景。

（4）朝向。建筑忌朝向西。

（5）建筑地坪高度。建筑地坪以尽量低临水面为佳，当建筑地面离水面较高时，可将地面或平台作上下层处理，以取得低临水面的效果。

（6）建筑视野。建筑要求视野开阔。

五、舫

（一）舫的概念

舫的原意是船，园林中指在园林湖泊等水边建造起来的一种船形建筑，亦名"不系舟"（图5-16）。

图 5-16　舫

（二）舫的组成

舫一般由三部分组成。

（1）头舱（船头）。船头做成敞篷，外形高敞，供人赏景和谈话。

（2）中舱。中舱最矮，形长而低，其功能主要为游赏、休息和宴客。舱的两侧开长窗，坐着观赏时可有宽广的视野。

（3）尾舱。后部尾舱最高，一般为两层，下实上虚，上层状似楼阁，四面开窗以便远眺。其功能为供人眺望远景。

中舱舱顶一般做成船篷式样，首尾舱顶则为歇山式样，轻盈舒展，成为园林中的重要景观。

舫大多布置在水边，但也有不沿水而建造的，称为船厅，如上海豫园的"亦舫"。

（三）设计要点

（1）舫建在水边，一般两面临水或三面临水，其余面与陆地相连，最好四面临水，其一侧设有平桥与湖岸相连，有仿跳板之意。

（2）舫的基本组成有船头、中舱、船尾三部分，三部分功能和建筑形式各不相同。

（3）舫的选址宜在水面开阔处，视野开阔，能体现舫的完整造型。

六、园　桥

（一）园桥的概念

桥是联系交通的重要设置。在中国自然山水园林中，地形变化与水路相隔，经常通过桥来取得联系，而且桥能沟通景区，组织游览路线，以其优美的造型、多样的形式引起人的美好联想，故成为园林中重要的造景要素之一。

（二）园桥的特点

（1）联系水面风景点。

（2）引导游览路线。

（3）点缀水面景色。

（4）增加风景层次。

园桥在造园艺术上的价值往往超过交通功能。

（三）园桥的位置选择

（1）桥应与园林道路系统配合、方便交通；联系游览路线与观景点；组织景区分隔与联系。

（2）桥的设置应使环境增加空间层次、扩大空间效果（如水面大时，应选择窄处架桥；水面小时要注意水面分割使水体分而不断）。

（3）园桥的设置要和景观相协调。

①大水面架桥，位于主要建筑附近的，宜宏伟壮丽，重视桥的体型和细部表现。

②小水面架桥，宜轻盈质朴，简化其体型和细部。

③水面宽广或水势湍急者，桥宜较高并加栏杆。

④水面狭窄或水流平缓者，桥宜低并可不设栏杆。

⑤水陆高差相近处，平桥贴水，过桥有凌波信步之感。

⑥沟壑断崖上危桥高架，能显示山势的险峻。

⑦水体清澈明净，桥的轮廓需考虑倒影。

⑧地形平坦，桥的轮廓宜有起伏，以增加景观的变化。

（四）园桥的类型

（1）梁桥（图5-17）。梁桥以梁或板跨于水面之上。在宽而不深的水面上，可设桥墩形成多跨桥的梁桥。梁桥要求平坦便于行走与通车。

图5-17　梁桥

在依水景观的设计中，梁桥除起到组织交通外，还能与周围环境相结合，形成一种诗情画意的意境，耐人寻味。梁桥的外形简单，有直线形和曲折形，结构有梁式和板式。根据材料不同，可分为木梁（板）桥、石梁桥（板）、钢筋混凝土梁（板）桥。

（2）拱桥（图5-18）。拱桥是用石材建造的大跨度工程，功能上适应上面通行、下面通航的要求。拱桥造型优美，曲线圆润，富有动态感，在园林中有独特的造景效果。拱桥的形式多样，有单拱、三拱和连续多拱。拱桥按材料可分为木拱桥、石拱桥、砼拱桥、钢拱桥、铝拱桥等。

图5-18　拱桥

（3）浮桥（图5-19）。浮桥是在较宽水面通行的简单和临时性办法，它可以免去做桥墩等基础工程，只用船或浮筒替代桥墩，再在上面架梁板用绳索拉固就能通行。在依水景观的设计中，它起到多方面的作用，但重点不在于组织交通。

图5-19　浮桥

（4）吊桥（图5-20）。在急流深涧的高山峡谷，桥下没有建墩的条件，宜建吊桥。吊桥可以大跨度地横卧水面，钢索悬而不落。吊桥具有优美的曲线，给人以轻巧之感。立于桥上，既可远眺，又可近观。

图 5-20　吊桥

（5）亭桥与廊桥（图 5-21）。在亭、廊上加建的桥，称为亭桥或廊桥，可供游人遮阳避雨，又增加了桥的形体变化。亭桥、廊桥有交通作用，又有游憩功能，起着点景、造景效果，在远观上打破上堤水平线构图，有对比造景、分割水面层次的作用，很适合园林要求。

图 5-21　廊桥

（6）汀步（图 5-22）。汀步又称步石、飞石、跳墩子，是在浅水中按一定间距布设块石，微露水面，使人跨步而过。园林中运用这种古老渡水设施，质朴自然，别有情趣。

图 5-22　汀步

汀步是有情趣的跨水小景。人走在汀步上，脚下清流游鱼可数，能使人产生近水亲切感。汀步最适合浅滩小溪跨度不大的水面，也有结合滚水坝体设置过坝汀步，但要注意安全。

第二节　服务型建筑设计

服务型建筑是为游人在旅途中提供生活服务的设施，如小卖部、茶室、小吃部、餐厅、小型旅馆、厕所等。

一、小卖部

（一）小卖部概念

为方便游客而经营糖果、饮料、饼食、香烟和旅游工艺纪念品等的小型商业服务建筑设施。

（二）小卖部的类型

小卖部主要有独立设置、简易小卖部（图 5-23）、依附于其他建筑三种形式。

图 5-23　简易小卖部

（三）小卖部的特点

小卖部用房较少，功能比较简单，大致可以分为营业区与辅助区两部分。

（四）小卖部功能关系与交通流线

（1）功能分区。小卖部分为营业区与辅助区两部分。营业区主要是营业厅，辅助区密切服务于营业厅，主要是库房与加工间。库房与加工间可以合并成一个大房间，也可以分开设置，两者与营业厅紧挨在一起，方便营业厅使用。其他办公用房可以设置在营业厅附近，所有辅助用房共同服务于营业厅。

（2）交通流线。小卖部用房较少，交通流线也较为单一，一般客流直接进入到营业厅。条件允许的情况下，可以设置杂物院，便于货物进出，方便库房与加工间的使用，同时把客流与货流分开。

（五）小卖部用房要求

（1）营业厅：20 ～ 30 m²。

（2）办公管理及值班室：12 m²。

（3）更衣室及厕所：6 m²。

（4）库房：6 m²。

（5）简易加工间：8 m²。

（6）杂物院：（按具体情况而定）。

（7）总面积：50 ～ 70 m²。

二、茶室与餐厅

（一）茶室与餐厅的概念

茶室与餐厅都是餐饮业的建筑类型，都具有餐饮业建筑的基本特点。

（1）茶室注重专营茶水、饮品及一些简易加工的快餐食品，所以加工间或厨房功能组成较为简单，面积也较小一些。

（2）餐厅指营业性的中餐馆、西餐馆、风味餐馆及其他各种专营场所，因此对加工间或厨房的功能要求比较高，营业规模也比茶室大。

（二）餐饮业建筑的特点

设计餐饮业建筑时应从空间组成、功能分区与人流集散、室外环境等方面入手。

1. 空间组成

餐饮业建筑由主要使用空间、次要使用空间和交通空间三部分组成，主要使用空间与次要使用空间由交通空间联系起来。

（1）交通空间包括门厅、过厅、过道、楼梯等水平和垂直交通。

（2）主要使用空间是营业公用部分，主要包括营业厅、小卖部、卫生间等，应放置在重要位置，具有交通方便、引人注目等特点。

（3）次要使用空间是厨房加工及辅助用房部分，主要包括厨房、库房、备餐室、洗涤室、办公室、更衣室、厕所等，应放置在相对次要的位置，服务、辅助于主要使用空间。

2. 功能分区与人流集散

（1）餐饮业建筑的功能组成。餐饮业建筑一般由营业公用部分、厨房加工部分和辅助部分三部分组成，且三部分相互连接，厨房加工部分和辅助部分共同服务于营业公用部分。

（2）餐饮业建筑的人流集散。餐饮业建筑一般有客流、内部办公人流和货流三股人流交通，所以需要设置三个分开的出入口，以满足不同人流的交通。客流从建筑门厅进出，内部办公人员从辅助用房的出入口进出，而货物需从单独通向厨房加工用房的出入口进出。货物的出入口最好能与用地外部交通紧密联系。如果厨房加工用房没有紧挨着用地外部道路，则需要单独设置道路，使货物方便从用地外部道路直接通向厨房加工用房，且道路应满足主要运货交通工具的尺寸要求。

（3）规模较小或营业内容较少的餐饮业建筑可以设客流与货流两个出入口。因为货流出入口不仅运输货物，还要负责运送垃圾，如不与人流出入口分开，则会影响餐饮活动。

3.室外环境

（1）进入室内空间，先要经过室外空间，所以外部环境对建筑空间有直接的影响。建筑的交通、主要立面及空间形式都受到室外环境的制约。

（2）建筑出入口（门厅）是室外到室内的过渡空间，外部环境与室内空间是通过门厅联系起来的。

（3）建筑还可以对出入口（门厅）进行处理，通过视线贯通，使室外环境与室内空间的景观相互融合、相互渗透，组成一个完整的视觉景象。

（三）餐饮业建筑用房要求

餐饮业建筑用房具体要求如表 5-1 所示。

表 5-1 餐饮业建筑用房要求

功能分区	空间名称	功能要求	家具设备	面积 /m²
餐厅部分	餐厅	根据餐馆经营特点可分为雅座和散座，亦可设酒吧和快餐座； 餐厅不仅提供餐饮服务，同时应创造良好的餐饮环境及气氛； 注意交通组织，体现空间的流动性； 也可考虑加其他辅助功能	座位：80 个； 可设小卖部、酒吧等	140
	付货部	提供酒水、冷荤、备餐、结账等服务； 位置应设在厨房与餐厅交接处，与服务人员和顾客均有直接联系	柜台、货架、付款机等； 可根据不同经营特点适当考虑部分食品展示功能	10
	门厅	引导顾客通往餐厅各处的交通与等候空间	可设存衣、引座等服务设施； 设部分等候座位； 可设部分食品展示柜	15
	客用厕所	男女厕所各一间； 洗手间可单独设置或分设于男女厕所内； 厕所门的设置要隐蔽，应避开从公共空间来的直接视线	男女厕所内各设便位 1～2 个； 男厕所设小便位一个； 带台板的洗手池一个； 拖布池一个	15

功能分区	空间名称	功能要求	家具设备	面积/m²
厨房部分	主食初加工	完成主食制作的初步程序； 要求与主食库有较方便的联系	设面案、洗米机、发面池、饺子机、餐具与半成品置放台	20
	主食热加工	主食半成品进一步加工； 要求与主食初加工和备餐有直接联系	设蒸箱、烤箱等； 考虑通风和排除水蒸气	30
	副食初加工	属于原料加工，对从冷库或外购的肉、禽、水产品及蔬菜等进行清洗和初加工； 要求与副食库有较方便的联系	设冰箱、绞肉机、切肉机、菜案、洗菜池等	20
	副食热加工	含副食细加工和烹调间等部分，可根据需要做分间和大空间处理； 对于经过初加工的各种原料分别按照菜肴和冷荤需要进行称量、洗切、配菜等过程后，成为待热加工的半成品； 要求与副食初加工有直接联系	设菜案、洗池和各种灶台等； 灶台上部考虑通风和排烟处理	40
厨房部分	冷荤制作	注意生熟分开	设菜案和冷荤制作台	10
	主食库	存放供应主食所需米、面和杂粮		10
	副食库	包括干菜、冷荤、调料和半成品； 冷藏库考虑保温		15
备餐部分	备餐	包括主食备餐和副食备餐； 要求与热加工有方便联系； 位于厨房与餐厅之间	设餐台、餐具存放等	12
	餐具洗涤消毒间	要求与备餐有较方便的联系	设洗碗池、消毒柜等	10
	办公室两间			24
	更衣、休息	男、女各一更衣间； 休息室一间		20
辅助部分	淋浴、厕所	男、女厕所各一间； 淋浴可分设于男、女厕所内，亦可集中设一淋浴间，分时使用	男女厕所内各设便位1个； 淋浴1个； 男厕所设小便位一个； 前室设洗手盆一个； 拖布池一个	

注：1.总建筑面积控制在400 m²左右，浮动不超过10%。2.大餐厅净高不得小于3 m，小餐厅净高不得小于2.6 m，设空调的餐厅不低于2.4 m，局部吊顶不低于3 m。3.厨房部分净高不得小于3 m。4.厨房应设在主要风向的下风向，厨房旁边还应设杂物院。

（四）茶室设计

茶室用房组成有以下几部分。

1. 饮食厅部分（150 m²）

2. 公用部分

小卖部：12 m²。

贮藏间：12 m²。

顾客用厕所：21 m²。

男厕：男大便器2个；小便器2个。男洗手间：洗手盆1个。

女厕：大便器2个。女洗手间：洗手盆1个。

门厅、过厅、休息厅，廊等按需要设置。

3. 厨房加工部分

加工间：27 m²。

备茶间：9 m²。

洗碗间：9 m²。

库房间：9 m²。

烧水：9 m²。

库房：15 m²。

4. 辅助部分

管理办公2~4间：9 m²。

更衣厕所工作人员浴厕：30 m²。

男浴厕：淋浴1个；洗手盆1个；大便器、小便器各1个。

女浴厕：淋浴1个；洗手盆1个；大便器1个。

（五）餐厅设计

餐厅用房有以下几部分。

1. 客用部分

营业厅：200 m²（座位100~120个）。

付货柜台：15 m²（食品陈列和供应，兼收银）。

门厅：10 m²。

卫生间：12 m²×2。

2. 厨房加工部分

主食加工：20 m²。

副食加工：20 m²。

主食库：9 m²。

副食库：9 m²。

备品制作间：（12 m²）（付货柜台联系方便）。消毒、洗涤、烧水：12 m²。

3.辅助部分

卫生间：6 m²×2。

更衣室：10 m²×2；

办公室：12 m²×4。

三、摄影部

（一）摄影部概念

摄影部主要供应照相材料、租赁相机、展售园景照片、为游客进行室内外摄影，多设置在主要游览路线上的主要景区或主入口附近。

（二）摄影部的特点

1.功能分区

（1）摄影部房间组成比较简单，一般只由服务台、工作间和暗室三个房间组成。

（2）工作间紧挨着服务台设置，方便其使用。暗室可以与工作间分别设置，也可以合并成一个较大的房间。

2.交通流线

摄影部房间较少，流线也单一，一般客流由入口进入服务台，工作人员也由入口进入服务台再通向其他房间。

（三）摄影部用房组成

服务台：15 m²。

工作间：6 m²。

暗室等：6 m²。

摄影部可与亭、廊结合，总面积：30 ～ 50 m²。

四、旅　馆

（一）旅馆概念

在园林中，提供一处可以住宿、休息、洽谈、就餐、娱乐、会议的综合性服务的中小型旅馆建筑，把大自然的景观、人类创造的物质世界通过设计联系起来，使人们在舒适、方便的条件下游憩，并做到维系生态、保护古迹、美化环境，这正是旅馆建筑设计的基本概念。

（二）旅馆设计要求

充分结合地形，密切建筑与环境的关系；在平面布局和建筑形体设计时，充分考虑环境对建筑的影响；做好室内外环境设计；安排好建筑与场地、道路交通方面的关系；布置一定数量的停车位及绿化面积。

（三）旅馆建筑的特点

1.功能分区

旅馆一般由住宿区、公共区和辅助区三部分组成。住宿区主要是客房部分；公共区包括餐饮厅、娱乐部分、会议厅等公用部分；辅助区包括行政办公用房、服务用房及技术用房等。

2. 人流聚散

旅馆建筑一般有客流、内部办公人流和货流三股人流交通，所以需要设置三个分开的出入口，以满足不同人流的交通。但规模不大时，可以把内部办公人流和货流出入口合并成一个，只设客流与货流两个出入口。

（四）旅馆功能分析

（1）旅馆功能与前几个建筑类型相比较为复杂一些，房间数量也较多。

（2）接近门厅附近的用房主要是一些对内的公共空间以及对外的营业空间。餐饮、娱乐、会议是对外对内都可以营业的公共空间，所以应该放在入口处，方便使用。

（3）客房是对内的住宿区，应该放在建筑较为里面的部分，可以配合庭院空间共同组织，提供优美、安静的环境，便于休息。

（4）办公服务用房可以放在比较次要的位置，但要与住宿区和公共区都能取得方便的联系。

（五）旅馆用房要求

旅馆设置床位 150 个，总建筑面积约 10 000 m²，允许有 5% 左右的增减幅度，层数不超过 5 层。

（1）住宿区：2 650 m²。

① 双人间 40 间。

② 单人间 10 间。

③ 三人间 20 间。

④ 客房各层设置服务员工作间、贮藏间、开水间及服务人员卫生间。

（2）公共区：660 m²。

① 门厅部分：门厅 100 m²（含服务台、休息厅）；商店 30 m²；会议室 80 m²；值班室 15 m²。

② 餐厅部分：厅 200 m²；厨房 80 m²；库房 20 m²；备餐 20 m²。

③ 杂物院。

（3）娱乐部分。

① 健身房：100 m²。

② 乒乓球室：50 m²。

③ 台球室：50 m²。

④ 棋牌室：20 m²。

（4）辅助区：260 m²。

① 布局方式：竖向集中式。

② 布局特点：客房、公共、辅助服务全部集中在一栋楼内，上下叠合。

（5）门厅是旅馆中最重要的枢纽，是旅客集散之地。现代的门厅往往兼有多种功能，从门厅的设计就可以看出。

① 餐饮、商店、娱乐、会议等公共区内容应设置在门厅周边。为了使对外（不住宿）和对内（住宿）的客人都可以使用，所以放在接近门厅、入口处。

② 门厅内应包括总服务台和楼梯、电梯厅。刚到要办理住宿手续的客人可以很快到总服务台办理相关手续，而已经住宿的客人可以直接到楼梯、电梯厅到达自己的房间。各类人流路线分明，避免交叉干扰。

③ 在门厅中或入口附近可以设置庭院景观，丰富门厅空间，增加景观层次，美化环境。

（6）门厅内容。

①入口：旅馆主入口及会议厅、娱乐、商店等辅助入口。

②前台服务：登记、问讯、结账、银行、邮电、存放、行李房等。

③交通空间：楼电梯、通往商店、休息厅、餐厅等的通道。

④休息空间：座椅、水体、绿化、山石雕塑及茶座酒吧。

⑤辅助部分：卫生间、电话、经理台等。

（六）餐厨设计

（1）餐厅空间应与厨房相连。备餐间的出入口宜隐蔽，避免客人的视线看到厨房内部。备餐间与厨房相连的门与到餐厅的门常在平面上错位，并提高餐厅风压，避免厨房的油烟味传入餐厅。

（2）流线通畅，客人与服务人流不重叠，服务路线小于等于 40 m，避免穿越其他空间。

（3）餐厅灵活组织，大小分隔，注重色彩、光线、顶高的变化、设计。

（4）快餐、咖啡、酒吧靠近门厅，风味餐厅、贵宾厅可较隐蔽，通过引导到达。

（5）餐饮布局。

①餐厅在中间，厨房围绕在周边服务。

②餐厅在周边围绕着厨房，厨房在中心集中服务。

③厨房在餐厅的一侧提供服务。

（七）客房层与客房单元

1.客房层功能关系

（1）每一层的每个客房单元应与交通枢纽（楼梯间、电梯间）直接、紧密联系。

（2）每一层都要设置服务区，为每个客房单元提供相应的服务。服务区应与各个客房单元方便联系，便于服务。

2.客房层设计要求

客房单元要争取最好的景观与朝向；交通枢纽居中；旅客流线与服务流线分开；提高客房层平面效率；创造客房层的环境气氛。

3.客房层平面类型

客房层平面可分为直线型平面、曲线型平面、直线与曲线相结合的平面三种类型。

（1）客房空间分布及功能。

①睡眠空间：摆放双人床、单人床。

②书写空间：摆放书桌、椅子、电视机。

③起居空间：摆放茶几、椅子。

④贮藏空间：摆放衣柜。

⑤盥洗空间：摆放浴缸、洗面盆、马桶等卫生洁具。

（2）客房单元尺寸。

①客房单元开间大于等于 3.6 m，进深大于等于 6.3 m。

②客房长宽比不超过 2∶1 为宜。

③客房净高一般大于 2.4 m。

④客房单元卫生间大于等于 2.4 m×1.5 m。

五、厕　所

（一）厕所的概念

厕所是指园林中独立于其他建筑的公用卫生间，一般以园林规模为基础，按一定比例设置，方便游人去卫生间（图5-24）。

图 5-24　厕所

（二）厕所的设计要求

厕所的设计需要考虑功能、视线、尺寸等内容。设计厕所时，设计者应从功能分区、视线设计、基本尺寸三个方面入手。

（三）厕所的功能分区

厕所一般由前室和厕所（蹲位区）两部分组成。

前室是公共区，是为了遮挡视线的辅助空间，是厕所重要的空间部分，不能省略。必要时，可以把洗手池、拖把池等公用设施放在前室区。

厕所区就是蹲位区，是较为隐私的空间，可以按一定比例设置马桶与蹲坑。另外，男厕需设小便池。

（四）视线设计

厕所是较为隐私的建筑空间，因此要对其进行视线遮挡设计。从前室进入厕所区，是从外部进入建筑内部，从公众到个人隐私，视线要有所回避。前室与厕所区巧妙的空间组合使人在运动过程中自然地转身，运动流线发生回转，从而打断连续的视线，造成视线遮挡。

（1）视线遮挡。就厕人员通过厕所的外部前室进入厕所的内部厕位空间，在前室这个相对向外的过渡空间中，设置遮挡外部视线直接能看到厕位空间的墙，让人的视线和运动不是直线的，而是自然形成折线，确保没有进入厕位空间时看不到厕位内部。

（2）前室设置。需巧妙安排前室与厕位空间。就厕人员从厕所的外部进入相对公共的空间前室时，视线和运动是直接的，成直线；从前室进入厕所的内部厕位空间时，需转身，使视线和运动发生转折，在没有转身之前不能直接看到厕位内部，确保厕位内部的私密性。

（五）厕所设计的基本尺寸

（1）蹲位门朝内开时，蹲位长要大于 1.2 m；蹲位门朝外开时，蹲位长要大于 1.4 m。

（2）厕所总宽大于 2.55 m。男厕所由于要设小便池，所以总宽大于 3.05 m。厕所总长由设置的几个蹲位而定。

（3）前室如设置两个洗面池，长宽尺寸为：2.55 m × 1.8 m。

（六）厕所设计的用房要求

（1）男厕（12 m²）：蹲位 2 个；小便斗 4 个；洗面盆 2 个；拖地池 1 个。

（2）女厕（12 m²）：蹲位 4 个；洗面盆 2 个；拖把池 1 个。

（3）前室：5 m² × 2。

（4）总建筑面积：50 m²。

第三节　文化娱乐类建筑

一、游艇码头

游艇码头是指提供游客上船及返回上岸的服务性建筑，包括水域停泊、上下岸设施。

（一）游艇码头的特点

设计游艇码头时应从功能分区和人流聚散两方面入手。

1. 功能分区

游艇码头一般由候船厅、水上平台和管理办公用房三部分组成（图 5-25）。游客检票后，在水上平台登船游湖。小规模的游艇码头可以不设候船厅，直接在水上平台区候船。大规模的游艇码头，候船厅与水上平台应分开设置。

图 5-25　游艇码头

2.人流聚散

游艇码头由游客流线和内部办公流线两股流线组成交通，一般设置两个出入口，以满足不同流线交通。游客买票后经过检票口进入建筑内部，顺着指引路线到达候船厅。候船厅旁设有小卖部（小卖部可以直接与建筑外部连接，方便售货）、卫生间，方便候船的游客使用。待登船时，游客进入水上平台，游览结束时，可以原路返回，但最好另设一条离开游船码头的专用走道。

（二）游艇码头的组成

（1）水上平台为上船登岸的地方。专用停船码头应设拴船环与靠岸缓冲设备，专为观景的码头可设栏杆与坐凳，平台岸线长不少于两只船的长度，进深不小于 2 ~ 3 m，还应选择适宜的朝向，避免日晒并采取遮阳措施，同时平台上应将出入人流分流。

（2）蹬道台级为平台与不同标高的陆路联系而设，每级高度 <130 mm，宽度 >330 mm，每7级到10级应设休息平台，可布置成垂直岸线或平行岸线多种方式。为了安全起见，需设栏杆和灯具。

（3）售票室与检票口（12 m²）：售票兼回船计时退押金或回收船桨等用，检票后按顺序进入码头平台。

（4）管理室（贮藏室）（12 m²）：播音、存桨、工作人员休息。

（5）靠平台工作间（15 m²）：平台上下船工作人员管理船只及休息用房。

（6）游人休息、候船室间（50 m²）：划船人候船用，也为一般人观赏景物用。

（7）卫生间：10 m²×2。

（8）集船柱桩或简易船坞。

二、展览馆

展览馆是展出临时性陈列品的公共建筑，主要通过实物、照片、模型、电影、电视、广播等手段传递信息，促进发展与交流。

（一）展览馆的特点

1.展览馆的空间组成

规模不大的展览馆一般由串联空间组合、放射性空间组合及放射兼串联空间组合形式组成（图5-26）。

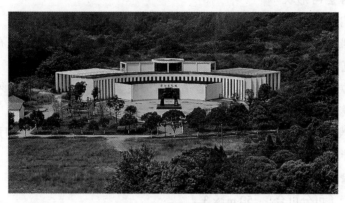

图5-26 漳河展览馆

（1）串联空间组合。形式：首尾相连，相互套穿类型。特点：方向单一，线路简单明确，入口可分、紧凑、不灵活，不利于单独开放某个展厅。

（2）放射性空间组合。形式：放射状交通枢纽，参观完一个展厅后，需回到枢纽区，再进入另一个展厅。特点：展厅可单独开放，流线不够明确，容易停滞。

（3）放射兼串联空间组合。形式：展厅空间直接连通，又可用枢纽交通或通道联系各个展览空间。特点：连续性、单独使用性。

2.功能分区与人流聚散

（1）展览馆一般由展厅、库房和管理办公用房三部分组成，主要有展厅串联空间组合、放射性空间组合及放射兼串联空间组合三种空间组合形式。库房和管理办公用房共同服务于展厅。

（2）展览馆一般由观众流线、内部办公流线和展品流线三股流线组成交通，所以需要设置三个分开的出入口，以满足不同流线交通。观众流线从建筑门厅进出，内部办公人员从管理办公用房的出入口进出，而展品需从单独通向库房的出入口进出。库房的出入口最好能与用地外部交通紧密联系。如果库房没有紧挨着用地外部道路，则需要单独设置道路，使展品方便从用地外部道路直接通向库房，且道路应满足主要运输交通工具的尺寸要求。

（二）展厅的布置形式

（1）展厅可分为单线、双线、灵活布置三种布置形式。

单线参观：出入口分别设置。

双线参观：出入口合并。

灵活布置：比较自由，没有统一的参观流线。

（2）展厅的参观流线。展厅可以分为顺流参观、回流参观、混合参观三种参观流线。

（3）展厅基本尺寸。

① 展品高度确定视距：展品布置在垂直面形成的 26° 夹角内。

一般展品悬挂高度：离地 0.8 ~ 3.5 m。

② 展品宽度确定视距：展品布置在视点上，在水平面形成的 45° 夹角内。

（三）展厅的空间形状

（1）长方形能获得摊位布置的最大值；走道通畅、便捷，占用面积小。

（2）正方形摊位容易布置，排列整齐；走道便捷，参观路线明确；灯光布置有利于组成天棚图案，渲染展览气氛，展览形式丰富。

（3）圆形摊位布置富有变化；走道布置适当时方便参观；展厅一般照明须与走道方向取得呼应；展览形式设计较难，灵活性差。

（4）多边形摊位布置受限制；走道方向应方便且不影响观众视线；展厅一般照明注意整体；展览形式设计应利于边角落。

（四）展览馆的用房要求

（1）展厅三个（可分可合）：50 m² × 3。

（2）门厅兼休息厅：45 m²。

（3）办公室三个：15 m² × 3。

（4）库房（两个）：15 m² × 2。

（5）厕所盥洗间：9 m² × 2。

第四节　园林管理用房的设计

一、公园大门

公园大门是各类园林中最突出、最醒目的部分。由于公园的内容不同，其大门的形象也有很大的区别，如小游园、城市公园和郊外公园的大门就迥然不同。

（一）公园大门的组成

公园大门的组成，因园林的性质、规模、内容及使用要求的不同而有所区别。按目前最普遍的公园类型，其组成大致有出入口；售票室及收票室；门卫、管理及内部使用的厕所；公园出入口内外广场及游人等候空间；自行车存放处；小型服务设施，如小卖部、电话厅、照相点、物品寄存、游览指导等。

（二）公园大门的位置选择

（1）城市公园要便于游人进园。

（2）与城市总体布置有密切关系。

（3）一般城市公园的主要入口位于城市主干道的一侧。

（4）较大的公园要在不同位置的道路设置若干个次要入口，以方便游人入园。

（5）大门位置能够组织游览路线。

（6）具体位置要根据公园的规模、环境、道路及客流方向、客流量等因素而定。

（三）公园大门的平面类型

（1）对称式。纪念性公园大门的总体布局多有着明显的中轴线，大门的轴线亦多和公园轴线一致（可取得庄严、肃穆的效果）。

（2）非对称式。游览性公园多为不对称的自由式布局，不强调大门和公园主轴线相应的关系（可取得轻松、活泼的效果）。

（3）综合式。大门的位置一般和公园的总平面的轴线有密切关系。

（四）公园大门的空间处理

公园大门的平面主要由大门、售票房、围墙、橱窗、前场或内院等部分组成，空间处理包括门外广场空间和门内序幕空间两大部分。

（1）门外广场空间。门外广场是游人最先接触的地方，一般由大门、售票房、围墙、橱窗等围合形成广场，广场内再配以花木等。门外广场具有缓冲交通的作用，广场空间的组织要有利于展示大门的完整艺术形象。

（2）门内序幕空间。门内序幕空间根据平面形式可分为约束性序幕空间和开敞性序幕空间。两者都有序幕空间的特点，只是由于内容和形式的不同，各自表现出的功能并不相同。

①约束性序幕空间是指进入园内后，由照壁、土丘、水池、粉墙和大门等组成的序幕空间。其特点是缓冲和组织人流、丰富空间变化、增加游览程序。

②开敞性序幕空间是进入公园大门后，没有形成围合空间，直接由一条进深很长的道路引导到公园内部，其特点是纵深较大。

（五）公园大门出入口设计

（1）出入口类型分为平时出入口（小型）、节假日出入口（大型）。

（2）出入口尺度主要是人流、自行车和机动车通行宽度。

①单股人流：600～650 mm；

②双股人流：1 200～1 300 mm；

③三股人流：1 800～1 900 mm；

④自行车和小推车：1 200 mm；

⑤两股机动车并行：7 000～8 000 mm。

（3）公园大门的门墩是公园大门悬挂、固定门扇的部件，其造型是大门艺术形象的重要内容，形式、体量、质感等应与大门总体造型协调统一。常见形式有柱墩、实墙面、高花台、花格墙、花架廊等。

（4）公园大门的门扇。

①公园大门的围护构件、装饰的细部，如门扇的花格、图案应与大门的形象协调统一，与公园的性质互相呼应。

②门扇的高度一般不低于 2 m。

③以竖向条纹为宜。

④竖向条纹间距不大于 14 cm。

⑤按材料分类有金属门扇、木板门扇、木栅门扇。

⑥按开启方式分类有平开门、折叠门、推拉门。

（5）公园大门的立面形式。公园大门按立面形式可分为门式、牌坊式和墩柱式三种，每种类型按各自的特点，又可分为相关的几种类型。

①门式为传统大门建筑形式之一。

为了与大门开阔的面宽相协调，大门建筑的屋顶多为平顶、拱顶、折板、悬索等结构。

②牌坊式大门有牌坊和牌楼两种形式。

牌坊（冲天柱式牌坊）：在冲天柱之间作横梁或额枋。

牌楼（门楼式牌坊）：冲天柱之间的横梁上作屋檐起楼，即为牌楼。

a. 类型：分一层、二层、多层牌楼，单列柱式牌坊，双列柱式牌坊。

b. 特点：作为序列空间的序幕表征；广泛应用于宗教建筑、纪念建筑等；现代牌坊门多采用通透的铁栅门，售票房设于门内；传统的牌坊门一般造型疏朗、轻巧，个别浑厚；传统的牌坊门一般采用对称构图手法，个别不对称。

③墩柱式大门。

a. 现代的阙式（墩式）公园大门一般在阙门座两侧连以园墙，门座之间设铁栏门；阙门座之间不设水平结构构件，故门宽不受限制。

b. 柱式主要由独立柱和铁门组成；柱式大门一般采用对称构图，个别不对称；门座一般独立，其上方没有横向构件；比例较细长。

二、办公管理

（一）办公管理的概念

办公管理主要是公园内的办公管理类用房以及各种设施，包括办公室、会议室、广播站、职工宿舍、职工食堂、医疗卫生、治安保卫、温室凉棚、变电室、垃圾污水处理场等设施。

（二）办公管理建筑的类型

（1）附属型。公园规模不大时，办公管理用房可以依附于其他园林建筑共同组成，最常见是办公管理用房依附于公园大门共同构筑大门。

（2）分离型。公园规模不大时，办公管理建筑可以建在其他园林建筑旁边，配合其他建筑一起使用。

（3）独立型。办公管理建筑独立于其他建筑，单独设置在公园内。根据公园的规模、性质，选择适当的位置，按一定比例合理配置。

（三）办公管理建筑的特点

1.功能分区

办公管理建筑一般由对外用房区和对内用房两部分组成。对外用房区包括医疗卫生、治安保卫、广播站、管理等用房；对内用房区包括办公室、会议室、职工宿舍、职工食堂、变电室等用房。

2.人流聚散

办公管理建筑交通流线较为简单，一般有人流和货流两股交通流线。货流出入口主要是为职工食堂提供货物的专用出入口，一般的人流就从建筑的门厅出入口进出建筑。如果办公管理建筑没有设职工食堂或规模不大时，可以不设货流出入口，只设人流单条流线。

（四）办公管理建筑的功能分析

（1）对外用房区的房间应该放在门厅入口附近，方便游客来访，便于管理。

①广播室主要播送、传递公园的重要信息。

②治安、保卫室主要维护公园的治安。

③医疗、诊室处理游客及工作人员简单的医疗事项。

④管理室主要收集、解决游客的纠纷及处理特殊事件，协助公园的各项管理。

（2）对内用房区的房间应该放在办公管理建筑相对朝里的位置。这些用房不对外部客人服务，只服务于公园内部工作人员，所以可以把这些用房放在建筑内侧。

①变电室应放在建筑的一层外侧。

②办公室、宿舍可以放在建筑的二层以上楼层。

③食堂因为不对外营业，多放在建筑两侧或里侧，但要和道路方便联系，这样便于运输货物。

（五）办公管理建筑的用房要求

（1）门厅：20 m²。

（2）对外用房。医疗：10 m²；卫生：10 m²；治安：10 m²；保卫：10 m²；广播站：15 m²；变电室：20 m²；管理室：15 m²。

（3）对内用房。会议室：45 m²；办公室：15 m²×3；职工宿舍：15 m²×3；职工食堂：50 m²；配餐：15 m²；厨房：30 m²。

办公管理建筑如果需要独立设置，说明公园具有一定规模，功能复杂，应该参考以上用房设计。如果办公管理建筑属于附属型或分离型，说明公园规模可能不大，功能简单，可以根据具体需要配置以上用房。

三、温 室

（一）温室的概念

温室是建筑中的花园，也是花园中的建筑，是建筑师、工程师、风景园林师及园艺师合作的富有挑战的设计领域之一。温室是集建筑学、植物学、生态学、建筑环境工程学、美学于一身的综合项目，是植物、植物生态和人、建筑空间的有机平衡配合。营造利用自然、模拟自然的人工气候环境是设计温室的关键。温室还应采用高科技和现代计算机技术，从生态建筑、绿色建筑、节能建筑、可持续发展角度，结合展览室人工气候环境系统进行设计。另外，理论和设备研究也是温室设计不可缺少的内容。

（二）温室的特点

1.展览部分

（1）空间组合形式。规模不大的温室与展览馆的空间组成大致一样，也是由串联空间组合、放射性空间组合及放射兼串联空间组合三种空间组合形式组成。

（2）功能分区与人流聚散温。温室的功能分区、人流聚散特点与展览馆基本一致。

（3）温室的室内陈列设计。温室的室内陈列与展厅基本一致，由单线、双线、灵活布置三种参观流线组成。

2.温室建筑结构

（1）人字形屋顶屋面是最常见的温室结构式。

（2）圆拱形屋顶。这类温室的跨度可达 12.8 m，其采光材料宜选用柔性塑料薄膜，也选用硬质塑料板。

（3）尖拱形屋顶与圆拱屋顶温室一样，其屋面透光材料既可是柔性塑料薄膜，又可是硬质塑料板。

（4）双坡或单坡屋顶这种屋顶是最普通的一种，适用于包括玻璃在内的各种硬质覆盖材料。

（5）半拱状锯齿屋顶是新近发展起来的一种温室结构形式，其主要特点是通风性能良好。

3.温室使用的材料

（1）结构材料。

①钢材用于温室建筑结构构件的钢材种类一般是 ST37，含硅低。为防止腐蚀，最终的产品总是要镀锌的，且不同的部件采用不同的镀锌方法，主要有电镀锌和热浸镀锌两种镀锌方等。

②铝材。铝材的抗锈蚀能力好、重量轻，易于加工成任何一种所期望的断面形状，缺点是强度不如钢，且比钢材贵得多。

（2）覆盖材料。

①玻璃。玻璃温室采用钢制骨架，覆盖材料为专用玻璃，其透光率 >90%，温室顶部及四周为专用铝型材。

玻璃温室具有外形美观、透光性好、展示效果佳、使用寿命长等优点。对于低光照并有地热能源和电厂余热的地方而言，玻璃温室是较好的选择。

②PC 板。PC 板温室的覆盖材料——聚碳酸酯中空板（PC 板），与其他覆盖材料相比，具有采光好、保暖、轻便、强度高、防结露、抗冲击、阻燃、经济耐用等优点，该板的向阳面具有防紫外线涂层，抗老化性能达 10 年。所以，将其作为覆盖材料的温室，使用寿命长，外形美观漂亮，保温效果好，冬季还可节省加热能耗。其保温节能效果与单层玻璃相比，可节能 50%，每年每平方米可节约油耗 23.5 L，大大降低了冬季的运行成本。

PC 板温室可作为生产型温室，用于花卉、蔬菜和矮化果树的种植，也可作为育苗型温室，用于花卉、蔬菜和树木的育苗。

③薄膜。薄膜温室（单膜温室和双膜温室）制造成本相对较低，属经济型温室，适用于我国大部分地区。

该类型温室顶部多采用尖拱顶的弧线，满足了积雪下滑的条件，设计更趋完美，提高了温室的抗雪载能力，减少了冷凝水下滴，降低了由于湿度过大而引发菌病的发生率。

单膜温室顶部采用无滴膜，四周为进口长寿膜覆盖材料，风、雪载荷较高，光遮挡较少，同时具有吊挂功能，可充分利用高大的内部空间，配合外遮阳，适合于热带及亚热带地区。

双膜温室顶部外层多采用长寿膜，内层用无滴膜，四周用进口长寿膜覆盖材料。双层膜充气后，可以形成厚厚的气囊，能有效地防止热量流失和阻止冷空气的侵入，保温效果好，冬季运行成本低，适合于温带及寒带地区。

4. 温室的主要构件组成

（1）柱用于温室立柱的断面，形状主要有圆管、矩形方管、C 型钢或工字钢等开口断面。

（2）圆拱与拱架圆拱也可用封闭的或开口的断面形状制成。

（3）天沟是温室最重要的构件之一，作为纵向结构构件起支撑作用，应能排泄走所有的雨水。

（4）基础是连接结构与地基的构件，必须将全部重力、吸力和倾覆荷载，如风、雪和作物荷载等安全地传到地基。

（5）一个结构框架的强度只等同于其最弱的节点的强度，所以就连接方法和自身的连接强度而言，对所有构件的连接都必须有合适的连接件。

（三）温室系统

温室系统应具有全自动控制，配套设备可选择加热系统（热风机加热或水暖加热）、遮阳幕系统、微雾或水帘降温系统、补光系统及喷灌、滴灌和施肥系统、计算机综合控制系统、顶喷淋系统等内容。

（四）温室的用房要求

（1）温室陈列厅：50 m² × 3（可分可合）。

（2）门厅兼休息厅：45 m²。

（3）办公室：15 m²。

（4）库房：15 m² × 2。

（5）厕所盥洗间：9 m² × 2。

（6）休息室：9 m²。

（7）控制室：25 m²。

（8）加工室：20 m²。

（9）保鲜室：15 m²。

（10）消毒室：15 m²。

第六章　现代风景园林景观设计的艺术观念与创新发展

第一节　风景园林景观设计艺术的形式表现与审美原则

一、文化的传承与转变

文化继承和演变是一个非常复杂的过程。从 19 世纪中叶起，学者们就对这一问题进行了专门研究。关于文化传承演变的理论到目前为止已经有了一定的研究成果，这里只简单地略述三个主要的概念：进化、播化及涵化。

（一）文化进化

文化进化即文化的发展过程是持续的、分阶段性的，每个阶段是前一阶段的产物，并且在下一阶段发挥作用；具备积累性和进步性是文化发展的特性，是一个由低级向高级、由简单到复杂的循序渐进的过程。文化进化理论中存在着单线进化和多线进化两种，前者把人类文化看作是一个整体，后者则认为人类文化存在若干平行的个体。文化进化强调的是文化传承演变的时间形式，是文化发展的普遍规律和原则，人在这过程中起主导作用。不管是深奥的哲学系统，还是社会政治制度抑或精美的艺术品，都是由早期简陋的阶段逐步发展进化而来的。例如，中国的汉字艺术就源于我们祖先的"刻木为契，结绳记事"，后出现陶器刻画符号，再到甲骨文、金文、篆书、隶书、楷书等，最后演化成现代的简体字。因此，中国文字的发展演变是典型的文化进化现象。

吴家骅在《景观形态学》中提出"中国传统的景观设计是一个封闭的美学系统，有着独立的自我形成并缓慢变化的理论方法。很明显，中国独特的自然地理环境、长期处于不受外来干涉的孤立状态的生活方式和思维方式都是其中央集权和传统习俗得以延续的原因。中国人的思维方式被一种主流的哲学思想所控制，而人的个性则变得次要。虽然近些年来中国发生了巨大的改变，但人们仍然可以受到那些强大的无形力量的影响"。[1]在现代景观中，园林的形式语

---

❶ 吴家骅.景观形态学 [M].北京：中国建筑工业出版社，1999：265.

言，如廊桥、亭子、山石等常被模仿和重复，说明人们对古老文明和传统文化的保持。但存在的问题是，过去，人们用精深的思想去设计面积较小的空间，现在，人们用一些自以为良好的方法设计大面积的空间，甚者效仿他人的错误，成了东施效颦，适得其反。中国文化历史背景造成的双重性，是形成这种现象的因素之一，影响因子也是复杂多样的。从长远角度看，解决问题的关键在于我们应如何打开思想，合理地开放系统，在延续传统文脉的同时开拓创新，设计出具有中国艺术精神的作品。

（二）文化播化

文化播化指的是文化现象通过人际交往（商业、迁徙、战争等）而蔓延与传播。众所周知，人具有本质的一致性，有一个共同的生活条件，具有适应环境的能力，就算分布在各个地区而没有联系，也可以创建出类似的文化。但发明与创造毕竟不是一件容易的事情，与模仿比较，创新发展要困难得多。此外，人类的迁徙活动、战争掠夺、相互通信交流等会频繁发生，这就难免不会形成文化播化现象。时间序列强调了文化继承和演变过程中的进化现象，而空间转换体现了文化继承和演变过程中的播化现象。在西方文化人类学流派中曾经有一个"播化学派"，一些人提出过"文化圈"的理论，把整个人类文化根据地划分成若干"文化圈"，这其中又分为"母文明"（如埃及、巴比伦、中国、印度、希腊、玛雅等）和"子文明"，后者的形成是前者传播的结果。这一理论的结论是否正确姑且不论，但它注意到的一些现象还是有一定依据的。以东南亚地区为例，中国文化无疑对朝鲜、日本、越南、老挝、柬埔寨、马来西亚、新加坡有一定的影响，且这一影响是通过传播手段形成的。如果再把范围缩小到一个国家或地区，播化现象也是普遍存在的，其形式在文化学上称为"中极指向"，即源自政治、文化中心的观念、服饰、建筑等文化现象向其周围区域传播出去。中国古代早就有"天子失官，学在四夷""礼失而求诸野"的说法，"学在四夷"和"礼"在"野"就是"中极指向"的一种反映。即便在今天，只要稍微留心一下也会发现这种"中极指向"还是普遍存在着的。

（三）文化涵化

文化涵化是一种出现在文化传播之后的现象。当外来文化进入了某一领域或地区，势必造成此地区原有文化的阻力产生，当两种文化激烈碰撞之后，两边的结构都很难保持原来的状态，原有文化和外来文化相互间产生模糊边界的地带，并交叉渗透，最后由全社会有意识及无意识地调整，综合、融合出一个非此非彼、即此即彼的新文化。由上所述，必须经历文化传播、文化冲突、文化融合和文化重构四个重要阶段才能完成"涵化"过程。从中国传统文化的演变看，出现了两次文化涵化的现象。一是佛教的传入，印度佛教传入中国是由汉代开始，至魏晋时期形成了一定的影响力，与中国本土文化——儒家和道教文化冲突，产生强烈的碰撞，无论在内容还是形式上，双方在冲突碰撞的过程中相互汲取营养和内容。直至唐朝时期，开始了三教并重的政策（唐代中期，禅宗占据了佛教的统治地位，其是中国佛教，与印度的原始佛教有很大的区别），最终在两宋时期形成了中国文化新的代表——"理学"文化，兼容了儒、释、道三种思想。二是介入现代西方文化。明末清初，西方天主教传教士来到东方，开始了两种文化之间的交流。随着鸦片战争的爆发，西方文化与外国侵略者的坚船利炮一起到了中国。一方面，中国人民极力反对西方文化的浸入（反洋教运动、义和团运动）；另一方面，也在不断地吸收西方文化中先进和有用的内容，以革新自己原有的文化，最终形成了今天的中国文化格局。其面貌既不是原有的中国文化，也绝不是纯粹的西方文化，而是一种两者兼而有之的新文化。

二、艺术的形式表现与审美原则

关于艺术形式表现与审美原则的问题，何新在 1998 年 8 月《美术》杂志上发表的《略论艺术的形式表现与审美原则——兼论艺术的起源问题》给出了比较深入浅出的论述，值得我们学习和参考。

（一）艺术的形式表现

艺术的形式表现体现在很多领域，包括绘画、书法、雕塑、建筑、民间艺术等。比如，书法是汉字书写的艺术，汉字所承载的文化是书法艺术的内核和灵魂，在练习书法的过程中可以受到民族精神、传统美德的潜移默化的熏陶。书法中充满了极其丰富的美，包括形象的美、风格的美、笔法的美以及人们从世间万物中提炼出来的美的法则等。书法的美是辐射性的，它的触角伸向建筑、音乐、舞蹈、绘画等各种艺术领域。书法也是充满哲理的，既有对立矛盾，又有和谐统一，体现出了中国古代哲学思想的内涵。

因此，掌握和了解各个领域的艺术形式表现，有利于我们在设计过程中加以修饰与运用，提高审美段位和艺术观念。同样，在现代景观设计中，可以将这些相关领域的艺术形式表现和理念融合到设计作品中，使作品更有深意和内涵。

明确艺术内容与艺术形式之间的辩证关系，充分吸收、借鉴艺术家的精神资源和为之努力的方向，有利于我们树立科学合理的艺术观念和意识理念。

（二）艺术的审美原则

中国传统审美观念认为，天地之间有一种化生万物的"道"，它是美的根源，是天地之大美。而与西方传统的审美观念相左，中国传统的艺术审美观念认为美虽然不能离开形，但美的本质却不在于"形"而在于"神"。因此，中国传统艺术对美的追求是由形入神、以形传神。中国的绘画、建筑、书法、音乐、诗歌等艺术均可被看作对物的表达，这些艺术样式的表达，追求的是传神，所以不仅满足于形式的华丽、感观的愉悦，还深入到其内在的意蕴。

中国传统美学方面追求的是"神似"，在审美实践过程中表现出重直觉、重体验、重感性的特质，相较西方美学传统的重逻辑、重知解、重理性的特质，属于不同层面。现在，与中国传统艺术观念类似的艺术思潮正在西方一些国家兴起，西方现代派艺术也在向追求表现生命力的方向探索，但跟中国的本源思想仍有所区别。我们应该看到，为了追求"神"，追求最初的本源的"道"，中国传统的艺术表达有时走向了极端，甚至影响到了时代的思潮。崇尚本源的"美"反映在人身上成了消极遁世、隐逸山林，并且一味强调"神"，造成虚无，作品想求"雅"却成为清高。在现今的艺术设计实践中，应把中国的传统美学与西方美学之间形成一种逻辑性、历史性的互补关系，如此才能使中国传统美学和艺术在现代的传承中具有适应时代的新鲜活力和生命张力。

第二节 现代景观设计中传统文化元素的转化与契入

一、概括、提炼内容

"概括"本意是指从某类型个别对象中提取出来的特征属性进行归纳和总结，形成对此类对象共同特征的普遍认识。在设计中，是在准确把握对象本质特征的前提下，对事物的整体形象进行简约凝练的表达。"提炼"原意是用于比喻对某种事物进行去粗取精、去伪存真的加工、提高。在设计中，"提炼"则是从设计对象的众多表象特征中提取最具代表性的信息，以构建合理表达主题的设计元素。举例说明，带有禅宗意境的日本枯山水景观（图6-1），就是对自然本体及元素高度提炼、概括的结果。在日本庭院内，树木、岩石、天空、土地等常常是寥寥数笔即蕴含着极深寓意，在修行者眼里，它们就是海洋、山脉、岛屿、瀑布，一沙一世界，这样的园林无异于一种精神园林。

图6-1 日本枯山水景观

二、解构、重组形态

解构主义作为一种设计风格的探索兴起于20世纪80年代。当时，一位哲学家德里达基于对语言学中的结构主义的批判，提出了"解构主义"的理论。他的核心理论是对结构本身的反感，认为符号本身已能够反映真实，对单独个体的研究比对整体结构的研究更重要。

解构主义用分解的观念强调打碎、叠加、重组，对传统的功能与形式的对立统一关系转向两者叠加、交叉与并列，用分解和聚合的形式表现时间的非延续性。

在设计过程中，解构可以分为两种，一种是符号解构，将原有符号元素打散，提炼出最基础的内容，作为重组的依据；另一种是意义解构，是将原有元素所含内容加以分解联想，达到设计作品表达上的多重性。

三、置换、转换元素

置换主要是功能置换，常见于原有的、废弃的功能场景中的景观再利用，主要途径有更新、再生、植入等。在现代设计中，为了追求设计上的新意和独特性，常采用置换和转换的手法，以达到良好的设计效果。

在城市景观设计中，设计师也会从文字记载或口头相传中挖掘出场地原有的一些环境状况并将其置换。再生的景观可以给整体环境增添传统文化魅力，使观者从视觉上了解到与场地相关的文化和历史信息，得到精神的升华。

转换，一是在形态本身上的转换，着重于形式上的变换；二是根据原形的文化内涵进行各种形式的变换，甚至在内涵上进行多方位的延伸。转换可以是形式符号的转换，也可是生活方式与环境的转换。

四、转化、类比手法

转化指直接利用原有景观形态，通过变换各种解决问题的方式，转化原有建筑、构筑物等的存在方式，达到尽可能保留原有的结构和形态的目的。在中山岐江公园设计中，设计师采用了同样的方法。岐江公园的场地原为中山著名的粤中造船厂，该造船厂经过半个世纪的经营，留下了不少的造船厂房、机器设备，包括龙门吊、铁轨、变压器等，将其涂上鲜红的色彩，便成了一个具有工业美感的巨大的构成主义雕塑作品。

在艺术领域里，中国古代文学艺术中的"比""兴"和类比法有着密切的联系。刘勰说："比者，附也；兴者，起也。""比"是喻事理，"兴"是引起联想。比喻事理的，根据相似点来说明事物；引起联想的，从细微处寄托深义。类比法是富有创造性的创意技法，有利于人们的自我突破，其核心是从异中求同，或同中见异，从而产生新知，得到创造性成果，其在人们认识世界和改造世界的活动中具有重大意义。

五、传统文化语境下现代景观设计方法的思考

设计的传承与创新的方法主要概括为以下两方面。

第一，充分了解前人成就，注意考察前人及他人在当时如何面对生活对象并相应创造出表现这些的设计语言，从中找出规律，同时找出其不足之处加以思考。上述便是继承传统及学习他人的方面。

第二，对设计对象给予更深入、更广泛的观察和体验，尤其注意具有时代特征的和新涌现出来的事物，在前人的基础上找出新的表现方法。设计中应有本民族的基础和传统文化，因为我们民族的生活习俗、审美要求一直在一定程度上存在并不断随着时代注入新的内容，其中值得注意的一点就是时空及空间的转换关系的处理。"古为今用""洋为中用"，在这里，"今"和"中"至关重要，"今"即是时代感，要有新的生活内容，新的意趣；"中"就是中国式的、民族的和传统的，为中国本土化的艺术形式，两者都不能偏废。

无论时代怎样变迁，传承与创新是设计者永恒不变的研究主题。没有传统文化作为基础，那将是无源之流、无根之木，掌握传统文化是创新的重要条件。在设计过程中，一是充分挖掘中国传统文化内涵，赋予精神与灵魂，体现地域文化特征；二是通过对生活的解读，给予更深入、更广泛的观察和体验，把握时代特征，在传承的基础上进行提炼和创新。设计者不仅是传统文化遗产的保护者，更是开拓者和建设者。

第三节　传统文化语境下建构现代景观文化内涵的思考

一、园林景观文化内涵的建构

从艺术形态到文化构建，即是从客观的认知和感知再到主观价值体现的过程。

在我国园林体系中，江南园林最具代表性，也是集大成者，其有中国山水微缩之意境，有画境写意之境界，拥有跳跃自然而胜于自然的表情与内涵。其中，亭、台、楼、阁等逐渐演变成各类景观建筑，这些园林建筑在文化可识别性方面与整体园林规划及格局形成耦合关系。具有微缩尺度的江南园林为我们营造出完整的自然山水的视知觉氛围，而在如此的景观感知与认知中建构的文化，构成了建筑与景观环境一体化的文化表述："门内有径，径欲曲。石面有亭，亭欲朴。亭后有竹，竹欲疏。竹尽有室，室欲幽。室旁有路，路欲分。泉去有山，山欲深。山下有屋，屋亦方。"❶

在传统文化语境中，建筑与景观整合的理想状态是人与自然共生的境界，这样的哲学思想的底层逻辑就是建筑与环境不分彼此，相互关联。也就是说，要在客观和主观之间，对中国传统文化内涵进行溶解与重构，使之展现出新的价值。

二、景观作为文化参照物而传承

景观不同于自然环境，对象本身就具有文化特征。由于这种特征与特点，使景观环境具有了文化上的生命力，也正因为文化具有一定的可识别性，表明景观环境在文化之间具有表征和传承的作用。

伴随着经济和社会的不断发展，中国步入休闲时代，双休日和长假在这一时期成为标志。对景观及景观建筑来说，也迎来了快速发展的机遇，加上西方现代景观设计思潮的介入，中国当代景观设计正面临意识形态领域的观念更新。事实上，在建筑领域里，中国传统建筑的影响一直有两个发展方向，一是形式上的求存，具体表现为对中国固有形式的争议；二是文化内涵的延续，表现为作为文化的参照物而存在。但二者之间如何协调发展是问题的关键。

文化的定位与传承是问题的根本，形式上的问题根源则来自对内涵的理解。在传统视野

---

❶ 陈桥生.小窗幽记[M].北京：华夏出版社，2012：245.

中，建筑的分类定性一直有所谓正杂等级之分，是古建筑行业对宫式建筑的一种习惯区分，主要区别在于屋顶。园林景观是源于内涵的分野，这是其本身功能性质所致。溯源寻根，任何性质的建筑都是由住宅发展衍生出来的，因此景观是作为功能性建筑的附属品而存在的，具有文化含义，表达的是精神层面的意境追求。现今，园林和景观已成为大众精神文化的参照物。在中国建筑领域，对固有形式的争议亦存在于风景园林及景观领域中，是设计者今后关注和亟须解决的问题。在全球化的作用下，西方现代景观理念不断冲击，作为文化参照物的景观领域正面临如何在传统文化背景下生存与发展的挑战。

三、景观文化需多元化发展

学科间的发展平台总是在开放中相互融合。克里斯托夫·唐纳德认为，现代主义景观设计无法同精神追求、技术和现代主义建筑的发展相分离，这就从侧面说明了景观学科在不同领域不断地拓展与延伸，其理念也随着文化的进化和涵化进行更新及转变。

在这样的理解中，城市不单纯是城市的概念，已经从意识上靠近了以往的景观环境；景观也不单纯是以往的景观环境，已经从观念上包容了城市的发展与人类的生存经验。景观与建筑现已趋于统一的平台，站在同样的高度，两者的表现形式是在同一理论基础上发展的，介于内与外、虚与实、光与影、空间的转换等。同样，在其他相关学科领域存在一定的关联性与拓展性。再回到我们传统园林和建筑，中国园林通常是建筑覆盖空间和开放空间的结合体，体现的不仅是传统景观中的空间概念，也表现出人类与自然之间的平衡与和谐的哲学观念。景观学与建筑学的发展方向有相同的耦合点，正是这种哲学思想的体现。景观设计中的历史争议，是哲学、文化在技术层面结合、碰撞的结果，景观是心物合一的产物正是这种结合的关键点。由此可以看出，无论是改造自然还是管理自然，都是我们研究的方向。这就需要设计者在各个因子之间寻找相应的契合点，同时将广义设计学理论作为借鉴和参考。

第七章 传统文化语境下风景园林建筑设计的传承与嬗变

第一节 传承传统园林景观设计语言的困难

一、传统艺术观念与现代知识转向方面的矛盾

中国的艺术设计风格与西方明显不同，西方艺术追求理性风格和逻辑风格的展示，而中国艺术更侧重对艺术感性与感悟的展示，属于感悟意识形态。所以，中国园林艺术难以像西方艺术一样进行逻辑分类，科学与理性的体现不能作为该艺术创造的基础，也不能被纳入逻辑实证框架。由于中国的古老艺术并没有因为时间的跨度而发生实质性改变，也不存在艺术断裂层，所以中国人的艺术审美仍然保持着固有惯性。但从"知识学"角度看，中国现代艺术原理遭遇了颠覆性改变，不少设计师会感到茫然无措，陷入了生搬硬套的拿来主义中，这就造成了艺术原理传承中的"真空区"。

二、现状与设计方法方面的矛盾

中国的园林设计理念的初衷在于人为环境中营造出模仿大自然的环境与情境，充分展开人与自然的和谐交流，其基本的设计方法是在现场真实场景中构思设计方案及制作模型。中国传统园林特征的形成与这种设计方法是密切相关的。但目前被王绍增称为"时空设计法"的设计方法同中国的行业现状有一定的矛盾。

一是实际效率偏低。在现实场地进行环境考察，并做出相应定位，通过抽象思维方法对空间进行布局设计，做出景物排布框架，这是一种充分考虑了主体与客体间相互关系的设计方法，便于创造人与环境融合的真实场景和刻意安排空间关系。然而，没有直观图纸为样本，只凭借设计师口头指点，或者依靠自己的实践摸索，难以形成团队式操作模式，不易进行合理的分工，在方案实施中难以形成有序发展模式，中间环节也缺乏有效的衔接。这与当前中国快速城市化的现状相悖，难以适应当下经济效益和速度效率的需求。相比较而言，西方主体与客体

相分离的图面设计法虽然有把设计者引导到孤立、静态、片面的倾向，但其高效的特点正符合现在的技术和社会条件，所以一时找不到比图面设计法更有效的方法。

二是难以进行量化设计。对工程总量、造价、投资力度及收益等方面难以进行直观评估，招标条件不明确，容易造成效率过低。如果园林设计作为艺术设计作品完成，上述问题不会造成明显影响，但会对社会环境造成明显的困扰和阻碍。

三、现代园林与传统理法方面的矛盾

中国传统园林原型展开的空间结构及内向型空间布局需要依靠大量的建筑或墙体得以形成，这就与现代园林景观的功能存在很大的矛盾。

首先，现代园林景观常常用植物造景，建筑的量在总体布局上难以形成传统园林的那种空间结构，很难形成山环水、水环山，或是水环建筑／建筑又环水的空间格局。经过大量的实践过程，20世纪70年代出现了"园中园"的设计手法（图7-1、图7-2和图7-3）。

图 7-1　现代园林植物景观之一

图 7-2　现代园林植物景观之二

图7-3　现代园林植物景观之三

其次，现代园林景观为满足大多数人的使用功能需求，需要设置开敞性的空间，这样既便于开展各项户外与交流活动，又便于人群的疏散。此外，一定面积的绿地开敞型空间在发生自然灾害或人为灾害时，能够成为人们的紧急避难场所。这些现代景观的功能需求与传统园林的空间结构会产生一定的矛盾，随着空间开敞性的增加，势必会使视线开阔，难以形成传统园林的视线结构。

再次，规范的限制。现代园林景观的园路设置有一定的规范，一级园路要够一定的宽度，要求流畅并满足消防安全。

所以，对于公园性质的园林景观，总体结构上采用惯有的传统园林的曲折的游览线路结构是不可行的。但是，中国传统园林的空间结构是富有弹性空间的结构，需要使用者充分挤压和填充，以便增加继承传统园林的可能性。

第二节　传承传统园林设计语言的方法

传统园林文化所面临的问题与困境是如何传承与创新，而不仅是宣传语言和美好的愿望。仔细分析与考量后便会发现，以上所述的矛盾并非是完全不可调和的。艺术、美学、科学技术、生态主义无形中为本土化景观构建了较为完整的结构体系，但多元化发展需有个重要的前提，即充分利用场地现有资源，尊重场地既符合节约型园林的要求，又符合生态园林的要求，而这个前提与传统园林相左。设想，如果区域没有任何文化资源，或场地是风景名胜区，依然提倡的艺术、美学、科学技术、生态主义等是否还可行。在不照抄传统园林空间布局、堆山理水等具体手法的前提下，对某个空地延续传统园林的设计语言，未必会比现代园林景观节约，而在风景名胜区，传统园林的设计语言则比目前任何一种西方现代园林设计语言更加符合中国的文化传承和生活风俗。由此可见，传统园林文化和设计语言的延续主要在于如何将其转化成现代景观的设计语言。

一、分解转化

对传统园林景观的阅读不是简单的描写临摹，而是试图通过分解其结构获得新的组织和行为方式，从中得到某种结果，这便是分解转化。由皮尔士的看法得出，图解是其图像符号，即第一性中的第二个阶段。假如面对一个再现媒介，如一张画，不关注其细节，而通过分析其骨架结构来评估对象，就是在操作图解了。

（一）分解转化的运用

传统园林语法对现代景观设计在形态上没有直接和较明显的关联，但当设计内容被分解为空间原型时，依然能看出两者存在拓展关系。在分解过程中，传统园林语汇的传承获得了新的思路，不用受具体图像、符号的约束，便能从中导入反叛性和实验性因素。

（二）分解转化的方法

语汇的延续。主要延续语言结构特点，在分解时实施一定程度的形态变化、图底关系反转、简化抽象语言等手段，其带来的视觉转换和场所体验仍与传统园林保持着相似相通之处。分解过程中的对象可以是结构语言系统中的任何一种结构。例如，将园林具有的内向性空间特征的结构反转，使其内表面向外翻转，使传统园林演变成外看的效果，这就是内外空间的拓扑反转。这种分解式的转化为内收式园林场景的体验，巧妙地提高了空间的公共性。2007年的厦门园博园中，王向荣设计的"竹园"（图7-4）是一个传承传统园林的布局结构，同时简化游览路线结构与观赏视线结构的成功案例。设计的空间结构、布局具有较多传统园林的特征，实现依托于墙体的传统园林的线型空间的营造。

图7-4　厦门园博园中王向荣设计的"竹园"

语汇的解构。重组和打散传统园林设计语言结构，需要在相对单独的片段中寻找记忆的影子。采用这种方法的设计目前在国内还缺乏实例。法国的拉维莱特公园可以看成是这种解构式的"分解转化"的实例。

语汇的植入。分解过程的对象并非实际的园林，而是与传统园林有着相似之处的其他传统艺术文化，如传统绘画、砖雕、壁画、剪纸、传统戏曲等，传统园林只为空间构成提供前期条件和基础手段。

二、图像转化

图像转化是指对传统园林设计语言代表性的词汇、片段进行临摹或简化，其中复古、新古典或折中主义都属这个范畴。在设计思潮发展进程中，虽然这些理念得到了批判，但并不代表这些设计方法已经完全没有利用价值。自 20 世纪 90 年代以来，由于社会需求的不断加大，设计原理取得了长足发展，除了特定风景名胜区引入了现代园林艺术外，不少城市在绿化、度假村建设中也大量采用了园林景观艺术设计。

（一）图像转化的运用

1. 传承和调整布局经营手法

主要传承传统园林结构布局、组景模式，并根据实际需求对园林设计进行调整。私人园林场地有限，所以不适宜大量游客涌入；皇家园林虽然具备足够空间，但艺术取向与审美标准难以与时俱进。

2. 传承传统设计哲学

我国著名学者钱学森曾经提出城市园林发展方向，即"山水城市"的概念。他指出，在城市中引入仿天然的园林设计，能够使城市的生态气息更为浓厚，而建设山水城市将是未来城市发展的目标。学者吴良镛对钱学森的观点进行了丰富，认为山和水将是园林城市构建的两个要素，如果城市能够顺应山水走势进行构图，那么大城市将会被分隔为若干板块，形成自然园林生态城市群落，而这些山水景观将大大提升城市的活力。这里的山水概念不单纯指园林设计，同样涵盖了城市设计的整体理念。

3. 展现艺术要素

在传统艺术中，诗词篆刻、题匾对联都是文学艺术元素的体现，也在园林设计中广泛应用。在微缩景观空间中采用文学艺术元素，能够实现以小见大的艺术展示，使游人在方寸之间体会中华传统艺术的美感，体验更为丰富的艺术审美，并由此得到熏陶。可见，恰到好处的艺术设计能够在整体设计中起到画龙点睛的作用。

（二）图像转化的方法

1. 描写方式

延续传统景观设计语言的句法结构、典型语句及修辞润饰，尽量不改动和简化，基本完整地还原传统设计语言表征，此方式主要用于传统园林及建筑的修复。传统园林是中国珍贵的物质文化遗产，开发的同时应该予以充分保护，尊重并忠实于原作，不得随意修改。这些是我们宝贵的精神文化食粮，因此描写方式的运用对延续和继承传统园林景观设计语言具有较大的实践前景。

2. 减法方式

简化传统景观设计语言的句法结构、典型语句，但延续其润饰方法，满足于现代感的同时，将传统园林景观的韵味展现出来。此种方法不仅适用于名胜古迹风景区、传统街区，也较适用于城市敏感区域的景观设计。如果实际景观项目位于城市的历史文化街区或其周围分布有传统园林，同样可用于一些特殊用途的园林，如园博会或展示型景观。

三、读本转化

把传统园林景观作为一种可供人欣赏的读本，以某种已有的文本为起点演变成一种新的园林设计，是对它的辨析、溶解、建构和重组，主张以崭新的视角去审视老读本，然后嫁接、摘录、题铭或引用老读本。分解转化和图像转化是在剖析传统园林景观设计语言和手段的基础上，以感观语言为核心的形式法则，探寻各种形式的语言组合规律。读本转化是对传统园林景观设计形式语言的同译。区别在于，前两者是控制读本的表面结构，而后者是注重读本的表达形式。

（一）读本转化的运用

园林设计作品的成功，在一定程度上体现了园林文本的优越性。本章节将在语境、意境、形意、文体等方面进行综合探索，以园林的"可读性"进行整体展示，再经过信息符号的转化，体现园林艺术的更高层次内涵。在艺术设计的语境诠释与表达上，行文力求简明，再经过艺术修饰，展现园林艺术的"可读性"。

1.读本多种解释

面对同一处传统园林，不同的人能读出不同的内容。因此，设计师完全可以依据自己对传统园林的解释，进行新文本的创作。比如，王澍在《造园与造人》一文中指出："中国文人造园代表了一种和我们今天所熟悉的建筑学完全不同的一种建筑学，是特别本土，也是特别精神性的一种建筑活动。"在他看来，"造园所代表的这种不拘泥绳墨的活的文化，是要人靠学养、实验和识悟来传承的"，"造园者、住园者是和园子一起成长演进的"，"主张讨论造园，就是在寻找返回家园之路，重建文化自信与本土的价值判断"。这种对传统园林的解读观点，影响了王澍的建筑态度及工作模式，他的设计出发点只有一个，那就是传统。

2.保持读本关联性

传统景观读本的书本形式并不只局限于物质外表下的句法和语汇，也包含润饰读本的修辞方法。所以，现代转化的过程中不必在意作品是否具有九曲流觞的线性结构或是代表性的语汇特征，而是强调保持书写形式的关联性。童离在其《江南园林志》的序中指出："唯所绘平面图，并非准确测量，不过约略尺寸。盖园林排当，不拘泥于法式，而富有生机与弹性，非必衡以绳墨也。"由此看出，童离留意的是传统园林读本的书写形式，并非只停留于原来的比例和模式。

（二）读本转化的方法

从多个角度切入对读本的转化，在重新建构读本时还可以其他多种方式进行。实际操作中很难有固定方式方法，因此简单略述以下基本方法。

一是诠释与替补。德里达在设计语言的诠释中将艺术符号之间的替代和增补称为替补诠释。在进行替补诠释设计中，艺术表现方式可以借此喻彼，也可以通过事物展示的内在联系，建立一个环环相扣的艺术体系，形成独特的艺术语言，从而展示艺术世界的往复循环和相辅相成的作用。这种思路为传统园林的延续拓展了方向。例如，将传统古典园林中某个传统元素尺度予以放大，放大后的形式让人想起某种传统元素，但又不是它本身，它并不在场所内。这种设计形式在一定程度上可以解决照搬传统符号的弊端。

二是书写与重复。一种以旧文本为基础的重复、反复书写。作为园林设计师，应当对自己的艺术创作不断进行否认和颠覆，在既有的艺术成就中突破，寻找新的设计灵感。真正的艺术设计不但要突破一味模仿的窠臼，还要不断地进行创新和变化，在形成文本结构后，要对其进行解读，从中理顺、重建与完善。德里达对这种模式做出了定义，即"双项重叠"模式，在进行适众设计的同时，要突出作品的独特性，使作品的个性化展示更为完善，通过对既有艺术成就的汲取和传承，对设计理念进行不断更新，做到融会贯通，这样才能使设计风格与众不同，适应社会环境发展的需要。

三是缝补片段。部分设计者认为，整体世界的存在只是一种表面形式。实际上，世界是一个混沌体，在整体框架下被分离成无数的片段。这些片段之间存在着一定的相似性，但与世界分隔的区域不同：区域是整体世界的一部分，在一定程度上能够反映世界的整体形态，而片段不具备这样的功能，其只是作为基础的元素存在，不能够显示与整体之间的关系，更不能作为判断整体形态的依据。比如，上海的方塔园存有宋代方塔、明代照壁和迁来的天后宫等历史建筑，这些不同片段在方塔园建造前存在，建造后依然是片段的形式，体现了设计师的高明之处。

第三节　建构本土风景园林景观设计语言

一、建构本土景观设计语言的方式

园林景观设计工作主要是处理场所内的环境与场所外部环境的关系。由此，场所自身具备的条件在一定程度上决定了设计系统中结构语言因素的选择。清华大学的朱育帆提出了"原置"和"新置"的设计概念。其中，"原置"是指在设计之前就已经存在的建筑本体；"新置"是指设计进行中生成的事物，包括进行改建或者添加的物体。对于两者之间的关系，可以从以下三种情况进行判断：施工场地没有"原置"物体，可利用空间较大；"原置"占据现场部分位置；现场以"原置"为主，并具备鲜明的风格特点。根据以上三种情况，对语法有以下几方面解读。

（一）外来语汇与本土语汇的叠加

在文本构架与语法解读中采用西方设计语言，词汇元素则利用本土元素，也就是实现设计中的"中西合璧"。在西方现代园林景观发展过程中出现了各种地域性风格流派，并形成了完整的理论系统和设计语言，以及较多可供参考借鉴的成功案例。因此，设计者可理性化地参考及借用西方现代园林景观设计语言，加以改造和利用，并采用相应特定的方式手法来构建中国本土化园林景观，从而避免盲目趋同。

（二）传统语言与地域语汇的叠加

借用或引用传统古典园林的词句语言、润饰方法，但词汇来自本土语言，使作品带有了地域色彩。中国北方的皇家园林、南方的岭南园林、江南的私家园林等传统园林中代表着各自的地方特征，在进行现代园林景观设计时，要将这些具有地方特色的传统园林设计语言对应当地的地域特点来把握词汇如何运用。

（三）场所语言与本土语汇的叠加

从场所中抽取本身所具有的特征特点，制定相应的空间组织结构和语汇法则，参取西方现代园林景观中的语言结构、词法规则而词句语汇源于本地，以达到本土化设计的目的。

这三种方式可依据场地特点灵活掌握，但无论哪种模式，都必须是源于地方语汇，否则会降低地域性特征，造成本土化的流失。

二、本土景观设计语汇源泉

上述分析表明，本土化园林景观设计语汇的构建核心在于具有地域特征的景观语汇的传承和再生。然而，语汇来源于实际生活和人们的感观形态，这些比仅从文献中窥探来得更真实生动且更具现实意义。地形地貌、水文特征、土壤植被等自然因素是语汇的重要来源之一，而区域中的传统本土文化景观中拥有更多具有地域性的词汇量。历史文化背景、社会形态结构、传统民风民俗、各地异族风貌及经济发展水平等影响因子会促成本土化特征的产生，并随着时间的推移逐渐形成固有的地域性文化景观。所以，场所中现有的成果是设计者值得利用或延续的。

地域特征在广义上涵盖了相当大的范畴。从园林景观设计层面出发，地域特征主要表现在当地气候、文化环境、建筑场地、社会环境等方面。地域化景观的设计应当融合当地自然风物与人文文化，在自然要素的体现上应当更为深刻和含蓄。地域景观能够提供人为活动的空间，其中自然因素体现得尤为明显，涵盖了地形地势、水利水文、植物土壤、气候特征、地域性动物、风力条件、环境演变等。人文因素的引入，展现了公众对自然条件和因素的科学运用，其中包括定居地点、城市园林、种植园等，也体现了当地民俗习性、宗教信仰、经济环境、生活状态等。只有在设计风格中体现其地域性，才能更为深刻地体现本土文化风格，强化公众客体的理解和认同。

以下是从本土自然环境和传统文化景观角度对地域性景观设计语汇来源的解读。

（一）本土自然环境

我们通常所说的自然环境要素是包含多方面的特征的，其中的地理特征主要以地质、地貌和水文特点为主；气候特征泛指气温、降水和日照；生物特征包含动物和植被等生态特性和该地区的自然特征。人类的生存活动就通过合理利用自然资源中适合人类居住的部分，改造不利于人类居住的部分来实现。如何让人类在生活与生产中达到与大自然的和谐相处，是当前我们处理人与自然关系的核心。这种关系的处理延伸到我们对城市建筑景观的建设和思考上，对城市风貌的形成产生了重要影响。

（二）传统文化景观

我们通常所说的文化景观其实是一种综合概念，是对地域性自然特征和相关人文特点的结合。人类活动的影响导致文化景观的变化，但它具有的独特地域性使其拥有了可持续发展的可能，并具备良好的识别度。具有传统地域特点的文化景观通过其特殊的图形语言，深刻反映着我们生活、生产和生态环境中的方方面面。利用不一样的空间组合特性，逐渐形成独具特色的文化景观格局，这种被模式化了的典型格局结构，通过文化景观图形的展现，大量地被体现在建筑土地、水利资源利用、地方性群居文化和居住模式等方面。其中，居住模式是一个综合体，它体现了文化景观建筑、种群聚集、土地利用和水力资源等的有机结合，具有广泛的空间特性。

1.土地肌理的利用

如果说建筑和聚落泛指的是一种文化景观下的居住生活景观，那么土地的利用则是人的作用和意志的真实体现。利用土地在中国拥有上前年的历史，人们从对土地的利用中逐渐认识土地，进而认识这片土地上的文化。这种农耕文明下的农业生产具有认识并利用自然的双重含义。从人类历史的整体来看，农业活动属于半自然和具有一定技术特性的生态活动，并在土地利用景观中表达出自然与文化的综合特征。另外，我们可以看到，地形、耕作、人口和水体等要素都可以对土地构成重要影响，不同的自然环境可以形成不一样的土地利用特点。从利用的形态来看，江南地区的水乡就具有极不规律的边界规则，它像人体中的细胞一样，紧密相连又彼此分离；珠江三角洲平原的土地利用方式则是桑基、鱼塘的结构的土地生态规划，疏密程度适中；皖南地区因为丘陵众多，在长期的演变中，形成了坝堤和梯田结合的水土利用形式；中原地区的旱地农业属于平地作业，其规划利用也多是呈现长方形分布的土地利用特点，通过对局部单元的调整，进而改变较大面积的单位特征。可以说，这些土地景观的肌理直接展示出了地域分布最重要的语言视图，并体现出一种地域文化景观。

2.水文的利用

在传统的地域文化景观中，水元素是重要构成部分，它不仅是一个景观的构成要素，也是一个符号特征，一个引导景观和文化传承与演变的特殊代码。人类的生活和生产与水息息相关，通过对水的利用，可形成重要的地方性的传统景观以及地域性的传统文化。比如，江南水乡中水所形成的生产、生活中心，将所有的聚落和建筑紧密相连，构成了当地人最重要的活动场所；皖南地区的居住区大多分布在河流的一侧，从而演化出以河流为轴线的村落及集聚地；珠江三角洲地区居住地点和水的关系以环绕为主，逐渐形成水城环绕的地域文化；在中原地区，旱地型的土地结构促使地下水及雨水构成另外一个独特的生态系统，并利用这种主导作用形成控制聚落发展和组团分布的重要支撑。可以看出，水在各个区域的形态和作用是不一样的，水是各区域引导景观形成的重要推动力，它不仅深深根植于当地的地域传统文化中，还会通过景观表象表现出来，是反映地方特性最重要的图式语言之一。

3. 聚落与建筑

在传统的地方文化景观中，建筑和聚落承载了人类对大自然的客观认识，是人类为生存而营造的安全据点。人类通过建筑和聚落获得了依托感，获得了利用自然最原始的能力。这种让人类长期生存的安全据点充分反映着当代社会的知识体系结构，能够对传统的文化地域景观进行深刻的表达，并作为传统文化地域图示的直接表现符号而存在。我们可以看到，在某些地方建筑和群落的特性解读过程中，它们所具有的直接性和代表性对人们具有较强的吸引力，这种过度的吸引力在某种程度上转移了人们的视线，忽略了其作为传统景观应该具备的其他特点要素。在地方性语言中，建筑和聚落仅仅是多方面中的其中之一，而不是代表全部图示语言。

4. 居住形式的利用

居住形式是一个综合的格局，这种格局是在长期的历史发展过程中逐渐形成的，需要综合考虑对自然环境、土地资源和水利资源的充分利用。可以说，居住模式是一种综合的反映，它可以把当时当地的自然环境和文化特性以及景观内在表现充分结合起来。比如，江南水乡具有适合水乡文化特点的居住模式：鱼塘交织，农田和住宅沿江分布，散落有序。又如，珠江三角洲平原，河流与田地呈团块状组合，排列规则独特，点面结合错落有致，居住格局模式别具一格。另外，皖南地区丘陵众多，山山相靠，山谷依存，村前溪流、岩谷的坝堤和梯田组合成山环农田的居住格局，山在田两边，田在山中间。由此可见，居住模式是随着社会历史发展不断发展的动态过程。在这个过程中，随着人类对社会和经济理解的不断深入，不断出现改变当前自然环境的建筑格局，最终形成了地域文化的综合表现形式。同时，居住形式与地域文化相互呼应、互相影响，以有机整体的形式，交织着向前发展。

5. 地域性植物的利用

居住环境的营造是离不开植物群落文化的，这些植物在建筑的空间营造和使用上有着非常特殊的作用，体现着当地的文化和特色。

居住空间中的植物构造体现着主人的性格、爱好与文化素养。这些植物可以出现在房前屋后以及庭院的任何地方，如蜡梅、美人蕉、荷花、菊花、牡丹、银杏、垂柳、竹子、梅花、栀子、芙蓉、桂花是最常出现的，并与人生命中的一些性格和特质相呼应，而榕树、芭蕉、柿树、核桃、枇杷、棕榈、石榴等的种植则代表乡村田野式的自然景观，显示出家庭与众不同的特点和"心平气和"的心境。另外，在田地的路边、田坎以及河塘边的植物主要以比较高大的乔木为主，这些植物不影响农田的灌溉和农作物生长，同时可以很好地抵御风沙侵害。

三、本土景观设计语法方式

除了生态和节约因素的考虑，构建本土性景观主要有两个目的：一是突出当地的地域特色，让外地游人能清晰地感知其地域特征；二是对当地人而言，传承本土文化与群体记忆。人的大脑中先接收外界信息，再通过客观存在的事物加上自己的一些想象，根据自身的特点对一些特殊意象加以整合，逐步完成一幅想象的画面，在头脑中形成一个完整的印象，这是知觉的分析与综合能力发展的一般过程。从这个角度来讲，外地游人只能对某一地区的特征保留一个综合印象；本地人由于长期处于当地环境中，能对当地的特征有完整、精确的印象，包括各种细节。根据以下主要分析两种将地域特征转化为本土景观设计语汇的方式与方法。

（一）大脑的记忆转化

大脑中的印象是指接触过的客观事物在人的头脑里留下的迹象。在观察客观事物的过程中，如果不是长期接触它，这一事物在人头脑中留下的迹象是最主要或最深刻的特定的形象或感觉。这种综合的、直观的及初步的印象往往最能反映事物的主要特征。人们常说第一印象最重要，就是这个道理。根据分析，设计者在将地域特征转化为具体设计语汇时，有意将地域特征中最容易引起人注意的特征放大，忽略对细部的描述，可为园林地域特色的形成锦上添花。

本土景观的细节通常依附相关的图形或传统工艺，但全盘继承等同于照搬和复制，缺少时代特征和创新，记忆转化则易于与现代景观林设计语言融合，给抽象、简化、改换等手法创造了发挥作用的空间，使本土特征与现代景观完美结合。

这是因为地域特征本来就是一个庞大的体系，若想以园林为媒介对某一地区的本土特征进行完整的描述，很难做到。而记忆转化过程的对象较适合将大尺度的带有地域特征的事物（如民居、植物群落、地形等）形成的词汇用于规模较大的园林项目，适合塑造园林的远看、鸟瞰效果。例如，广东某生态园园林建筑的特征来源于客家建筑，但设计师并未照搬客家建筑的细节，而是将客家建筑的特征以"记忆转化"的方式延续，有意夸大了大屋顶的特征，以加强游人的印象，其中对竹子的运用更是体现出了园林建筑的特色。

（二）准确的语汇转化

与直观性和感悟性的"记忆转化"不同，词汇转化过程中将代表本土特征的事物的形态构建、形体比例、色彩准确地转化成了园林设计语言。一般而言，准确的语汇转化分为以下两种情况。

一是符号的转化。将本土特征转化成一定形式的符号，不同的地区应该有显著的符号代表，这也是一种特殊文化的象征。符号的转化是将本土特征转化为一种图形，再对图形进行各种操作的过程，形成的符号应具有标识性。符号的转化着重对细节的继承、简化及一定程度的重构，可以保持对原有材质、工艺的沿用，最终表现出现代性和时代感。

二是替换法。带有本土特征的事物的形态构建、形体比例、色彩均保持原有特点，用现代材料、施工工艺进行替换。替换法强调对原有事物形态的本质特征的解析，地域特征被抽象为基本的图式。替换法不强调被替换物本身的细节，但要求替代物与被替代物的细节具有一定的关联性，能使人们结合景物的整体形象，从替换部件联想到被替换部件。

记忆转化与准确的语汇转化在实际的设计中常结合使用，宏观上的设计内容以记忆转化为主，微观上的设计内容以准确的语汇转化为主。

四、本土景观设计句法方式

对朱育帆教授的"三置论"设计方法进行辨析，可从中摸索适合、合理的设计方法用到今后的设计实践中。

（一）"三置"法

处理区域内原有文化景观与新景观的关系，也是一种处理新旧语汇的句法方式。"并置""转置"和"介置"构成的"三置论"是由清华大学的朱育帆教授提出的设计理论体系学说。

1. 并　置

并置是指两个或两个以上的事物直接并列放置在一起。"并置"并非简单罗列，而是"新是新，旧是旧"，新旧不混淆，具有明显的可识别性，可用于物质性历史遗产保护。对保护历史文化遗产，主要有以下观点。

一是修旧如新。这种思路是一种重建思路，是对中国古建筑修缮保护的一种大众思路。

二是修旧如旧。将新修的部分改成原来的样子，使新建筑看起来具有传统特色，以一种复原历史的建筑风格将新建筑复古，其主要意义在于还原时代真实感，让人更容易接受。

三是新旧并置。这种建筑的特色是比较有层次感，新的修缮痕迹与古老的建筑相融合，增添了一种真实感，又不失历史的厚重感。这种半修半补的模式比较新颖。

在现代园林设计语言中，新旧语汇的处理问题与这三种思路有着极为相似的特点。对园林中新旧语汇的争议主要存在于新旧并置后产生的不和谐因子，园林中一些旧建筑物或许本身就有一些特殊标语等，但是不够完整，所以在新旧并置中，往往会添加一些现代的东西，有的在添加后让人觉得不够协调，甚至滑稽，但是在新旧语汇之间或许存在某个平衡点，使二者达到协调与契合，这便是最重要的关键点。在建筑物的新旧并置中应该注意到该问题，并且要事先找到关键，才能使园林景观设计整体效果完整、统一，否则就会贻笑大方，影响公众的满意度。

并置结构之所以广为人们接受，是因为其中包含深刻的历史韵味。那种旧建筑物中蕴含的历史感是现代建筑无法替代的，而且人们更愿意从建筑物的细节之处猜测遥远历史的故事，穿梭时空的蒙眬感有效扩大了想象的空间。

并置可以分为关联并置和非关联并置，也可以分为有机并置和无机并置，前者是从微观角度定义的，主要依据是新旧语言的关联度，后者是从宏观角度定义的，主要依据"新语法"与"旧语法"之间的关联度。

非关联并置注重新旧语汇的差异，这种明显的古今差异能代表两种文化的鲜明对比，其方式运用在建筑修缮中能形成强烈反差，激起人们的兴趣。当然，也有很多设计师选择采用这种新旧材料形成反差的方式凸显设计风格，在旧建改造的设计中常有所体现。关联并置强调新旧语汇在文脉上的某种联系。对园林景观的设计，大多数设计师会选择关联并置，因为这种方式更有利于人们寻找历史根源，更有利于传统文化的传承。

无机并置中的"旧语汇"只是新结构中很小的一部分，其内容被削减了。有机并置是将新旧语汇完全整合成新的内容，这样就形成了一个全新的整体而统一的关系。

2. 转　置

在原有基础上，通过一系列的转化和改变形成新的逻辑语法的方式就是转置。并置这种方式并不是万能的，转置可以弥补并置的缺憾。转置要求的条件不需要太死板，可以有很多状态。原置景观和格局不佳通常是导致场地改造或重建的直接因素之一，如果仍运用并置法来延续场地文脉，难以取得预期的效果。转置主要是通过大视野的改变，使环境焕然一新，同时对原来的场所语法采取一系列的更新措施，有的还改变了原来的设计风格，使场所环境的整体达到一种崭新的感观效果。转置适用的范围较广，基本对所有的设计都能够适用。虽然并置在某种程度上也可看作转置，但它只能算是一种结果上的转置，与具有普遍意义的方法上的转置有区别。

区别于并置的是，转置后对"旧语汇"的辨认会更困难，有时候需要通过反复对比与想象才能辨认出旧语汇。转置之后的语汇大多以旧语汇为蓝本，加上新的调和剂就变成了新语汇，新旧语汇之间的差异很小，并且它们之间的形式具有相当的统一性，也就是旧语汇成就了新语汇。

转置的类型：可以把原置局部处理和表皮处理分别视为"加法转置"与"减法转置"两种不同的类型；从对原置结构的转换程度来划分，可以分为"同型转置"和"异型转置"。针对原置，加法转置是利用遮挡和包装完成的；减法转置则相反，是通过移除和表皮剔除来达到置新的目的。同型转置的特点是尊重原置，并在此基础上结合具体的情况进行处理，形成新的设计逻辑和结构；异型转置是指颠覆或基本颠覆场地原有的逻辑，在完全转型的情况下，得到新转置的办法。

3. 介　置

介置是使设计区域内外环境协调共生的句法方式。风景园林师需要对以下两方面进行思考：一是设计场地的内部环境关系；二是设计场地与周边环境之间的关系。如果场地只是所在环境中一个向内性的语言，如院墙或其他边界围合程度很高的类型，它的内外交通组织之外的部分是可以相互独立的，虽然这样的独立对其内部格局可能会产生一定的影响，但是影响是有限的。试想，如果像城市公共区域那样，对环境的外延性具有很高的要求，就应该更多地关注场地与所处环境的相互协调效果，介置正是基于这种条件提出的适应规则。前面提到的并置和转置的核心是对内部环境的作用，而介置的主要作用是解决外部空间环境的协调问题，它与转置和并置完全不一样。介置的组织特点非常明显，它被用来组织和协调场地内外的诸多矛盾。通过对介置的使用，可以在场地内外诸多要素之间取得最佳的效果，使场地与它所处的环境以一个和谐整体的形式展现出来。

针对场地对周边的影响力和控制力较弱的情况，可以选择主调介置，因为它具有彰显个性的作用，同时可以很好地适应环境，创造出相对和谐的整体效果，因此可以利用对个性的张扬而主导场地本身的空间潜质。基调介置可以使"新置"作为整体的一种基调而存在，强调本身的文化特点。另外，介置具有低调和彰显个性两个看似矛盾而又互相联系的特点，这主要是因为在城市景观要素中往往需要应对各种矛盾的激烈冲突，在复杂的环境下，最好的处理办法是以介置为主基调。

不管是并置还是转置，都强调对原置的利用与发展，但在具体情况中会存在场地内并无原置的状态。这样，在缺乏限制性因子的情况下，进行宽泛化创作的余地较大，但是理论导向的意义不大。清华大学朱育帆教授"三置论"的提出明确了并置、转置和介置作为语法形式的适用范围。

（二）区域空间句法

原置对设计内容的结构语言特征产生决定性的影响，如果场地内原置占据主要地位，并具有较明显的特点，如场地内的地形地貌、土地肌理等具有明显的特征，可从区域内提取空间语法，具体分为本源和移用两种方式。

一是本源。语法完全取自场地本身。例如，巴塞罗那的植物园的艺术设计构架完全依赖当地的地形特点，设计师在进行艺术构思时，极力避免硬性设计的引用，将艺术空间拓展至当地的自然环境中，并根据自然环境的特点进行相应的设计。设计师的设计依照原有的自然形态展开，并未进行大的山体再改造及地势填埋，对原有空间做了最大限度的保留，依照原有轮廓进行了三角网格设计。在艺术语言体系中，词汇排序为主入口建筑、局部开放空间、花圃、人行道、围墙、座椅。三角网格设计的最大特点是随地势造型，进行一定的延展和收缩，在地势平缓地段进行网格扩张，反之则收缩，这就形成了网状地势结构。

二是移用。移用是西方现代园林采用的语法，前提是两者场地的特点相像，形状与尺度相似。

五、本土景观设计润饰方式

（一）本土工法的汲取

利用本土建材和地方特色工艺进行施工，有利于设计语汇的融合性展示，并融合于整体地域风格之中，可以加强语汇间的联系。这种做法普遍用于建筑领域，具有以下特征：

（1）使用地方施工工艺，能有效地保护传统工艺，使其得以传承，能取得事半功倍的效果。

（2）地方施工工艺一般能较好地适应地方的气候、地理等环境需求，可以使设计的作品长期得到较好的保留。

（3）地方施工工艺能够在建筑细节以及材质选择上体现当地的文化特点，体现其厚重的历史感，使作品具备原生态韵味。这种设计风格能在当地民众中获得认同，对外地游客而言，更容易留下深刻的印象。

科学合理的本土工法的运用会增强设计作品的润饰效果，使作品独具特色。

（二）本土感观艺术的汲取

本土感观艺术可用于加工和修饰词汇和句法。例如，戏曲的结构转化为园林设计语言句法的结构。李渔曾要求戏曲创作"水穷山尽之处，偏宜突起波澜，或先惊后喜。或始疑而终信，或喜极、信极而反致惊疑。务使一折之中，七情具备，始为到底不懈之笔，愈远愈大之才"。园林中也存在类似的情况。

综上所述，在进行现代景观设计时，以传统文化为内核，向外发散影响因子，包括艺术形态、生活习俗等，实现传统文化的继承与发展。

第八章 基于传统文化理念的现代风景园林建筑设计实践

第一节 中国传统园林建筑营造法

一、宋式营造法式

宋《营造法式》刊行于宋崇宁二年（1103），是北宋官方颁布的一部建筑设计、施工的规范书，是中国古籍中最完整的一部建筑技术专著。

《营造法式》是宋将作监奉敕编修的。北宋成立以后百余年间，大兴土木，宫殿、衙署、庙宇、园圃的建造此起彼伏，造型豪华、精美、铺张，负责工程的大小官吏贪污成风，致使国库无法应付浩大的开支。因而，建筑的各种设计标准、规范和有关材料、施工定额、指标亟待制定，明确房屋建筑的等级制度、艺术形式及严格的料例、功限，以防贪污盗窃。哲宗元祐六年（1091），将作监编成《营造法式》，由皇帝下诏颁行，此书史曰《元祐法式》。

因该书缺乏用材制度，工料太宽，不能防止工程中的各种弊端，所以北宋绍圣四年（1097）又诏李诚重新编修。李诚以其十余年的修建工程的丰富经验为基础，参阅大量文献和旧有的规章制度，收集工匠讲述的各工种操作规程、技术要领及各种建筑物构件的形制、加工方法，终于编成流传至今的《营造法式》，于崇宁二年刊行全国。

《营造法式》主要分为五个主要部分，即释名、制度、功限、料例和图样，共34卷，前面还有"看样"和目录各1卷。第1、2卷是《总释》和《总例》，考证了每一个建筑术语在古代文献中的不同名称、当时的通用名称以及书中所用正式名称。《总例》是全书通用的定例，包括测定方向、水平、垂直的法则，求方、圆及各种正多边形的实用数据，广、厚、长等常用词的含义，有关计算工料的原则等。第3卷至第15卷是壕寨、石作、大木作、小木作、雕作、旋作、锯作、竹作、瓦作、泥作、彩画作、砖作、窑作等13个工种的制度，详述建筑物各个部分的设计规范，各种构件的权衡、比例的标准数据、施工方法和工序，用料的规格和配合成分，砖、瓦、琉璃的烧制方法。第16卷至第25卷按照各种制度的内容，规定了各工种的构件劳动定额和计算方法，各工种所需辅助工数量以及舟、车、人力等运输所需装卸、架放、牵拽等工额。最可贵的是记录了当时测定的各种材料的容重。第 26 卷至第 28 卷规定各工种的用料定额，是为料例。其中，或以材料为准，如列举当时木料规格，注明适用于何种构件；或以工程项目为准，如粉刷墙面（红色），每一方丈干后厚 1.3 厘米，需用石灰、赤土、土朱各若干。卷 28 之末附有"诸作等第"一篇，将各项工程按其性质要求、制作难易，各分上、中、下三等，以便施工调配合适的工匠。第 29 卷至第 34 卷是图样，包括当时的测量工具、石作、大木作、小木作、雕木作和彩画作的平面图、断面图、构件详图及各种雕饰与彩画图案。

《营造法式》的内容有以下几大特点：

第一，制定和采用模数制。书中详细说明了材分制，材的高度分为分，以 10 分为其厚。斗拱的两层拱之间的高度定为分，为架，大木作的一切构件均以材、分、架来确定。这是中国建筑历史上第一次明确模数制的文字记载。

第二，设计的灵活性。各种制度虽都有严格规定，但未规定组群建筑的布局和单体建筑的平面尺寸，各种制度的条文下亦往往附有"随宜加减"的小注，因此设计人可按具体条件，在总原则下，对构件的比例尺度发挥自己的创造性。

第三，总结了大量的技术经验。比如，根据传统的木构架结构，规定凡立柱都有"侧脚"及柱"升起"，使整个构架向内倾斜，增强构架的稳定性；在横梁与立柱交接处，用斗拱承托以减少梁端的剪力；叙述了砖、瓦、琉璃的配料和烧制方法以及各种彩画颜料的配色方法。

第四，装饰与结构的统一。该书在石作、砖作、小木作、彩画作等方面都有详细的条文和图样，规定了柱、梁、斗拱等构件在结构上所需要的大小、构造方法，也规定了它们的艺术加工方法。比如，梁、柱、斗拱、椽头等构件的轮廓和曲线就是用"卷杀"的方法制作的，该手法充分利用结构构件加以适当的艺术加工，发挥其装饰作用，成为中国古典建筑的特征之一。

《营造法式》在北宋刊行的最现实的意义是严格的工料限定。书中用大量篇幅叙述工限和料例，如计算劳动定额，首先按四季日的长短分中工（春、秋）、长工（夏）和短工（冬）。工值以中工为准，长短工各增减 10%，军工和雇工亦有不同定额。其次，对每一工种的构件，按照等级、大小和质量要求，如运输远近距离、水流的顺流或逆流、加工的木材的软硬等，都规定了工值的计算方法。料例部分对各种材料的消耗都有详尽而具体的定额，这些规定为编造预算和施工组织定出严格的标准，既便于生产，也便于检查，有效地杜绝了土木工程中的贪污盗窃现象。

《营造法式》的现代意义在于它揭示了北宋统治者的宫殿、寺庙、官署、府邸等木构建筑使用的方法，使我们能在实物遗存较少的情况下，对当时的建筑有非常详细的了解。通过书中记述，我们能够了解一些古代的建筑设备和装饰，如檐下铺竹网防鸟雀，室内地面铺编织的花纹竹席，椽头用雕刻纹样的圆盘，梁柢用雕刻花纹的木板包裹。

《营造法式》的崇宁二年刊行本已失传，南宋绍兴十五年（1145）曾重刊，但亦未传世。南宋后期，平江府曾重刊，但仅留残本且经元代修补，现在常用的版本有 1919 年朱启钤在南京江南图书馆（今南京图书馆）发现的丁氏抄本《营造法式》（后称"丁本"），完整无缺，据以缩小影印，是为石印小本，次年由商务印书馆按原大本影印，是为石印大本。

1925 年，陶湘以丁本与《四库全书》文渊、文溯、文津各本校勘后，按宋残叶版式和大小刻版印行，是为陶本。后由商务印书馆据陶本缩小影印成《万有文库》本，1954 年重印为普及本。

《营造法式》总共记录了 3 555 条建筑规定和制度。其中，最有成就的是规定了建筑和结构设计中的模数制，当时称为材分制。该项规定使建筑的设计效率大大提高，只要提出所要建造的建筑规模大小，就可方便地确定使用的材料的尺寸规格，使一项复杂的工程在短时间内完成。《营造法式》中规定的梁截面高宽比为 3∶2，这个比例正是从圆形木材中截锯出抗弯强度最大的矩形用材的最佳比例。这些规定和制度充分体现了我国工匠的智慧，也反映了我国 12 世纪前后在建筑科学方面取得的成就。

二、清式营造法式

《工程做法则例》于雍正十二年（1734）由清工部颁布，全书 74 卷，前 27 卷记述了 27 种不同的建筑物，如大殿、厅堂、箭楼、角楼、仓库、凉亭等，每件的结构依构材之实际尺寸叙述。就著书体裁论，虽以此 27 种实际尺寸可类推其余，但与《营造法式》先说明原则与方式相比，则不免见拙。卷 28 至卷 40 为斗拱的做法、安装法及尺寸。其尺寸自斗口一寸起，每等加五分，至斗口六寸止，共计十一等，较宋式多三个等级。卷 41 至卷 47 为门窗隔扇、石作、瓦作、土作等做法，关于设计样式者止于此。之后 24 卷为各作工料的估计。此书的优点在于27 种建筑物各件尺寸准确，而此亦即其短处，因其未归纳规定尺寸为通用的原则，故不可大小适应可用。此外，拱头昂嘴等细节之卷杀或斫割法以及彩画制度等皆未叙述，是其缺憾。所幸现存实物甚多，研究起来并不难，故可以实物之研究补此遗漏。

第二节　传统文化元素在现代风景园林设计中的应用

随着时代的发展，中国传统文化与设计的关系逐渐成为设计者关注的问题。景观设计者在现代园林景观设计中采用多种传统文化元素，将其融入整个风格中，形成有机的整体。在园林景观设计中对传统文化元素加以改造和运用，能够使作品具有文化精神内涵。中国古典园林设计思想博大精深，体现了"天人合一"的古代哲学思想，又蕴含丰富的传统文化精髓。中国传统文化精髓对现代景观设计有着极其重要的启迪和参考作用，深入研究传统文化有助于增加设计内涵，创造出具有中国传统意境的现代园林景观环境。

一、空间的营造

障景与分景、框景与漏景（图 8-1）、借景与收景、仿景与缩景等古典园林造园手法在现代园林景观中常被采用，可以达到步移景异、小中见大的空间效果。

同时，设计中加入现代元素，古为今用，古今交融，营造富有层次的空间环境，塑造有中国传统文化特色及氛围的景观场所。例如，万科第五园采用框景或漏景的手法，透出绿色，营造出具有中国韵味的场所。

图 8-1　框景与漏景

二、传统色彩的运用

代表华夏文明的几种颜色有中国红、黄色、青花蓝、玉脂白、石材灰、绿色等，结合材料和新中式风格定位，还常使用木色和黑色，这些色彩共同营造景观表情，表现出喜庆、祥和、恬静、内敛的文化景观气氛。在一些景观建筑中常常采用中国红和黄色，如亭、台、楼、榭、殿、阁等，彰显崇高、祥和的氛围；石材灰和玉脂白的运用主要体现在材料和景观设施上，如铺装、墙面、休息座椅等；青花蓝多用于点缀，如雕塑、墙面装饰、碎拼等；木色为自然之色，有质朴、恬静之味，栈道、平台、小品、廊架等常用此色彩，继承中国古典园林造园特点，体现新中式景观设计的风格；黑色往往与其他颜色（如白色、灰色等）搭配使用，用于地面铺装、景观设施、构架等，使空间环境变得沉稳、雅致。例如，万科第五园在铺装上采用灰色和木色结合，在纹理上进行合理的划分和拼接，达到和谐统一的效果，黑的花池、白色的墙面及部分铺装构成宁静致远的纯净空间。

三、传统文化符号的运用

中国传统文化符号有很多种类，有传统的吉祥物，如青龙、白虎、朱雀、玄武、貔貅、蝙蝠、仙鹤等，有五行的金、木、水、火、土，有周易及风水理论，有民族特色图案龙凤祥纹、祥云图案（图 8-2）等，有吉祥文字福、禄、寿、喜等（8-3），还有传统的植物梅、兰、竹、菊、牡丹、荷花、松柏、石榴等。现代园林景观设计中常把这些传统文化符号抽象或简化为设计元素，表达中国传统文化内涵，表现形式丰富多样。比如，西安大雁塔景区内采用京剧脸谱或皮影艺术元素设计的景观雕塑，还有带有传统纹样的景观灯具及景观墙，体现出西安的历史文化底蕴。

图 8-2　祥云图案的运用

图 8-3　福图案的运用

四、植物的配置

植物在园林造景中起着举足轻重的作用，是园林景观要素之一，还可以改善小气候和生活环境。中国古典园林除盆栽植物外，其他植物不用整形，以观自然形色为主，而现代园林设计中整形灌木和自然种植相结合，植物品种增多，植物层次减少，2～3层居多。而且，受到功能拓展、生态防护、使用人群等因素的影响，现代园林设计对植物选择有了更多的要求，不只是为了营造诗意的景观环境，还增加了生物多样性、地域性及生态学等原则。比如，万科第五园设计用水生植物弱化水景与建筑之间的部分，既丰富了水体，又增强了空间的层次感。

五、空间营造

在空间营造上，传统的半开放的庭院、方圆结合的局部造型、细纹墙角、青砖步行道、漏窗等符合现代人生活要求的建筑手法得到了很好的继承。拴马柱（图 8-4）、抱鼓石（图8-5）、青石水缸（图 8-6）、太湖石（图 8-7）等景观元素运用到现代园林景观设计中，表达一些古意。

图 8-4　拴马柱

图 8-5 抱鼓石　　　　　　　　图 8-6 青石水缸

图 8-7 太湖石

　　空间设计上采用庭院、大院、小院、窄道、后庭等不同的中国传统建筑空间形式与现代风格的平面构成相结合的方式，体现了中国居住文化的精髓，也体现了中国人含蓄、内敛的性格特点。

第三节　基于传统文化理念的现代园林建筑设计案例分析

　　随着全球经济一体化、文化多元化，中国的景观设计面临新的挑战，传统文化与现代景观设计的结合问题成为我们不断探索的问题。在现代景观设计中，我们在处理传统文化与现代艺术的关系时，要基于本国国情和文化，从设计本身出发，将中国传统文化元素和现代景观理念相结合，找到最佳的契合点，设计出时代性与历史性兼顾的空间环境，走具有中国文化特色的设计道路。

1949 年后，中国城市公共绿地获得了长足的发展，各个城市都投入很大精力营建城市的公共绿地系统。据 1985 年底对全国 220 个城市的统计，仅公园就有 978 个，全国城市公园总面积增加到 20 956km²，总游人量达到 80 223 万人次，公共绿地的类型和内容很丰富，供居民游憩的公园绿地就有综合性公园、纪念性公园、专类花园、动植物园、儿童公园、小游园等，城市公园成为市民休憩的重要场所。风景园林建筑也随着城市公共绿地的增多而逐渐发展起来，无论是建筑数量、建筑类型，还是建筑风格，都较 1949 年前有了明显的发展。

一、广州起义烈士陵园

广州起义烈士陵园（图 8-8、图 8-9 和图 8-10）位于广州市中山二路 92 号，是为纪念 1927 年 12 月广州起义中英勇牺牲的烈士，于 1954 年修建的纪念性公园。陵区有正门门楼、陵墓大道、广州起义纪念碑、广州公社烈士墓、叶剑英元帅墓、英雄广场、血祭轩辕亭、中朝人民血谊亭、中苏人民血谊亭等。

图 8-8　广州起义烈士陵园正门门座

图 8-9　广州革命历史博物馆

图 8-10　广州起义烈士陵园内景

二、哈尔滨斯大林公园

哈尔滨斯大林公园原名"江畔公园"，建于 1953 年，位于哈尔滨市区松花江南岸，东起松花江铁路大桥，西至九站公园，东西全长 1 750m，是顺堤傍水建成的带状开放式公园，与驰名中外的"太阳岛"风景区隔江相望，占地面积 105 000m²。整个公园以防洪纪念塔（图 8-11）为中心，俄罗斯式建筑散布其间。

图 8-11　防洪纪念塔

三、鲁迅公园

鲁迅公园（图 8-12 和图 8-13）位于上海市虹口区四川北路。清光绪二十二年（1896），英国殖民主义者在此圈地筹建万国商团打靶场，1922 年改为虹口公园，该园是鲁迅先生生前常来散步的地方。1956 年，市政府将鲁迅之墓由万国公墓迁到这里，并伫立了鲁迅铜像，建立了鲁迅纪念亭、鲁迅纪念馆等。

1959 年，公园扩建，新建人工湖、大假山等，后来改名为鲁迅公园，是上海著名的纪念性文化休憩公园。

图 8-12　鲁迅公园（一）

图 8-13　鲁迅公园（二）

四、长春净月潭风景区观景塔

长春净月潭风景区位于长春市东南郊，是长白山脉与东北平原交接的丘陵地带。作为整个景区标志性建筑的观景塔（图 8-14）选址在净月潭前区制高点，在建筑造型的构思中以集簇高耸的形态来契合森林的韵律，以体现对地域风景特色的表达。多个坡屋面层层错叠，标高各不相同，加之檐下的斜撑，整座塔犹如冠盖层叠的松树。竖向条形玻璃、参差的构架把单纯的体量支离成错落有致的竖直形体的集簇，突出了观景塔的挺拔和高耸。

图 8-14　长春净月潭风景区观景塔

五、福建长乐海螺塔

福建长乐海螺塔（图 8-15）在造型上使用仿生的设计手法，利用海边岩礁，设计成一个高耸的螺和一个舒展的蚌的形象，向上拔起的螺顶螺旋收小，似合又开的蚌水平挑出礁石，使建筑和谐地根植于自然环境之中，与大海、小岛完全融合。

图 8-15　福建长乐海螺塔

六、武夷山风景区风景园林建筑

武夷山风景区内的建筑（图 8-16、图 8-17 和图 8-18）将屋顶的坡度放缓，出挑屋檐，扩大进深，控制在 1.2 ~ 1.5 m 之间，使之很自然地和周围民居协调。在细部设计方面，将钢筋混凝土的梁头与木栏杆的架构结合，形成一种新的栏杆风格。

图 8-16　武夷山风景区风景园林建筑（一）

图 8-17　武夷山风景区风景园林建筑（二）

图 8-18　武夷山风景区风景园林建筑（三）

七、平度现河公园

山东省青岛平度现河公园是以现河故道改造而建成的，是以游览、休闲、娱乐为主的观光公园。现河公园始建于1992年，扩建于1997年，总面积350亩（约0.23 km²）。公园分为东西两区，以现河为中心设景，有游廊水榭、庭院台阁、梅溪竹径。其中，尤以各种水榭最具特色，凭柱阁（图8-19）、临渊坊、倚玉轩和静心斋等均依水而建，造型别致，形态优美。

图8-19　凭柱阁

八、福建漳浦西湖公园

福建漳浦西湖公园（图8-20）面积14 km²，原为一个养鱼池，东西两端水面较开阔，中部相对狭窄，呈哑铃状，在东部相对开阔的湖面上以人工方法堆筑了一个小岛，并于其上设置体量较大、较集中的一组建筑。这样不仅可以在构图上形成焦点和重心，又可建一座楼阁作为全园的制高点，并作为城市主要街道的底景。

图8-20　福建漳浦西湖公园

九、上海松江方塔园

上海松江方塔园的建设工程由同济大学冯纪忠负责总体规划，规划以明代方塔（图 8-21）为主体，保存邻近的明代大型砖雕照壁、宋代石桥和七株古树。新建公园有两座大门、长廊、堑道、亭榭、服务社、售品部、生活设施、绿化等。从 1982 年 5 月 1 日起，公园边建设边开放。

图 8-21　明代方塔

十、桂林七星岩月牙楼

桂林七星岩月牙楼（图 8-22）根据功能要求采用了楼的形式。月牙楼主体为三层，高约 15 m，其与剑把峰的高度比例为 1∶3 左右。这样，人们在楼前景区一带望去，按视角分析，主楼高度约为主峰的三分之一。这便保持了建筑与其所依赖的石山体量之间的适宜比例，使体量较大的建筑群不至于产生压倒山势的感觉，同时建筑也不至于为山势所逼而显得局促。

图 8-22　桂林七星岩月牙楼

十一、桂林芦笛岩景区游船码头

桂林芦笛岩景区游船码头（图 8-23）位于芳莲池西岸水中，平面呈十字形，主体与池岸之间有桥廊相连，临湖平台贴水面而建，与主体平面垂直。游船码头的底层敞厅用来休息及小卖，二层楼阁及平台用来眺望远景，建筑有四个不同的标高，空间多变，造型借鉴传统舫形式，较扁平，接近水面，有漂浮游动之感，还有莲叶汀步与对岸相连，布局自由，形式新颖。

图 8-23　桂林芦笛岩景区游船码头

十二、北京中关村软件园

北京中关村软件园（图 8-24 和图 8-25）总体布局以 1.6 km² 的水面为核心，形成绿地的中心景观。园中各景观要素有机结合，湖岸线将数码平台、船平台、流水平台、E 平台等数处场地串联在一起，形成湖岸景观线。

图 8-24　北京中关村软件园（一）

图 8-25　北京中关村软件园（二）

十三、岐江公园

岐江公园（图8-26和图8-27）位于中国广东省中山市西区的岐江畔，是一个以工业为主题的公园，是由中山市政府投资9 000万元在粤中船厂的旧址上改建而成的，总面积11 km²，于2001年10月正式对公众开放。岐江公园在设计上保留了很多粤中船厂的工业元素和自然植被，并加入一些和工业主题有关的创新设计。2002年，该公园获得了美国景观设计师协会2002年度荣誉设计奖。

图8-26　岐江公园中心景观　　　　　　　图8-27　岐江公园

岐江公园在设计上保留了粤中船厂旧址的许多旧物，包括古树、部分水体、驳岸、两个不同时代的船坞、两个水塔、废弃的轮船和烟囱等，还有龙门吊、变压器、机床等废旧机器，通过对这些旧物的改造、修饰和重组来提升整个公园的艺术性。两个船坞被改造成游船码头和洗手间；两个水塔变成了两个艺术品，一个称为琥珀水塔，另一个称为骨骼水塔；龙门吊、变压器、机床等废旧机器经艺术和工艺修饰后变成一堆艺术品散落在公园各处。

十四、苏州博物馆新馆

苏州博物馆新馆（图8-28、图8-29和图8-30）由世界著名建筑大师贝聿铭先生设计。苏州博物馆新馆位于历史保护街区范围，紧靠世界文化遗产拙政园和全国重点文物保护单位太平天国忠王府。苏州博物馆新馆的设计结合了传统的苏州建筑风格，把博物馆置于院落之间，使建筑物与其周围环境相协调。博物馆的主庭院等于是北面拙政园建筑风格的延伸和现代版的诠释。白色粉墙成为博物馆新馆的主色调，把该建筑与苏州传统的城市肌理融合在一起。博物馆屋顶设计的灵感来源于苏州传统的坡顶景观飞檐翘角与细致入微的建筑细部。玻璃屋顶与石屋顶相互映衬，使自然光进入活动区域和展区，让参观者感到心旷神怡。另外，过去的木构架被现代的开放式钢结构的顶棚所取代。

图 8-28　苏州博物馆新馆（一）

图 8-29　苏州博物馆新馆（二）

图 8-30　苏州博物馆新馆（三）

结 论

中国文化博大精深，是中华民族宝贵的精神食粮。中国传统文化中蕴含着社会、历史、哲学等多方面的内容。现代景观设计者要充分了解这些内容，将其融入现代设计中，根据具体的设计对象和设计要求，统筹兼顾各方面的条件，力求达到有机协调、和谐统一，从整体到细部，恰如其分地把握和控制。

《中国传统设计思维方式探索》中指出："现代设计的形式与观念都是人类自古以来造物文化延续、发展的结果。尽管形式上不断变化，手法上不断更新，但其历史的发展脉络仍清晰可见，蕴含的智慧光芒仍闪烁至今。"中国现代景观设计既要深入研究中国传统文化，传承中国传统设计文化的精髓，也要紧跟时代和科技发展的步伐，适应现实社会的需要，不断创新。在景观设计实践中，既要从传统设计语汇中汲取有益的营养，又要对传统的内容进行科学合理的分析，在继承的同时有所扬弃，最终形成辩证统一的审美原则和艺术观念。

脱离传统、历史及文化的景观艺术创作不可能成为优秀的作品。从现代比较成功的案例可以看出，大部分设计均取自人们对以往的回顾和认识，把在不同社会背景下创造的园林、苑囿和景观作为参考依据。在时代潮流下，如果一个园林或景观设计徒有新颖的形式和外表，不具备传统文化的精髓，就很难成为一个有灵魂、有思想、触动人心的作品。

通过对中国传统文化在现代景观设计中的本质性、文化性、精神性表达，对目前设计过程中遇到的有关问题的探讨以及对日本及国内现代景观设计案例的分析，笔者感到将传统文化融入现代景观设计任重道远，也迫在眉睫。中国新城市建设发展迅速且具有创新性。在城市快速发展过程中，中国应重视传统文化，防止历史遗存和文化被同质化、模式化和平庸化，使传统文化在现代景观中延续。传承中国传统文化不是简单的怀旧和模仿，而是应将传统文化底蕴充分彰显出来，将城市记忆名片和历史细节融入景观设计中，创造出人性化和高品位的景观空间，满足多样化的社会需要。

参考文献

[1] 彭一刚 . 感悟与探寻 [M]. 天津 : 天津大学出版社 , 2000.

[2] 彭一刚 . 创意与表现 [M]. 哈尔滨 : 黑龙江科技出版社 , 1994.

[3] 彭一刚 . 建筑空间组合论 [M]. 北京 : 中国建筑工业出版社 , 1998.

[4] 吴良铺 . 国际建协《北京宪章》——建筑学的未来 [M]. 北京 : 清华大学出版社 , 2002.

[5] 侯幼彬 . 中国建筑美学 [M]. 哈尔滨 : 黑龙江科学技术出版社 , 1997.

[6] 张家冀 . 中国造园论 [M]. 太原 : 山西人民出版社 , 2003.

[7] 杨鸿勋 . 江南园林论 [M]. 上海 : 上海人民出版社 , 1994.

[8] 蓝先琳 . 中国古典园林大观 [M]. 天津 : 天津大学出版社 , 2003.

[9] 余树勋 . 园林美与园林艺术 [M]. 北京 : 科学出版社 , 1987.

[10] 刘福智 , 佟裕哲 . 风景园林建筑设计指导 [M]. 北京 : 机械工业出版社 , 2007.

[11] 卢济威 . 山地建筑设计 [M]. 北京 : 中国建筑工业出版社 , 2001.

[12] 尚廓 . 风景建筑设计 [M]. 哈尔滨 : 黑龙江科学技术出版社 , 1998.

[13] 刘滨谊 . 现代景观规划设计 [M]. 南京 : 东南大学出版社 , 1999.

[14] 周立军 . 建筑设计基础 [M]. 哈尔滨 : 哈尔滨工业大学出版社 .2003.

[15] 田学哲 . 建筑初步 : 第 2 版 [M]. 北京 : 中国建筑工业出版社 , 2006.

[16] 张伶伶 . 场地设计 [M]. 北京 : 中国建筑工业出版社 , 2002.

[17] 王向荣 . 西方现代景观设计的理论与实践 [M]. 北京 : 中国建筑工业出版社 , 2002.

[18] 吴庆洲 . 世界建筑史图籍 [M]. 南昌 : 江西科学技术出版社 , 1994.

[19] 王树栋 . 园林建筑 [M]. 北京 : 气象出版社 , 2004.

[20] 佟裕哲 . 中国景园建筑图解 [M]. 北京 : 中国建筑工业出版社 , 2001.

[21] 佟裕哲 . 中国传统景园建筑设计理论 [M]. 西安 : 陕西科学技术出版社 , 1993.

[22] 陆嵋 . 现代风景园林概论 [M]. 西安 : 西安交通大学出版社 , 2007.

[23] 于正伦 . 城市环境艺术 : 景观与设施 [M]. 天津 : 天津科学技术出版社 , 1990.

[24] 成涛 . 城市环境艺术·广州环境艺术的发展 [M]. 广州 : 华南理工大学出版社 , 2000.

[25] 杨贵丽 . 城市园林绿地规划 [M]. 北京 : 中国林业出版社 , 2007.

[26] 王晓俊 . 园林建筑设计 [M]. 南京 : 东南大学出版社 , 2004.

[27] 周维权 . 中国古典园林史 [M]. 北京 : 清华大学出版社 , 1999.

[28] 杨滨章 . 外国园林史 [M]. 哈尔滨 : 东北林业大学出版社 , 2003.

[29] 郑忻 , 华晓宁 . 山水风景与建筑 [M]. 南京 : 东南大学出版社 , 2007.

[30] 黄华明 . 现代景观建筑设计 [M]. 武汉 : 华中科技大学出版社 , 2008.

[31] 安怀起 . 中国园林史 [M]. 上海 : 同济大学出版社 , 1991.

[32] 查尔斯·詹克斯 . 后现代建筑语言 [M]. 北京 : 中国建筑工业出版社 , 1986.

[33] 刘滨谊 . 现代景观规划设计 [M]. 江苏 : 东南大学出版社 , 1999.

[34] 郦芷若 , 朱建宁 . 西方园林 [M]. 河南 : 河南科学技术出版社 , 2001.

[35] 梁思成 . 中国建筑艺术图集 : 下卷 [M]. 北京 : 百花文艺出版社 , 1998.

[36] 南京工学院建筑系等 . 中国建筑史 [M]. 北京 : 中国建筑工业出版社 , 1992.

[37] 王受之 . 西方现代建筑史 [M]. 北京 : 中国建筑工业出版社 , 1999.

[38] 俞孔坚 . 生存的艺术 [M]. 北京 : 中国建筑工业出版社 , 2006.

[39] 俞孔坚 . 城市景观之路 [M]. 北京 : 中国建筑工业出版社 , 2003.

[40] 刘永德 . 建筑外环境设计 [M]. 北京 : 中国建筑工业出版社 , 1996.

[41] 王庭熙 , 周淑秀 . 园林建筑设计图选 [M]. 南京 : 江苏科学技术出版社 , 1988.

[42] 中华人民共和国建设部 . 城市绿地分类标准 [S]. 北京 : 中国建筑工业出版社 , 2002.

[43] 宗跃光 . 城市景观规划的理论和方法 [M]. 北京 : 中国科学技术出版社 , 1993.

[44] 李家华 . 环境噪声控制 [M]. 北京 : 冶金工业出版社 , 1996.

[45] 黄西谋 . 除尘装置与运行管理 [M]. 北京 : 冶金工业出版社 , 1999.

[46] 许钟麟 . 空气洁净技术原理 [M]. 北京 : 中国建筑工业出版社 , 1983.

[47] 赵毅 , 李守信等 . 有害气体控制工程 [M]. 北京 : 化学工业出版社 , 2001.

[48] 舒玲 , 余化 . 生活环境与健康 [M]. 北京 : 中国环境科学出版社 , 1988.

[49] 中华人民共和国建设部 . 城市居住区规划设计规范 [S]. 北京 : 中国建筑工业出版社 , 2002.

[50] 蒋永明 , 翁智林 . 园林绿化树种手册 [M]. 上海 : 上海科学技术出版社 , 2002.

[51] 何平 , 彭重华 . 城市绿地植物配置及造景 [M]. 北京 : 中国林业出版社 , 2001.

[52] 郭维明 . 观赏园艺概论 [M]. 北京 : 中国农业出版社 , 2001.

[53] 周武忠 . 园林植物配置 [M]. 北京 : 中国农业出版社 , 1999.

[54] 徐化成 . 景观生态学 [M]. 北京 : 中国林业出版社 , 1999.

[55] 中国建设部 . 风景名胜区规划规范（GB50298—1999）[S]. 北京 : 中国建筑工业出版社 , 1999.

[56] 薛聪贤 . 景观植物造园应用实例 [M]. 杭州 : 浙江科学技术出版社 , 1998.

[57] 刘师汉 . 园林植物种植设计及施工 [M]. 北京 : 中国林业出版社 , 1988.

[58] 俞孔坚 . 景观·文化·生态与感知 [M]. 北京 : 科学出版社 , 1998.

[59] 树勋 . 花园设计 [M]. 天津 : 天津大学出版社 , 1998.

[60] 徐德嘉 . 古典园林植物景观配置 [M]. 北京 : 中国环境科学出版社 , 1997.

[61] 黄金琦.屋顶花园设计与营造 [M].北京:中国林业出版社,1994.

[62] 杨丽.城市园林绿地规划 [M].北京:中国林业出版社,1995.

[63] 董智勇.中国森林公园 [M].北京:中国林业出版社,1993.

[64] 宗白华.中国园林艺术概观 [M].南京:江苏人民出版社,1987.

[65] 李敏.中国现代公园 [M].北京:北京科学技术出版社,1987.

[66] 彭一刚.中国古典园林分析 [M].北京:中国建筑工业出版社,1986.

[67] 杜汝俭,李恩山,刘管平.园林建筑设计 [M].北京:中国建筑工业出版社,1986.

[68] 刘福智.环境规划中生态体系的理论构想 [J].青岛建筑工程学院学报.1999(2):1-7.

[69] 李敏.城市绿地系统与人居环境规划 [M].北京:中国建筑工业出版社,1999.

[70] 金柏苓,张爱华.园林景观设计详细图集 [M].北京:中国建筑工业出版社,2001.

[71] 刘文军,韩寂.建筑小环境设计 [M].上海:同济大学出版社,1999.

[72] 唐鸣镝,黄震宇,潘晓岚.中国古代建筑与园林 [M].北京:旅游教育出版社,2003.

[73] 刘滨谊.遥感辅助的景观工程 [J].建筑学报.1989(7):41-46.

[74] 丁文魁.风景名胜研究 [M].上海:同济大学出版社,1988.

[75] 谢儒.把园林设计思想引入城市设计 [J].中国园林.1994(3):49-53.

[76] 徐祖同.园林生态技术的应用途径 [J].园林.1994(4):36-39.

[77] 中华人民共和国建设部.城市绿地分类标准 [S].北京:中国建筑工业出版社,2002.

致 谢

本书的顺利出版首先要感谢河北优盛文化传播有限公司和东北师范大学出版社，是在他们一步一步地指导和修改下完成的，没有他们的帮助和支持，就没有本书的顺利出版和发行。本书的顺利出版还离不开玉林师范学院的全体校领导、科研处/研究生处、农学院/生物与制药学院的支持和帮助，谢谢你们！

本书的出版获得广西教育厅农业硕士培育项目、广西教育厅特色专业建设专项经费、玉林师范学院重点学科建设经费等的资助，在此表示感谢！本书的顺利完成离不开所有作者的共同努力，他们为周兴文博士、梁芳老师、杨香春老师、乔清华博士、张玉博士、郭艺鹏博士、刘召亮博士等。

在本书出版的过程中，离不开我的博士和硕士期间导师的帮助和点拨，是他们让我步入知识的殿堂，他们分别是湖南农业大学徐庆国教授、中国科学院亚热带农业生态研究所李德军研究员、广西大学范稚莲副教授，在此一并致谢！

黄 维

2018 年 9 月 10 日